新手学 AutoCAD 2013 绘图设计

2013 绘图设计

（实例版） 吴义娟　靳红雨　编著

飞思数字创意出版中心　监制

U0332526

电子工业出版社

Publishing House of Electronics Industry

北京·BEIJING

内容简介

本书全部采用实例操作的方式,全面介绍了AutoCAD 2013的所有知识点,内容涵盖了AutoCAD 2013软件的基础操作、二维绘图、机械制图、建筑制图和三维建模等知识。全书共分为13章,每章内容中都是采用案例的方式进行讲解。通过对本书的学习,读者可以完全掌握AutoCAD 2013软件的操作和应用,并能够进行相应的产品设计。

本书内容朴实、案例精细,讲解深入浅出,是一本实用性很强的AutoCAD 2013技术书籍,适用于初、中级软件操作人员和各大专院校的师生使用。

未经许可,不得以任何方式复制或抄袭本书之部分或全部内容。

版权所有,侵权必究。

图书在版编目(CIP)数据

新手学 AutoCAD 2013 绘图设计:实例版 / 吴义娟,靳红雨编著 . -- 北京:电子工业出版社,2013.3
ISBN 978-7-121-18918-0

Ⅰ . ①新… Ⅱ . ①吴… ②靳… Ⅲ . ①计算机辅助设计— AutoCAD 软件 Ⅳ . ① TP391.72

中国版本图书馆 CIP 数据核字 (2012) 第 271238 号

策划编辑:张艳芳
责任编辑:何郑燕
特约编辑:李新承
印　　刷:北京东光印刷厂
装　　订:三河市鹏成印业有限公司
出版发行:电子工业出版社
　　　　　北京市海淀区万寿路173信箱　邮编:100036
开　　本:787×1092　1/16　印张:20.5　字数:524.8千字
印　　次:2013年3月第1次印刷
定　　价:49.80元(含光盘1张)

凡所购买电子工业出版社图书有缺损问题,请向购买书店调换。若书店售缺,请与本社发行部联系,联系及邮购电话:(010)88254888。

质量投诉请发邮件至zlts@phei.com.cn,盗版侵权举报请发邮件至dbqq@phei.com.cn。

服务热线:(010)88258888。

前言
PREFACE

CAD（Computer Aided Design，指计算机辅助设计）是计算机技术的一个重要的应用领域。AutoCAD（Auto Computer Aided Design）是美国Autodesk公司首次于1982年生产的自动计算机辅助设计软件，用于二维绘图、详细绘制、设计文档和基本三维设计。现已经成为国际上广为流行的绘图工具。AutoCAD具有良好的用户界面，通过交互菜单或命令行方式便可以进行各种操作。它的多文档设计环境，让非计算机专业人员也能很快地学会使用。在不断实践的过程中更好地掌握它的各种应用和开发技巧，从而不断提高工作效率。AutoCAD具有广泛的适应性，它可以在各种操作系统支持的微型计算机和工作站上运行。

本书针对初学者，全书以实例化讲解的方式编写，内容循序渐进，从软件的基本操作，到二维绘图、三维实体制图，涵盖了机械绘图、建筑工程图、零部件制图等热门应用领域。本书提供的90个实例是AutoCAD 2013绘图设计必须掌握的技术，具有实用性及代表性。实例根据软件的功能和应用领域编排，让初学者跟着实例循序渐进地学习，逐步掌握AutoCAD 绘图设计的方法和技巧，并能举一反三快速应用到实际工作中去。

本书特色：

1．"全新软件+实例导学+视频助学"模式。本书采用的新推出的AutoCAD 2013中文版，全书采用实例导学模式，让读者在模仿中学习，快速掌握软件的应用及设计实践，轻松驾驭软件，熟练完成制图设计工作。

2．突出重点及难点，提供相关的知识链接。在写作中穿插技巧提示，帮助读者及时解决学习中可能会碰到的问题，适当补充相关知识链接，让读者进一步拓展应用能力。

3．实用性强，易于上手。本书的实例均来自一线实践需求，每一个实例都有不同的知识点和代表性，实例由简到繁逐步深入，非常适合初学者入门学习并逐步提高。

4．多媒体视频教学辅助学习。本书不仅提供了所有的实例素材文件，还提供了操作演示录屏，读者可以通过多媒体视频教程直观地学习，进一步强化学习效果。

本书由吴义娟、靳红雨编写，同时参与编写的人员还有刘正旭、杨思远、马春萍、王育新、刘波、贺海峰、李澎、朱立银、杜娟、钱政娟、黄海燕、王东华、王朋伟等同志，在此感谢所有创作人员对本书付出的艰辛。在创作的过程中，由于时间仓促，错误在所难免，希望广大读者批评指正。

编著者

目录 CONTENTS

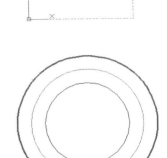
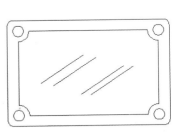
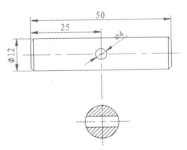

04章 初级机械图形绘制实例

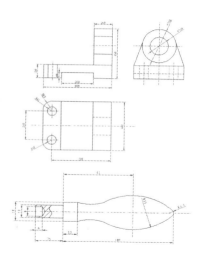

05章 高级机械图形绘制实例

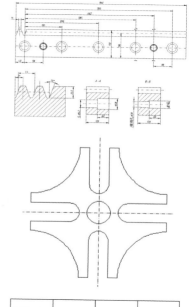

06章 机械工程绘图及打印输出

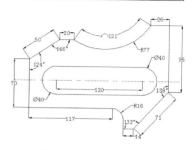

07章 家具及家饰图例绘制实例

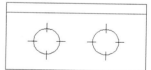

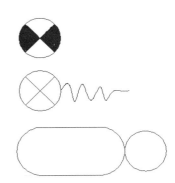

08章 建筑工程图实例

09章 基本三维实体绘制实例

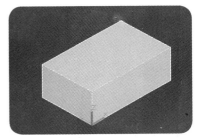

10章 实体的并、交、差

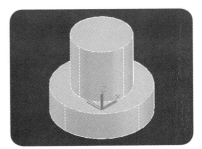

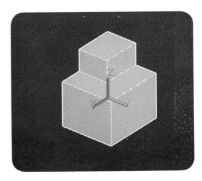

11章 实体修改实例

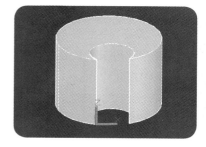

12章 扫描体实例

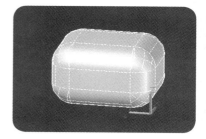

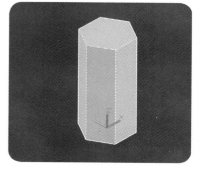

13章 典型零件三维制图实例

01章 设置用户界面

- 设置绘图界面
- 设置绘图界限

实例01 设置绘图界面

📽 **案例说明：** 本例主要学习通过"工具选项板"设置绘图窗口的明暗和颜色等，并对"工具选项板"窗口进行调整。

🖱 **学习要点：** 自定义AutoCAD设置命令OPTIONS、打开"工具选项板"窗口命令TOOLPALETTES等。

💿 **光盘文件：** 无

🎬 **视频教程：** 视频文件\实例1.avi

操作步骤

1 启动AutoCAD 2013绘图软件。双击桌面上的图标，启动AutoCAD 2013中文版，可以看到软件默认界面为深灰色。

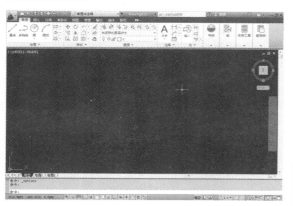

2 打开"选项"对话框。在绘图窗口单击鼠标右键，从弹出的快捷菜单中选择"选项"命令，弹出"选项"对话框。

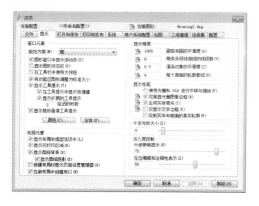

3 调整窗口配色方案。切换到"显示"选项卡，在"配色方案"下拉列表框中选择"明"选项。

4 设置窗口颜色。单击"颜色"按钮，弹出"图形窗口颜色"对话框。

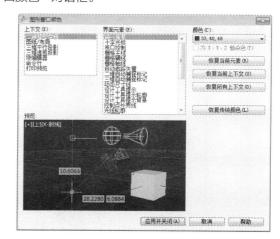

5 设置窗口颜色为白色。在"颜色"下拉列表框中选择"白"选项，此时窗口下方的"预览"图像立即变为白色。

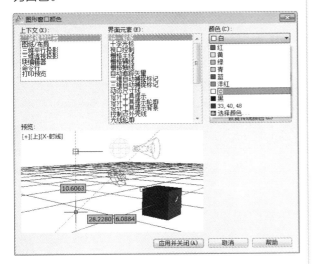

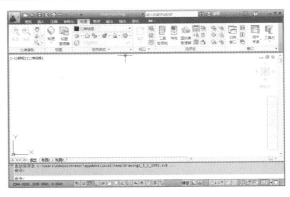

8 打开"工具选项板"。单击"工具选项板"按钮，打开"工具选项板"面板。

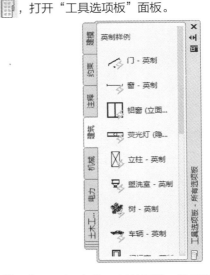

> **提示**
>
> 在"界面元素"列表框中也可以选择修改其他元素，如尺寸线、光域网等。当修改了其中一个元素时，相关的元素会由系统自动调整，如背景改为白色，光标则自动由白色变为黑色，另外还可以对光标颜色进行修改。

9 "工具选项板"面板的调整。使用鼠标拖动"工具选项板"面板至窗口右侧，可将"工具选项板"面板吸附到窗口侧边。单击面板上的 X 图标，可以将"工具选项板"面板关闭。单击面板上的 — 图标，可以将面板隐藏。

6 完成调整设置。当所有选项设置好后，单击"应用并关闭"按钮，返回到"选项"对话框中，如果不需做其他设置，再单击"确定"按钮关闭对话框。

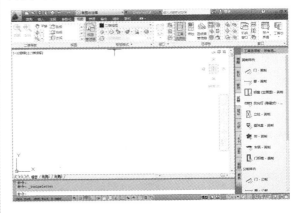

7 切换到"视图"选项卡。接下来打开"工具选项板"面板，切换到工作区上方的"视图"选项卡。

实例02 设置绘图界限

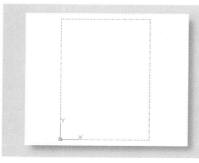

📹 **案例说明**：本例将学习设置绘图界限，设置合理的绘图界限有利于确定图形的大小、比例及图形之间的距离，并且能够及时检查图形是否超出图框。

🎯 **学习要点**：掌握绘图界限的设置方法。

💿 **光盘文件**：实例文件\实例2.dwg

📀 **视频教程**：视频文件\实例2.avi

操作步骤

1 启动AutoCAD 2013中文版，单击"快速访问工具栏"中的"新建"按钮，弹出"选择样板"对话框。

2 在对话框中"名称"列表框中选择"acadiso.dwt"样板文件，然后单击"打开"按钮，新建图形文件。

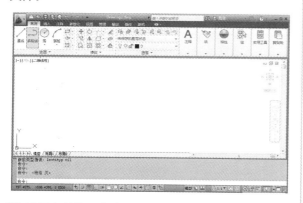

3 设置当前的工作空间为"AutoCAD经典"。

4 单击工具栏中的"格式"按钮格式(O)，在弹出的快捷菜单中选择"图形界限"命令。

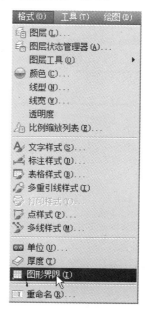

5 设置长为210mm，宽为297mm的绘图界限。命令行提示如下：

　　命令：'_limits
　　重新设置模型空间界限：
　　指定左下角点或 [开(ON)/关(OFF)] <0.0000, 0.0000>: 0,0
　　指定右上角点 <420.0000,297.0000>: 210,297

6 单击工具栏中的"格式"按钮 格式(0)，在弹出的快捷菜单中选择"图形界限"命令。

7 打开绘图界限。命令行提示如下：

　　命令：'_limits
　　重新设置模型空间界限：
　　指定左下角点或 [开(ON)/关(OFF)] <0.0000, 0.0000>: on

8 单击工具栏中的"格式"按钮 格式(0)，在弹出的快捷菜单中选择"图层"命令，弹出"图层特性管理器"对话框。

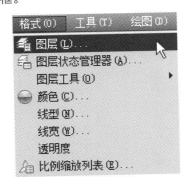

9 单击"新建图层"按钮 或按【Alt+N】组合键，列表框内增加一个新的图层，自动被命名为"图层1"并处于亮显状态。

10 在"名称"栏中输入"绘图界限"，然后按【Enter】键，将图层进行重新命名。

11 单击"线宽"列表，弹出"线宽"对话框，从列表框中选择"0.50mm"，单击"确定"按钮关闭对话框。

12 同样的方法，设置"颜色"为"蓝"色。

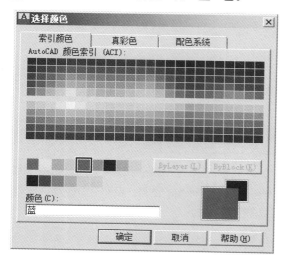

13 单击"线型"列表中的"Continuous"英文，弹出"线型"列表框，可以看到，在列表框中仅有 Continuous（实线）线型。

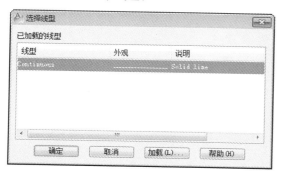

14 单击"加载"按钮，弹出"加载或重载线型"对话框，在"文件"文本框中的文件名为"acadiso.lin"，这是系统提供的公制线条文件。

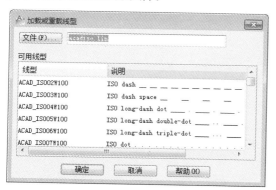

15 在列表框中选择"ACAD_ISOO2W100"，单击"确定"按钮返回，可以看到在"已加载的线型"列表框中增加了"ACAD_ISOO2W100"线型。

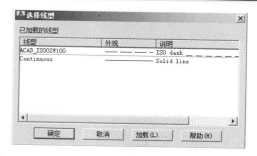

16 选择"ACAD_ISOO2W100"线型，再单击"确定"按钮返回，即可将"绘图界限"图层的线型设置为"ACAD_ISOO2W100"线型。

17 关闭"图层特性管理器"对话框，将"绘图界限"图层设为当前图层。

18 单击工具栏中的"绘图"按钮 绘图(D)，在弹出的快捷菜单中选择"矩形"命令。

19 绘制绘图界限线框。命令行提示如下：

命令：_rectang
指定第一个角点或 [倒角(C)/标高(E)/圆角(F)/厚度(T)/宽度(W)]：0,0
指定另一个角点或 [面积(A)/尺寸(D)/旋转(R)]：@210,297

02 章 掌握基本二维绘图工具

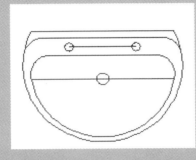

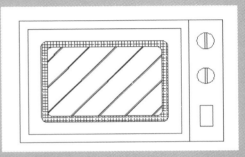

- 组合同心圆
- 绘制门
- 浴缸
- 绘制底板
- 六角螺母
- 经纬圆球
- 洗脸池
- 微波炉

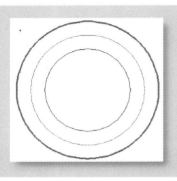

实例03 组合同心圆

案例说明：本例学习绘制一组同心圆，图形比较简单，通过本例的学习掌握如何设置线条的颜色和粗细。

学习要点：画圆命令CIRCLE、画圆环命令DONUT、改变线条颜色命令COLOR和改变线宽命令LWEIGHT。

光盘文件：实例文件\实例3.dwg

视频教程：视频文件\实例3.avi

操作步骤

1 切换到"常用"选项卡，在"绘图"面板中，单击"圆心，半径"按钮⊙或在命令行中输入CIRCLE命令。

2 在命令行中输入圆心的坐标100，100并按【Enter】键，再输入圆的半径60并按【Enter】键，绘制一个圆。命令行提示如下：

命令：_circle 指定圆的圆心或 [三点(3P)/两点(2P)/切点、切点、半径(T)]：100,100✓

指定圆的半径或 [直径(D)]：60✓

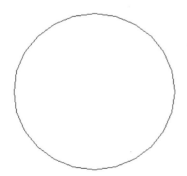

提示

> 如果要重复输入命令，例如前面刚画过圆，按【空格】键或【Enter】键，可以继续执行画圆命令。

3 改变线条颜色。切换到"常用"选项卡，单击"特性"面板中的"对象颜色"下拉列表框，从列表框中选择"红"选项。

4 依照步骤1，绘制第2个半径为80mm的同心圆（注意一定要输入正确的圆心坐标）。命令行提示如下：

命令：_circle

指定圆的圆心或 [三点(3P)/两点(2P)/切点、切点、半径(T)]：100,100

指定圆的半径或 [直径(D)] <60.0000>：80

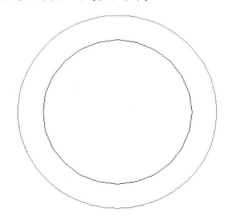

⑤ 切换到"特性"选项卡，选择"对象颜色"为"蓝"，线宽为"0.30毫米"的选项。

⑥ 依照步骤1，绘制颜色为蓝色、半径为100mm的同心圆。命令行提示如下：

命令：_circle
指定圆的圆心或 [三点(3P)/两点(2P)/切点、切点、半径(T)]：100,100
指定圆的半径或 [直径(D)] <80.0000>：100

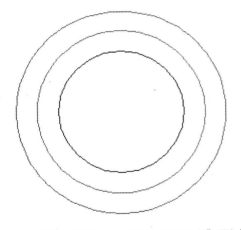

⑦ 单击绘图窗口最下方的"显示/隐藏线宽"图标 **+**，将线宽正确显示出来。

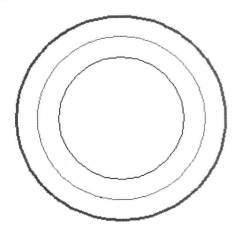

⑧ 线宽影响图形的精确性，如果需要绘制一个真正意义上宽为1mm的圆，可以使用画圆环命令DONUT。命令行提示如下：

命令：donut↙
指定圆环的内径 <160.0000>：160↙
指定圆环的外径 <161.0000>：161↙
指定圆环的中心点或 <退出>：150,100↙
　　//圆心左移50
指定圆环的中心点或 <退出>：↙
　　//可按设定的内径、外径画多个圆环

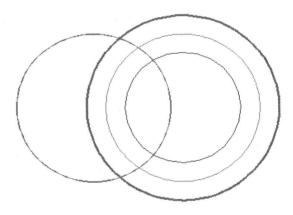

⑨ 单击绘图窗口最下方的"显示/隐藏线宽"图标 **+**，将线宽隐藏，此时可以看到最后绘制的圆环与第3个同心圆的线宽变化区别。

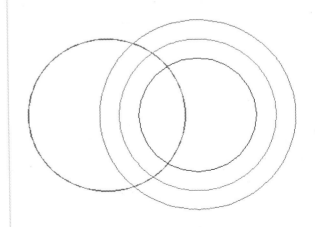

实例 04 绘制门

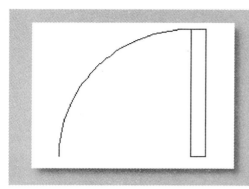

案例说明：本例学习绘制门的平面图，通过本例的学习掌握"矩形"RECTANG命令和"圆弧"ARC命令的使用方法。

学习要点："矩形"命令RECTANG和"圆弧"命令ARC。

光盘文件：实例文件\实例4.dwg

视频教程：视频文件\实例4.avi

操作步骤

1 启动AutoCAD 2013中文版，单击"快速访问工具栏"中的"新建"按钮，弹出"选择样板"对话框。

2 在对话框中"名称"列表框中选择"acadiso.dwt"样板文件，然后单击"打开"按钮，新建图形文件。

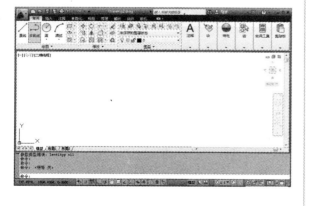

提示

在AutoCAD中，按【Ctrl+N】组合键，同样可以新建CAD文件。

3 切换到"常用"选项卡，在"绘图"面板中，单击"矩形"按钮，绘制一个尺寸为100mm×900mm的矩形。命令行提示如下：

命令：_rectang
指定第一个角点或 [倒角(C)/标高(E)/圆角(F)/厚度(T)/宽度(W)]：
　　//在绘图区域中单击鼠标左键选择起点
指定另一个角点或 [面积(A)/尺寸(D)/旋转(R)]：@100,900↙

④ 在窗口底部状态栏中的"对象捕捉"按钮 🔲 上单击鼠标右键，从弹出的快捷菜单中选择"设置"命令。

⑤ 系统弹出"草图设置"对话框，切换到"对象捕捉"选项卡，勾选"端点"复选框。

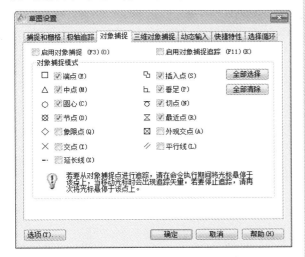

⑥ 单击"确定"按钮，关闭对话框。单击"对象捕捉"按钮 🔲，打开对象捕捉模式。切换到"常用"选项卡，在"绘图"面板中，单击"圆弧"按钮 📎，从弹出的列表框中选择"起点，圆心，角度"命令。

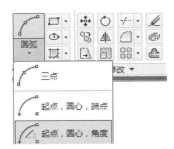

⑦ 利用对象捕捉功能，将矩形的左上角点作为起点，左下角点作为圆心，绘制角度为90的圆弧。命令行提示如下：

```
命令： _arc 指定圆弧的起点或 [圆心(C)]:
      //选择矩形的左上角点
指定圆弧的第二个点或 [圆心(C)/端点(E)]:
_c 指定圆弧的圆心：
      //选择矩形的左下角点
指定圆弧的端点或 [角度(A)/弦长(L)]: _a
指定包含角：90✓
```

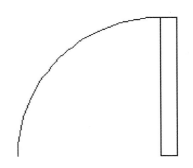

⑧ 切换到"常用"选项卡中，单击"修改"面板中的"缩放"按钮，将图形中门的宽度缩放到600。命令行提示如下：

```
命令： _scale
选择对象：找到 1 个
选择对象：找到 1 个，总计 2 个
选择对象：
指定基点：
指定比例因子或 [复制(C)/参照(R)]: r
指定参照长度 <1.0000>：指定第二点：
指定新的长度或 [点(P)] <1.0000>：600
```

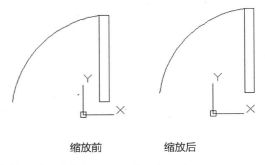

缩放前   缩放后

⑨ 单击"保存"按钮 💾，将文件保存。

💡 提示

　　AutoCAD中可以使用多种方式绘制圆弧，"起点、圆心、角度"表示指定圆弧的起点（第一个端点）、圆心和圆弧的角度来绘制圆弧。

 浴缸

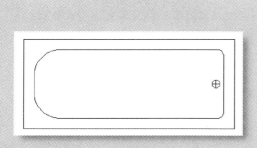

📽 案例说明：本例将讲解浴缸平面图的绘制，通过本例学习"矩形"RECTANG命令、"偏移"OFFSET和"圆角"FILLET修改命令的使用方法。

🔄 学习要点："偏移"OFFSET、"圆角"FILLET修改命令。

💿 光盘文件：实例文件\实例5.dwg

📹 视频教程：视频文件\实例5.avi

 操作步骤

1 启动AutoCAD 2013中文版，单击"快速访问工具栏"中的"新建"按钮，弹出"选择样板"对话框。

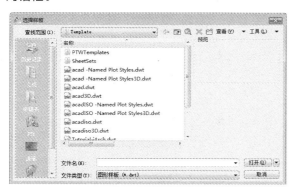

2 在对话框中"名称"列表框中选择"acadiso.dwt"样板文件，然后单击"打开"按钮，新建图形文件。

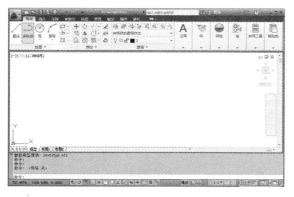

3 切换到"常用"选项卡，在"绘图"面板中，

单击"矩形"按钮，绘制一个尺寸为1600mm×700mm的矩形。命令行提示如下：

    命令：_rectang
    指定第一个角点或 [倒角(C)/标高(E)/圆角(F)/厚度(T)/宽度(W)]：
                //在绘图区域中单击鼠标左键选择起点
    指定另一个角点或 [面积(A)/尺寸(D)/旋转(R)]：@1600,700↙

4 切换到"常用"选项卡，在"修改"面板中，单击"偏移"按钮，将矩形向内偏移，距离为80mm。命令行提示如下：

    命令：_offset
    当前设置：删除源=否 图层=源 OFFSETGAPTYPE=0
    指定偏移距离或 [通过(T)/删除(E)/图层(L)]<通过>：80
    选择要偏移的对象，或 [退出(E)/放弃(U)]<退出>：
    指定要偏移的那一侧上的点，或 [退出(E)/多个(M)/放弃(U)]<退出>：
    选择要偏移的对象，或 [退出(E)/放弃(U)]<退出>：

⑤ 切换到"常用"选项卡，在"修改"面板中，单击"圆角"按钮◻，设置圆角半径为50mm，对偏移的图形进行圆角操作。命令行提示如下：

命令：_fillet
当前设置：模式 = 修剪，半径 = 0.0000
选择第一个对象或 [放弃(U)/多段线(P)/半径(R)/修剪(T)/多个(M)]：r↙
指定圆角半径 <0.0000>：50↙
选择第一个对象或 [放弃(U)/多段线(P)/半径(R)/修剪(T)/多个(M)]：

⑥ 切换到"常用"选项卡，在"修改"面板中，单击"圆角"按钮◻，设置圆角半径为200mm，再次对图形进行圆角处理。命令行提示如下：

命令：FILLET
当前设置：模式 = 修剪，半径 = 200.0000
选择第一个对象或 [放弃(U)/多段线(P)/半径(R)/修剪(T)/多个(M)]：
选择第二个对象，或按住 Shift 键选择对象以应用角点或 [半径(R)]：

⑦ 切换到"常用"选项卡，在"修改"面板中，单击"偏移"按钮◻，设置偏移距离为60mm，将内侧的轮廓线向右进行偏移。命令行提示如下：

命令：_offset
当前设置：删除源=否 图层=源 OFFSETGAPTYPE=0
指定偏移距离或 [通过(T)/删除(E)/图层(L)] <80.0000>：60

选择要偏移的对象，或 [退出(E)/放弃(U)] <退出>：
指定要偏移的那一侧上的点，或 [退出(E)/多个(M)/放弃(U)] <退出>：
选择要偏移的对象，或 [退出(E)/放弃(U)] <退出>：

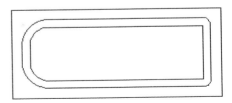

⑧ 切换到"常用"选项卡，在"绘图"面板中，单击"圆心，半径"按钮◔，绘制一个半径为30mm的圆。命令行提示如下：

命令：_circle
指定圆的圆心或 [三点(3P)/两点(2P)/切点、切点、半径(T)]：_mid 于
指定圆的半径或 [直径(D)]：30

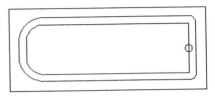

⑨ 切换到"对象捕捉"选项卡，勾选"象限点"复选框。

⑩ 删除最内侧的轮廓线，使用"直线"命令，捕捉圆形的象限点，绘制两条相互垂直相交的直线。

⑪ 单击"保存"按钮◻，将文件保存。

13

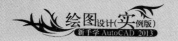

实例 06 底板

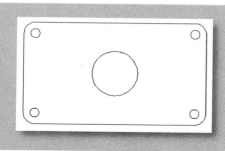

📷 案例说明：本例将学习常用底板的绘制方法，通过本例学习"捕捉"SNAP、"栅格"GRIP和"对象捕捉"等方法。

✍ 学习要点："捕捉"SNAP及"栅格"GRIP命令。

💿 光盘文件：实例文件\实例6.dwg

🎬 视频教程：视频文件\实例6.avi

操作步骤

1 启动AutoCAD 2013中文版，新建空白文件，单击鼠标右键状态栏中"栅格"，从弹出的快捷菜单中选择"设置"命令。

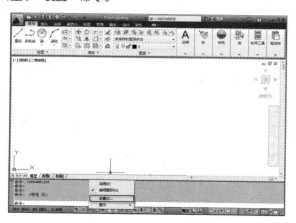

2 系统弹出"草图设置"对话框，切换到"捕捉和栅格"选项卡，设置栅格参数。

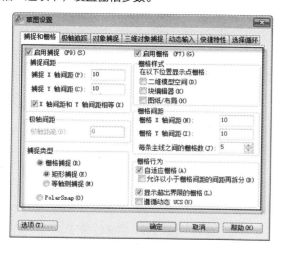

提示

栅格间距控制图形上栅格的疏密。捕捉间距控制光标移动的最小距离。

按【F7】、【F9】键或单击状态栏中的"栅格"、"捕捉"按钮相当于即可开或关这两项功能。

3 切换到"常用"选项卡，在"绘图"面板中，单击"矩形"按钮，绘制一个矩形。

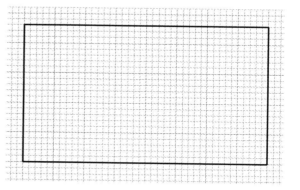

4 绘制矩形四个角点的两个同心圆。命令行提示如下：

命令：_circle 指定圆的圆心或 [三点(3P)/两点(2P)/切点、切点、半径(T)]：_ttr
//以相切的方式作圆
指定对象与圆的第一个切点：
//选择矩左竖线
指定对象与圆的第二个切点：
//选择矩形的下边线
指定圆的半径 <10.0000>：25✓

14

//按【Enter】键，继续调用画圆命令

命令：

CIRCLE

指定圆的圆心或 [三点(3P)/两点(2P)/切点、切点、半径(T)]：cen↙

于

//光标移至第一个圆的圆心处，拾取圆心

指定圆的半径或 [直径(D)] <25.0000>：10↙

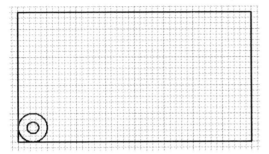

🔒 提示

　　在AutoCAD 2013中，绘制图形需要捕捉圆心时，可以使用Ctrl+鼠标右键，然后在弹出的快捷菜单中选择"圆心"命令，将鼠标移动到圆旁边时，会显示出圆心的位置，从而提高绘图效率。

5 重复上述操作3次，绘制另外3个角点的同心圆。

6 利用"对象捕捉"功能捕捉矩形的中点，绘制两条相互垂直相交的辅助线。

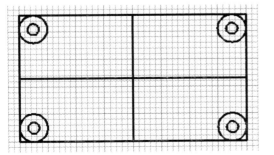

7 以两条垂直相交的辅助线的交点作为圆心，绘制底板中心的圆，直径为100mm。命令行提示如下：

命令：_circle 指定圆的圆心或 [三点(3P)/两点(2P)/切点、切点、半径(T)]：

//捕捉交点

指定圆的半径或 [直径(D)] <10.0000>：d↙

指定圆的直径 <20.0000>：100↙

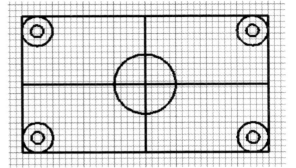

8 将绘制的两条垂直相交的辅助线删除。

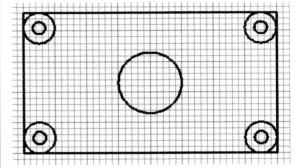

🔒 提示

　　使用辅助线可以极大地提高制图速度。

9 切换到"常用"选项卡，在"修改"面板中，单击"分解"按钮，选择矩形，将其分解为四条直线。命令行提示如下：

命令：_explode

选择对象：找到 1 个

//选择矩形

选择对象：↙

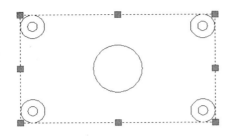

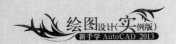

提示

　　为了方便后面的绘制工作，在不需要使用对象捕捉或栅格的情况下，应该将这些辅助功能关闭，这样光标移动就连续了，方便制图。

10 切换到"常用"选项卡，在"修改"面板中，单击"修剪"按钮 ，修剪底板的左下角。命令行提示如下：

　　命令：_trim
　　当前设置：投影=UCS，边=无
　　选择剪切边...
　　　　//选择左下角的大圆，等圆变为虚线后单击鼠标右键
　　选择对象或 <全部选择>： 找到 1 个
　　选择对象：
　　选择要修剪的对象，或按住 Shift 键选择要延伸的对象，或
　　[栏选(F)/窗交(C)/投影(P)/边(E)/删除(R)/放弃(U)]：
　　　　//选择左垂直线
　　选择要修剪的对象，或按住 Shift 键选择要延伸的对象，或
　　[栏选(F)/窗交(C)/投影(P)/边(E)/删除(R)/放弃(U)]：
　　　　//选择下边的横线
　　选择要修剪的对象，或按住 Shift 键选择要延伸的对象，或
　　[栏选(F)/窗交(C)/投影(P)/边(E)/删除(R)/放弃(U)]：✓

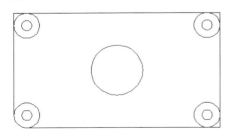

11 使用同样的方法，修剪底板的其余三个角。

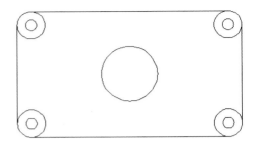

12 切换到"常用"选项卡中，单击"修改"面板中的"修剪"按钮，修剪底板的左上角。

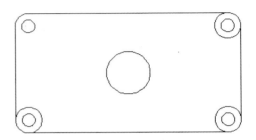

13 使用同样的方法对底板其他三个角的大圆进行修剪。

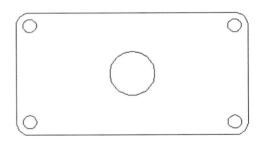

14 切换到"常用"选项卡，在"修改"面板中，单击"修剪"按钮 ，直接单击鼠标右键，再分别选择4个角的大圆，对其进行修剪。

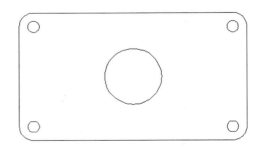

15 单击"保存"按钮 ，将文件保存。

六角螺母

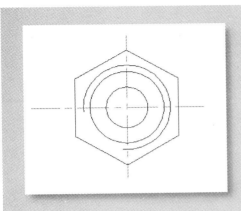

📽案例说明：本例将学习绘制六角螺母，通过本例学习，可以掌握如何按照国家技术标准绘图，如使用不同的线条样式表示不同的位置，并学习图层的使用方法。

⚙学习要点：管理图层和图层特性命令LAYER、加载线型。

💿光盘文件：实例文件\实例7.dwg

📹视频教程：视频文件\实例7.avi

操作步骤

1 启动AutoCAD 2013中文版，新建空白文件，切换到"常用"选项卡，在"图层"面板中，单击"图层特性"按钮，弹出"图层特性管理器"对话框。

> **提示**
>
> 利用图层可以对图形中的对象进行有效地分类和组织的管理，为专业制图创造便利。
> "图层特性管理器"中的0层是AutoCAD创建的特殊图层，不能被删除或重命名，只能修改其特性，因此一般不在0层上画图。

2 单击"新建图层"按钮或按【Alt+N】组合键，列表框内增加一个新的图层，自动被命名为"图层1"并处于亮显状态。

3 在"名称"栏中输入"轮廓线"，然后按【Enter】键，将图层进行重新命名。

> **提示**
>
> 新建的"轮廓线"图层处于亮显状态，并且其图层的特性与0层的设置是完全一样的，因为创建新图层时，新图层将继承当前图层的特性。

4 单击"线宽"列表,弹出"线宽"对话框,从列表框中选择"0.50mm",单击"确定"按钮关闭对话框。

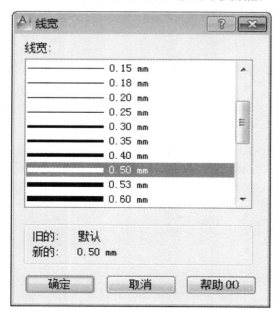

5 同样的方法,设置"颜色"为"白"。

6 新建一个名为"中心线"的图层。

7 单击"线型"列表中的"Continuous"英文,弹出"线型"列表框,可以看到,在列表框中仅有"Continuous"(实线)线型。

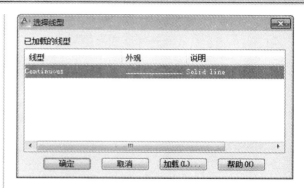

8 单击"加载"按钮,弹出"加载或重载线型"对话框,在"文件"文本框中的文件名为"acadiso.lin",这是系统提供的公制线条文件。

提示

英制线条文件为acad.lin。

9 在列表框中选择"CENTER"(中心线),单击"确定"按钮返回,可以看到在"已加载的线型"列表框中增加了"CENTER"线型。

10 选择"CENTER"线型,再单击"确定"按钮返回,即可将"中心线"图层的线型设置为"CENTER"线型。

11 将"中心线"图层的颜色设为"红",线宽设置为"默认"。

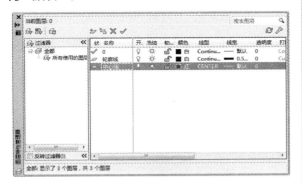

12 新建名为"标注"的图层,设置颜色为"绿",线宽为"默认",线型为"Continuous"。

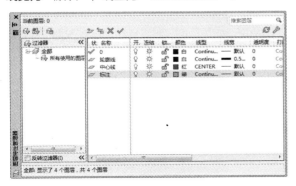

13 关闭"图层特性管理器"对话框,将"中心线"图层设为当前图层,调用命令XLINE,画水平的中心线和垂直的中心线。

14 "中心线"图层的线型是"CENTER"线型,但由于显示大小的原因,显示出来变成了实线样式,因此需要设置全局线型比例因子"LTSCALE"。命令行提示如下:

命令：LTSCALE
输入新线型比例因子 <0.1000>：0.3✓
正在重生成模型。

提示

"LTSCALE"的初始值为1.0000,设置的值必须为正且非零。

15 将"轮廓线"图层设为当前图层,切换到"常用"选项卡,在"绘图"面板中,选择"多边形"命令。

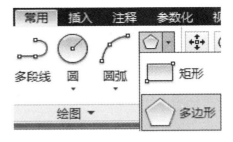

16 使用"多边形"命令绘制一个正六边形。命令行提示如下:

命令：_polygon 输入侧面数 <6>：6✓
　　//输入多边形的边数
指定正多边形的中心点或 [边(E)]： <捕捉 关>
<打开对象捕捉>
　　//利用"对象捕捉"功能捕捉中心线的交点
输入选项 [内接于圆(I)/外切于圆(C)]

<I>:↙
　　　　//选默认的"内接于圆(I)"
　　　指定圆的半径: 18.475↙

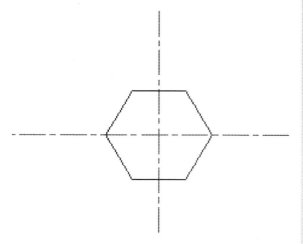

17　使用"旋转"命令,将正六边形绕中心点旋转30°。命令行提示如下:
　　　命令: _rotate
　　　UCS 当前的正角方向: 　ANGDIR=逆时针 ANGBASE=0
　　　选择对象: 找到 1 个
　　　选择对象:
　　　指定基点:
　　　指定旋转角度,或 [复制(C)/参照(R)] <0>: 30↙

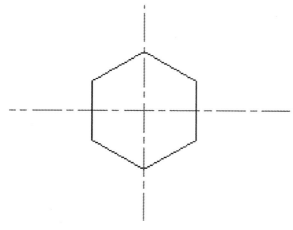

18　使用"圆"命令,绘制3个同心圆,直径分别为13、27、22.95。命令行提示如下:
　　　命令: _circle 指定圆的圆心或 [三点(3P)/两点(2P)/切点、切点、半径(T)]:
　　　　　//拾取中心点
　　　指定圆的半径或 [直径(D)]: 6.5↙
　　　　　//输入半径尺寸,直接按【Enter】键,再

次调用画圆命令
　　　命令:
　　　CIRCLE 指定圆的圆心或 [三点(3P)/两点(2P)/切点、切点、半径(T)]:@ ↙
　　　　　//拾取前一次的点
　　　指定圆的半径或 [直径(D)] <6.5000>: 13.5↙
　　　　　//输入半径尺寸,直接按【Enter】键,再次调用画圆命令
　　　命令: _circle 指定圆的圆心或 [三点(3P)/两点(2P)/切点、切点、半径(T)]:@ ↙
　　　指定圆的半径或 [直径(D)] <22.9500>: D↙
　　　　　//以直径方式画圆
　　　指定圆的直径 <45.9000>: 22.95↙

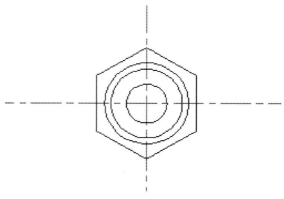

19　选中最外层的圆,在"图层"面板的下拉列表框中选择"标注"层,将其所在图层修改为"标注"层。使用BREAK命令,删除大致1/4的圆。

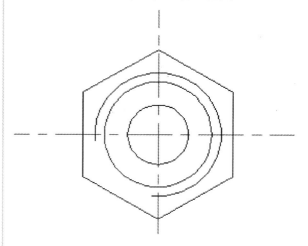

20　在"修改"面板中,单击"打断于点"按钮，将中心线打断,再分别删除不需要的部分。
21　单击状态栏中的"线宽"按钮,显示线条的粗细,单击"保存"按钮，将文件保存。

实例 **08**　经纬圆球

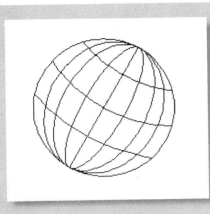

案例说明：本例将学习绘制一个有经纬线的圆球，从而学习椭圆的绘制方法。

学习要点："椭圆"命令ELLIPSE、"修剪"命令TRIM和"旋转"命令ROTATE等。

光盘文件：实例文件\实例8.dwg

视频教程：视频文件\实例8.avi

操作步骤

1 启动AutoCAD 2013中文版，新建空白文件，使用"直线"命令，绘制一条长为200mm的直线。命令行提示如下：

命令：_line 指定第一点： ＜正交 开＞

　　//适当位置单击鼠标左健，选定起点，并单击状态栏中"正交"按钮，打开"正交"模式

指定下一点或 [放弃(U)]：200✓

　　//光标向下移动，并输入数值

指定下一点或 [放弃(U)]：✓

　　//直接按【Enter】键退出命令

2 切换到"常用"选项卡，在"绘图"面板中，单击"圆心，直径"按钮，绘制一个直径为200mm的圆。命令行提示如下：

命令：_circle 指定圆的圆心或 [三点(3P)/

两点(2P)/切点、切点、半径(T)]：

　　//利用"对象捕捉"功能捕捉直线的中点作为圆心

指定圆的半径或 [直径(D)]：

　　//利用"对象捕捉"功能捕捉直线的端点

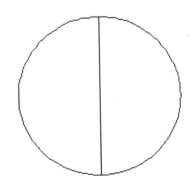

3 切换到"常用"选项卡，在"绘图"面板中，单击"轴，端点"按钮，以直线为椭圆的一根轴，圆心为椭圆中心，绘制一个椭圆。命令行提示如下：

命令：_ellipse

指定椭圆的轴端点或 [圆弧(A)/中心点(C)]：

　　//捕捉直线的上面端点

指定轴的另一个端点：

　　//捕捉直线的下面端点

指定另一条半轴长度或 [旋转(R)]：30✓

　　//输入半轴长度

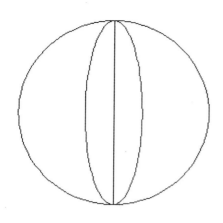

指定另一条半轴长度或 [旋转(R)]: 100↙

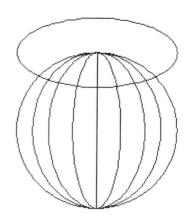

4 同样方法，绘制另外两个椭圆。命令行提示如下：

```
命令: _ellipse
指定椭圆的轴端点或 [圆弧(A)/中心点(C)]:
指定轴的另一个端点:
指定另一条半轴长度或 [旋转(R)]: 60↙
命令:
ELLIPSE
指定椭圆的轴端点或 [圆弧(A)/中心点(C)]:
指定轴的另一个端点:
指定另一条半轴长度或 [旋转(R)]: 80↙
```

6 绘制第二个椭圆，水平半轴长为150mm。命令行提示如下：

```
命令: _ellipse
指定椭圆的轴端点或 [圆弧(A)/中心点(C)]: _c
指定椭圆的中心点:
        //直线的上端点
指定轴的端点:
        //直线上的适合位置
指定另一条半轴长度或 [旋转(R)]: 150↙
```

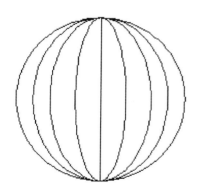

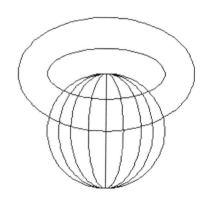

5 接下来绘制圆球的经线，切换到"常用"选项卡，在"绘图"面板中，单击"轴，端点"按钮 ⌾，以直线的上端点作为椭圆的中心，水平半轴长为100mm，另一端点为直线上的合适位置，绘制一个椭圆。命令行提示如下：

```
命令: _ellipse
指定椭圆的轴端点或 [圆弧(A)/中心点(C)]: _c
指定椭圆的中心点:
        //直线的上端点
指定轴的端点:
        //直线上的适合位置
```

7 绘制第三个椭圆，水平半轴长为200mm。命令行提示如下：

```
命令: _ellipse
指定椭圆的轴端点或 [圆弧(A)/中心点(C)]:
_c
指定椭圆的中心点:
        //直线的上端点
指定轴的端点:
        //直线上的适合位置
指定另一条半轴长度或 [旋转(R)]: 200↙
```

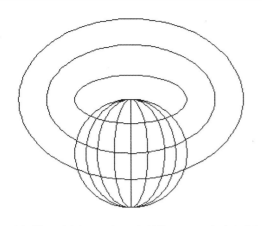

伸的对象，或

   [栏选(F)/窗交(C)/投影(P)/边(E)/删除(R)/放弃(U)]:

       //选择第二个椭圆超出圆的部分

   选择要修剪的对象，或按住 Shift 键选择要延伸的对象，或

   [栏选(F)/窗交(C)/投影(P)/边(E)/删除(R)/放弃(U)]:

       //选择第三个椭圆超出圆的部分

   选择要修剪的对象，或按住 Shift 键选择要延伸的对象，或

   [栏选(F)/窗交(C)/投影(P)/边(E)/删除(R)/放弃(U)]:

       //按【Enter】键退出修剪命令

⑧ 绘制第四个椭圆，水平半轴为250。命令行提示如下：

   命令:_ellipse
   指定椭圆的轴端点或 [圆弧(A)/中心点(C)]:_c
   指定椭圆的中心点:_int 于
   指定轴的端点: 250
   指定另一条半轴长度或 [旋转(R)]:

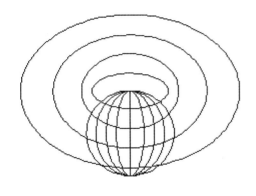

⑩ 切换到"常用"选项卡，在"修改"面板中，单击"旋转"按钮○，将圆球旋转一个角度。命令行提示如下：

   命令:_rotate
   UCS 当前的正角方向: ANGDIR=逆时针ANGBASE=0
   选择对象:指定对角点:找到 8 个
   选择对象:
   指定基点:
   指定旋转角度，或 [复制(C)/参照(R)] <0>:-30↙

⑨ 切换到"常用"选项卡，在"修改"面板中，单击"修剪"按钮，修剪多余的部分。命令行提示如下：

   命令: _trim
   当前设置:投影=UCS，边=无
   选择剪切边...
       //拾取圆，圆变为虚线亮显
   选择对象或 <全部选择>: 找到 1 个
       //单击鼠标右键确认
   选择对象:
   选择要修剪的对象，或按住 Shift 键选择要延伸的对象，或
   [栏选(F)/窗交(C)/投影(P)/边(E)/删除(R)/放弃(U)]:
       //选择第一个椭圆超出圆的部分
   选择要修剪的对象，或按住 Shift 键选择要延

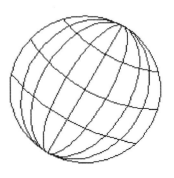

⑪ 单击"保存"按钮，将文件保存。

实例 09 洗脸池

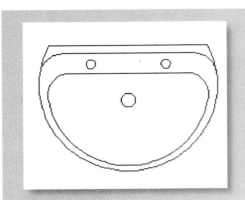

📽 **案例说明：** 本例将学习绘制一个洗脸池，这种洗脸池画法较为简单，容易被读者掌握。

⚙ **学习要点：** "修剪"命令TRIM、"圆弧"命令ARC等。

💿 **光盘文件：** 实例文件\实例9.dwg

🎞 **视频教程：** 视频文件\实例9.avi

操作步骤

1 启动AutoCAD 2013中文版，新建空白文件，使用"直线"命令，绘制辅助线，打开"正交"模式，绘制一条长为340mm的直线。

2 打开"对象捕捉"模式，捕捉直线的中点，向下绘制一条垂直线。

3 切换到"常用"选项卡，在"修改"面板中，单击"偏移"按钮，将绘制的水平线向下依次进行偏移操作，距离分别为：17mm、23mm、20mm、60mm。

4 切换到"常用"选项卡，在"修改"面板中，单击"偏移"按钮，将垂直线向左、右分别偏移140mm。

24

5 切换到"常用"选项卡，在"修改"面板中，单击"修剪"按钮 ，依据刚刚偏移的两根垂直线修剪第2根水平线，并删除这两根垂直辅助线。

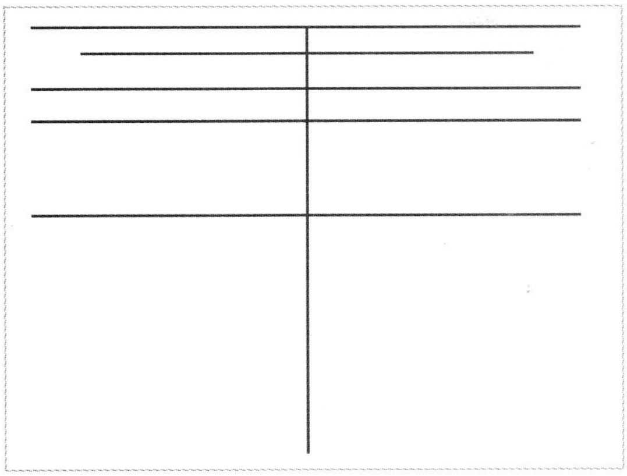

6 再次将中心垂直线分别向两侧偏移80mm。

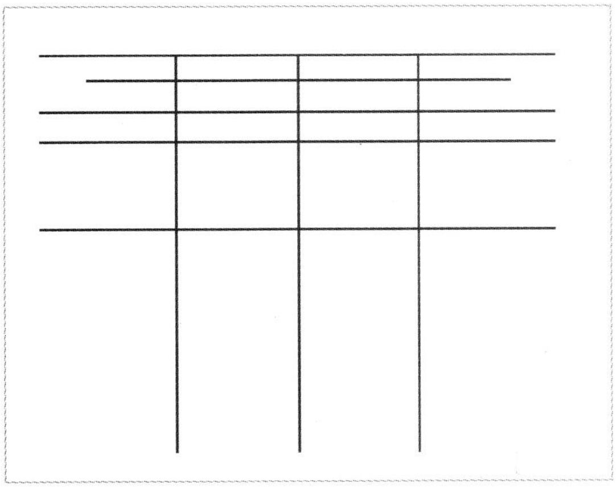

7 根据偏移的垂直辅助线对第3根水平线进行修剪，并删除这两根垂直辅助线。

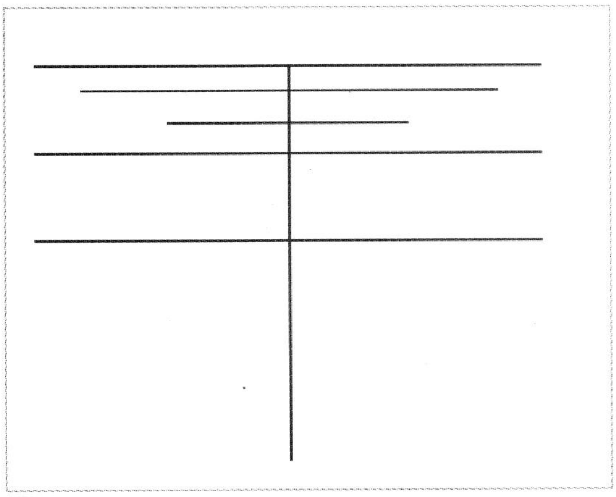

8 按同样的方法，将垂直线再次向两侧偏移130mm，并修剪第4根水平线，并将垂直辅助线全部删除。

9 以最上面的水平线的中点为起点，向下绘制一条长为277mm的直线。

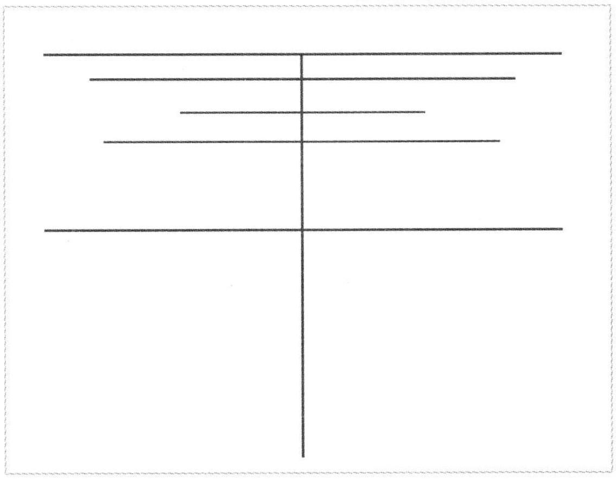

10 接下来利用"3点圆弧"命令绘制圆弧。命令行提示如下：

命令：_arc 指定圆弧的起点或 [圆心(C)]：
//捕捉水平直线的左端点
指定圆弧的第二个点或 [圆心(C)/端点(E)]：
//捕捉垂直直线的下端点
指定圆弧的端点：
//捕捉水平直线的右端点

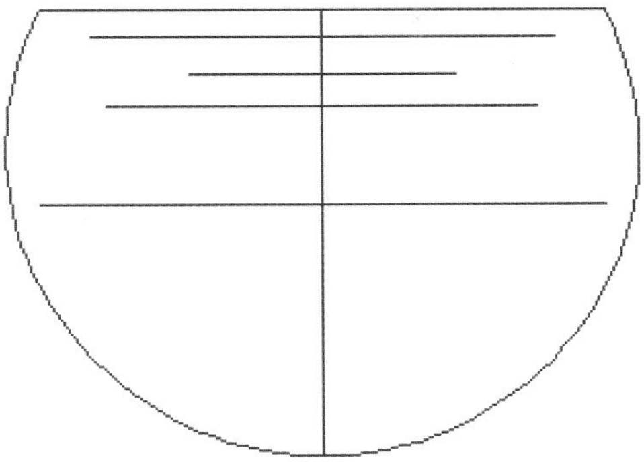

11 删除中间的垂直线，重新绘制一条长为265mm的垂直线。

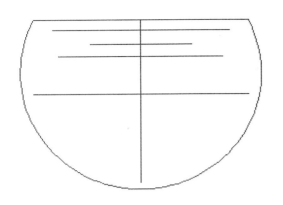

12 同样利用绘制的辅助线绘制一条圆弧，并删除垂直辅助线。

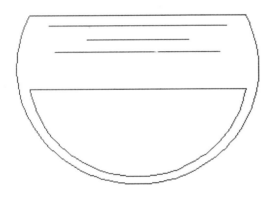

13 选择 "起点，端点，方向" 画弧命令，绘制一段圆弧。命令行提示如下：

命令：_arc 指定圆弧的起点或 [圆心(C)]：
//选择第4根直线的右端点
指定圆弧的第二个点或 [圆心(C)/端点(E)]：_e
指定圆弧的端点：
//选择第5根直线的右端点
指定圆弧的圆心或 [角度(A)/方向(D)/半径(R)]：_d 指定圆弧的起点切向：

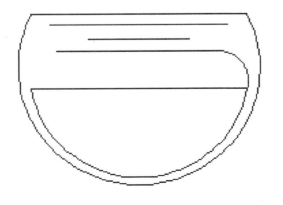

14 同样的方法，绘制另一段圆弧。

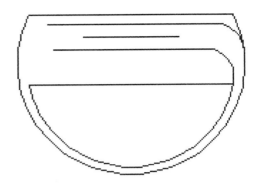

15 切换到 "常用" 选项卡，在 "修改" 面板中，单击 "镜像" 按钮，将绘制的两段圆弧进行镜像操作。

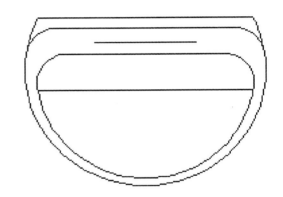

16 切换到 "常用" 选项卡，在 "绘图" 面板中，单击 "圆，半径" 按钮，绘制3个圆，其中大圆的半径为15mm，小圆的半径为10。

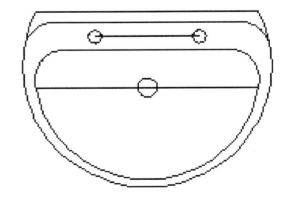

17 最后删除两条水平辅助直线，单击 "保存" 按钮，将文件保存。

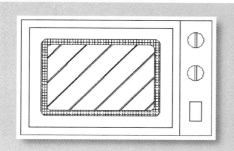

实例 **10**　微波炉

案例说明： 本例将学习绘制微波炉的立面图。在绘制本例的过程中可以掌握"矩形"、"圆"、"圆角"和"图案填充"等命令的使用方法。

学习要点： "拉伸"命令TRIM、"圆角"命令ARC和"图案填充"命令等。

光盘文件： 实例文件\实例10.dwg

视频教程： 视频文件\实例10.avi

操作步骤

① 启动AutoCAD 2013中文版，新建空白文件，切换到"常用"选项卡，在"绘图"面板中，单击"矩形"按钮□，绘制一个尺寸为480mm×300mm的矩形。命令行提示如下：

```
命令：_rectang
指定第一个角点或 [倒角(C)/标高(E)/圆角
(F)/厚度(T)/宽度(W)]：
指定另一个角点或 [面积(A)/尺寸(D)/旋转
(R)]：d
指定矩形的长度 <10.0000>：480
指定矩形的宽度 <10.0000>：300
```

② 切换到"常用"选项卡，在"修改"面板中，单击"偏移"按钮 ，将绘制的矩形向内偏移20mm。命令行提示如下：

```
命令：_offset
当前设置：删除源=否 图层=源 OFFSETGAPTYPE=0
指定偏移距离或 [通过(T)/删除(E)/图层(L)]
<通过>：20
选择要偏移的对象，或 [退出(E)/放弃(U)] <
退出>：
指定要偏移的那一侧上的点，或 [退出(E)/多个
```

```
(M)/放弃(U)] <退出>：
选择要偏移的对象，或 [退出(E)/放弃(U)] <
退出>：
```

③ 选中小矩形，将光标移至右侧中间的蓝色条上，在弹出的菜单中选择"拉伸"命令。

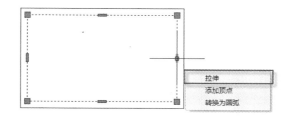

提示

使用"拉伸"命令可以方便地对对象进行修改。

④ 将小矩形右边框线向左缩进80mm。命令行提示如下：

```
命令：_offset
当前设置:删除源=否  图层=源 OFFSETGAPTYPE=0
指定偏移距离或 [通过(T)/删除(E)/图层(L)]
<20.0000>：80
选择要偏移的对象，或 [退出(E)/放弃(U)] <
退出>：
指定要偏移的那一侧上的点，或 [退出(E)/多个
(M)/放弃(U)] <退出>：
选择要偏移的对象，或 [退出(E)/放弃(U)] <
退出>：
命令：_trim
当前设置:投影=UCS，边=无
选择剪切边...
选择对象或 <全部选择>：
选择要修剪的对象，或按住 Shift 键选择要延
伸的对象，或
[栏选(F)/窗交(C)/投影(P)/边(E)/删除(R)/
放弃(U)]：
选择要修剪的对象，或按住 Shift 键选择要延
伸的对象，或
[栏选(F)/窗交(C)/投影(P)/边(E)/删除(R)/
放弃(U)]：
选择要修剪的对象，或按住 Shift 键选择要延
伸的对象，或
[栏选(F)/窗交(C)/投影(P)/边(E)/删除(R)/
放弃(U)]：
选择要修剪的对象，或按住 Shift 键选择要延
伸的对象，或
[栏选(F)/窗交(C)/投影(P)/边(E)/删除(R)/
放弃(U)]：
选择要修剪的对象，或按住 Shift 键选择要延
伸的对象，或
[栏选(F)/窗交(C)/投影(P)/边(E)/删除(R)/
放弃(U)]：
```

5 将大矩形进行分解，切换到"常用"选项卡，在
"修改"面板中，单击"偏移"按钮▣，将右边框线
向左偏移80mm。

6 切换到"常用"选项卡，在"修改"面板中，单击
"偏移"按钮▣，将内侧的矩形向内偏移30mm。

7 将偏移的矩形再次向内偏移15mm。

8 切换到"常用"选项卡，在"修改"面板中，单
击"圆角"按钮◯，设置圆角半径为15，对矩形进
行圆角操作。

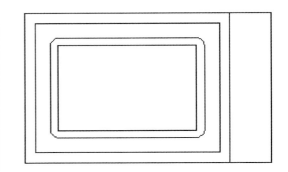

⑨ 使用同样的方法，设置圆角半径为10，对最内侧的矩形进行圆角操作。

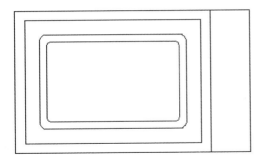

⑩ 切换到"常用"选项卡，在"绘图"面板中，单击"图案填充"按钮，对图形进行图案填充。命令行提示如下：

```
命令：_hatch
拾取内部点或 [选择对象(S)/设置(T)]： 正在
选择所有对象...
    //在要填充的区域中单击鼠标左键
正在选择所有可见对象...
正在分析所选数据...
正在分析内部孤岛...
拾取内部点或 [选择对象(S)/设置(T)]：↙
```

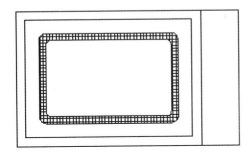

⑪ 如果需要对所填充的图案进行调整，可以选中填充图案，单击鼠标右键，从弹出的快捷菜单中选择"图案填充编辑"命令。

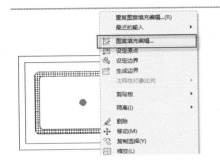

⑫ 系统弹出"图案填充编辑"对话框，在该对话框中可以对填充图案、角度和比例等参数进行调整设置。

⑬ 切换到"常用"选项卡，在"绘图"面板中，单击"图案填充"按钮，再次对图形进行图案填充。

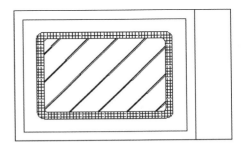

⑭ 切换到"常用"选项卡，在"绘图"面板中，单击"圆心，半径"按钮，绘制一个半径为20mm的圆，在圆中间绘制一个尺寸为18mm×2mm的矩形。

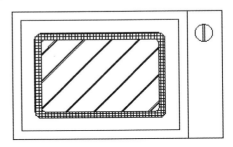

⑮ 将绘制的圆和矩形复制一份，移至下方，使用"矩形"命令，绘制一个尺寸为30mm×50mm的矩形。

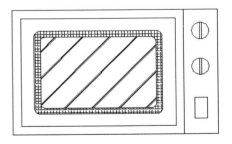

⑯ 单击"保存"按钮，将文件保存。

读书笔记

03章

高级二维绘图工具的使用

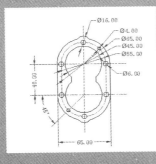
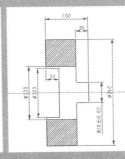
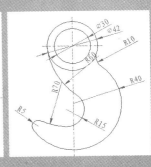

- 接线盒
- 手柄套
- 茶几
- 连杆
- 垫片
- 扳手
- 法兰盘
- 圆盘
- 吊钩
- 从动轴

实例 11 接线盒

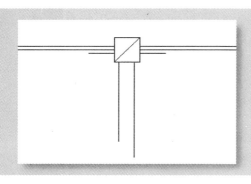

📽 **案例说明：** 在电气图中会出现接线盒。本例学习绘制一个带八条出线的接线盒，画法比较简单。

🔁 **学习要点：** "偏移"命令OFFSET、"矩形"命令RECTANG和"拉长"命令LENGTHEN等。

💿 **光盘文件：** 实例文件\实例11.dwg

🎬 **视频教程：** 视频文件\实例11.avi

操作步骤

1 启动AutoCAD 2013中文版，新建空白文件，切换到"常用"选项卡，在"绘图"面板中，单击"矩形"按钮口，绘制一个尺寸为6.6mmx6.6mm的正方形。命令行提示如下：

命令：_rectang
指定第一个角点或 [倒角(C)/标高(E)/圆角(F)/厚度(T)/宽度(W)]：
//在绘图区域任意选择一点
指定另一个角点或 [面积(A)/尺寸(D)/旋转(R)]：@6.6,6.6↙
//输入数据

2 利用"对象捕捉"辅助功能，使用"直线"命令，在正方形的中间绘制一条对角线。

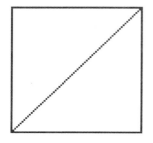

3 打开"正交"模式，使用"直线"命令，在正方形左边的中点上向左绘制一条水平线，长度为25mm。命令行提示如下：

命令：_line 指定第一点：
//捕捉正方形的左边线中点
指定下一点或 [放弃(U)]：25↙
//鼠标向左平移，输入长度并按【Enter】键
指定下一点或 [放弃(U)]：↙

💡 **提示**

多利用"对象捕捉"辅助功能和"正交"模式，可以极大地方便绘图工作。

4 使用相同的方法，在正方形的右侧绘制一条水平直线，长度为25mm。

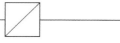

5 切换到"常用"选项卡，在"修改"面板中，单击"偏移"按钮，将绘制的两条水平的线分别向上、下两侧进行偏移复制，距离为1mm。

32

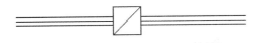

选择要偏移的对象，或 [退出(E)/放弃(U)] <
退出>：

指定要偏移的那一侧上的点，或 [退出(E)/多个
(M)/放弃(U)] <退出>：

选择要偏移的对象，或 [退出(E)/放弃(U)] <
退出>：

指定要偏移的那一侧上的点，或 [退出(E)/多个
(M)/放弃(U)] <退出>：

选择要偏移的对象，或 [退出(E)/放弃(U)] <
退出>：

6️⃣ 切换到"常用"选项卡，在"修改"面板中，单击
"拉长"按钮 。

7️⃣ 使用"拉长"命令将最下边的两条直线缩短为
6.5mm。命令行提示如下：

命令：
LENGTHEN
选择对象或 [增量(DE)/百分数(P)/全部(T)/
动态(DY)]：T↙
　　　　//选择"全部"选项
指定总长度或 [角度(A)] <1.0000>：6.5↙
选择要修改的对象或 [放弃(U)]：
　　　　//选择要修改的直线
选择要修改的对象或 [放弃(U)]：
　　　　//选择要修改的直线
选择要修改的对象或 [放弃(U)]：↙
　　　　//退出命令

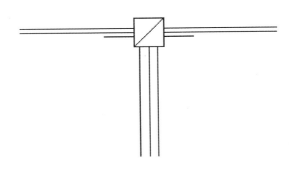

9️⃣ 删除中间的垂直线，使用"拉长"命令缩短左边的
垂直线，长为21mm。命令行提示如下：

命令：_lengthen
选择对象或 [增量(DE)/百分数(P)/全部(T)/
动态(DY)]：t
指定总长度或 [角度(A)] <6.5000>：21
选择要修改的对象或 [放弃(U)]：
选择要修改的对象或 [放弃(U)]：

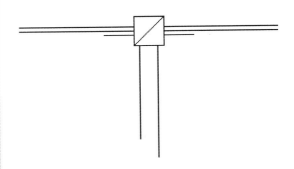

🔟 单击"保存"按钮 ，将文件保存。

8️⃣ 打开"正交"模式，使用"直线"命令在正方形
下边的中点上向下绘制一条垂直线，长度为25mm，
并用"偏移"命令向两边各复制一条垂直线，距离为
2mm。命令行提示如下：

命令：_offset
当前设置:删除源=否 图层=源 OFFSETGAPTYPE=0
指定偏移距离或 [通过(T)/删除(E)/图层(L)]
<1.0000>： 2

💡 提示

　　熟练掌握"拉长"命令是本例的学习
重点。

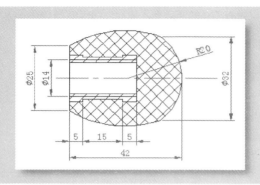

实例 **12** 手柄套

🎬 **案例说明**：本例绘制一个较为复杂的手柄套，从而来继续学习和巩固AutoCAD的基本命令。

🔅 **学习要点**：剖面线的填充及直线、圆、圆弧、修剪、镜像和偏移等多个命令。

💿 **光盘文件**：实例文件\实例12.dwg

📹 **视频教程**：视频文件\实例12.avi

操作步骤

1 启动AutoCAD 2013中文版，新建空白文件，建立3个图层，命名为"中心线"层、"轮廓线"层和"标注"层，并分别设置相应的线型和线宽。

2 将"中心线"图层设为当前图层，绘制一条长60mm的水平线作为中心线。命令行提示如下：

```
命令：_line 指定第一点：
指定下一点或 [放弃(U)]：@60,0↙
指定下一点或 [放弃(U)]：
```

3 将"轮廓线"图层设为当前图层，打开"对象捕捉"模式和"正交"模式，捕捉靠近中心线左端点的一点，绘制一条长为12.5mm的垂直线。命令行提示如下：

```
命令：_line 指定第一点：
    //捕捉靠近中心线左端点的一点
指定下一点或 [放弃(U)]：12.5↙
    //鼠标向上移动
指定下一点或 [放弃(U)]：↙
```

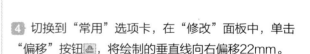

4 切换到"常用"选项卡，在"修改"面板中，单击"偏移"按钮🔲，将绘制的垂直线向右偏移22mm。

5 切换到"常用"选项卡，单击"修改"面板中的"偏移"按钮，将中心线向上偏移16mm。命令行提示如下：

```
命令：_offset
当前设置:删除源=否 图层=源 OFFSETGAPTYPE=0
指定偏移距离或 [通过(T)/删除(E)/图层(L)]
<22.0000>：16
选择要偏移的对象，或 [退出(E)/放弃(U)] <
```

退出>：

指定要偏移的那一侧上的点，或 ［退出(E)／多个(M)／放弃(U)］ <退出>：

选择要偏移的对象，或 ［退出(E)／放弃(U)］ <退出>：

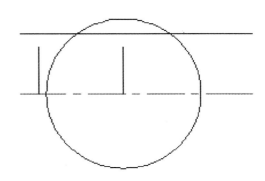

9 使用"修剪"命令对图形进行修剪，并删除绘制的辅助线。

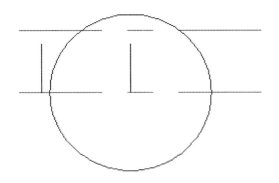

6 将偏移出来的中心线所在的图层修改为"轮廓线"图层。

10 选择"起点，端点，半径"画弧命令，捕捉右边圆弧的上端点作为所绘中间圆弧的起点，捕捉垂直线的上端点作为所绘制中间圆弧的端点，输入半径为40，绘制一段圆弧。命令行提示如下：

命令：_arc 指定圆弧的起点或 ［圆心(C)］：

//捕捉右边圆弧的上端点

指定圆弧的第二个点或 ［圆心(C)／端点(E)］：_e

指定圆弧的端点：

//捕捉垂直线的上端点

指定圆弧的圆心或 ［角度(A)／方向(D)／半径(R)］：_r 指定圆弧的半径：40↙

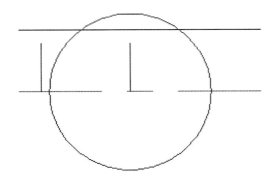

7 以偏移出来的垂直线的下端点为圆心，绘制一个半径为20mm的圆。

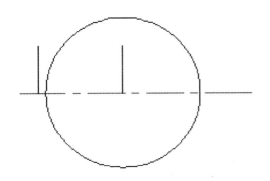

8 将中心线向上偏移16mm，并将偏移出来的线条所在的图层修改为"轮廓线"层。

11 切换到"常用"选项卡，在"修改"面板中，单击"偏移"按钮，将左边的垂直线向右依次进行偏移，距离分别为5mm、15mm、5mm。

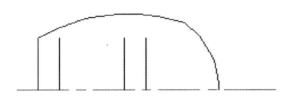

12 再次使用"偏移"命令，将中心线分别向上进行偏移，距离分别为8mm和9mm。

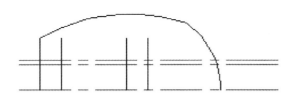

13 根据偏移出来的辅助线进行修剪，删除多余的线条，并将修改后得到的线条所在图层修改为"轮廓线"层。

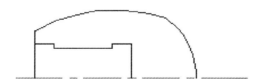

14 打开"图层特性管理器"对话框，新建一个名为"细实线"的图层，并设置相关参数。

15 将水平中心线分别向上偏移6mm和7mm，并进行修改，将其所在图层修改为"细实线"层，得到螺

纹线。命令提示行如下：

```
命令：_offset
当前设置：    删除源＝否    图层＝源
OFFSETGAPTYPE=0
    指定偏移距离或  [通过(T)/删除(E)/图层(L)]
<通过>：6↙
    选择要偏移的对象，或  [退出(E)/放弃(U)]  <
退出>：
    指定要偏移的那一侧上的点，或  [退出(E)/多个
(M)/放弃(U)]  <退出>：
    选择要偏移的对象，或  [退出(E)/放弃(U)]  <
退出>：
    命令：
OFFSET
当前设置：    删除源＝否    图层＝源
OFFSETGAPTYPE=0
    指定偏移距离或  [通过(T)/删除(E)/图层(L)]
<6.0000>：7↙
    选择要偏移的对象，或  [退出(E)/放弃(U)]  <
退出>：
    指定要偏移的那一侧上的点，或  [退出(E)/多个
(M)/放弃(U)]  <退出>：
    选择要偏移的对象，或  [退出(E)/放弃(U)]  <
退出>：
```

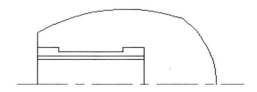

16 切换到"常用"选项卡，在"修改"面板中，单击"镜像"按钮 ⚮，将绘制好的上半部分图形以中心线为镜像轴镜像到中心线的下方，得到全部轮廓线。命令行提示如下：

```
命令：_mirror
选择对象：
    //框选上半部图形
指定对角点：找到 11 个
选择对象：
指定镜像线的第一点：
    //捕捉中心线的左端点
指定镜像线的第二点：
    //捕捉中心线的右端点
要删除源对象吗？[是(Y)/否(N)]  <N>：n↙
```

//不删除源对象

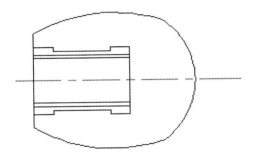

17 切换到"常用"选项卡，在"绘图"面板中，单击"图案填充"按钮，系统打开"图案填充创建"选项卡，在该选项卡中单击"图案填充图案"按钮，从弹出的图案中选择"ANSI31"填充图案。

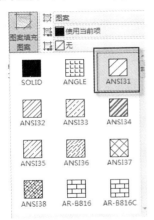

18 切换到"图案填充创建"选项卡，单击"拾取点"按钮，回到图形界面，同时鼠标变为十字状，在想要填充剖面线的区域内单击，该区域边界线变为虚线，表示该区域已经选中，继续选取要填充相同类型剖面线的区域，按【Enter】键完成剖面填充。

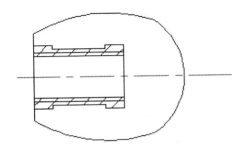

19 同样方法，选择"ANSI37"填充图案作为剖面填充图案。

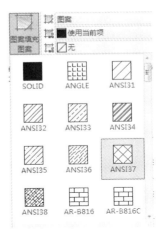

20 切换到"图案填充创建"选项卡，单击"拾取点"按钮，绘制橡胶部分的剖面线。

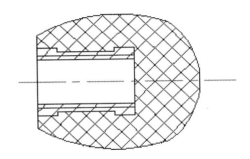

21 单击"保存"按钮，将文件保存。

提示

如果要对填充图案的角度调整，可以直接在"图案填充创建"选项卡中进行修改。

实例 13 茶几

■ **案例说明**：本例学习茶几平面图的绘制方法。

❂ **学习要点**：矩形、圆、圆角、修剪、直线和偏移等多个命令。

◎ **光盘文件**：实例文件\实例13.dwg

▣ **视频教程**：视频文件\实例13.avi

操作步骤

1 启动AutoCAD 2013中文版，新建空白文件，建立3个图层，命名为"中心线"层、"轮廓线"层和"标注"层，并分别设置相应的线型和线宽。

2 将"轮廓线"图层设为当前图层，切换到"常用"选项卡，在"绘图"面板中，单击"矩形"按钮口，绘制一个尺寸为1200mm×800mm的矩形。命令行提示如下：

命令：_rectang

指定第一个角点或 [倒角(C)/标高(E)/圆角(F)/厚度(T)/宽度(W)]：

指定另一个角点或 [面积(A)/尺寸(D)/旋转(R)]：@1200,800✓

3 切换到"常用"选项卡，在"修改"面板中，单击"偏移"按钮▣，将矩形向内偏移80mm。命令行提

示如下：

命令：_offset

当前设置:删除源=否 图层=源 OFFSETGAPTYPE=0

指定偏移距离或 [通过(T)/删除(E)/图层(L)]<20.0000>： 80✓

选择要偏移的对象，或 [退出(E)/放弃(U)] <退出>： //选择矩形

指定要偏移的那一侧上的点，或 [退出(E)/多个(M)/放弃(U)] <退出>：

//在矩形内部单击鼠标左键

选择要偏移的对象，或 [退出(E)/放弃(U)] <退出>：✓

▣ 提示

在使用"偏移"命令后，在"指定偏移距离或[通过(T)/删除(E)/图层(L)]<通过>:"提示下，可以直接输入偏移距离，也可以执行"通过"选项，选择偏移的对象，再在"指定通过点："提示下，用鼠标确定通过点，则图形偏移后通过该点。

4 切换到"常用"选项卡，在"绘图"面板中，单击"圆心，半径"按钮⊙，捕捉偏移矩形的角点，绘制4个半径为80mm的圆。命令行提示如下：

命令：_circle
　　指定圆的圆心或　[三点(3P)/两点(2P)/切点、切点、半径(T)]：
　　　指定圆的半径或 [直径(D)] <20.0000>: 80
　　命令：_circle
　　指定圆的圆心或　[三点(3P)/两点(2P)/切点、切点、半径(T)]：
　　　指定圆的半径或 [直径(D)] <80.0000>: 80
　　命令：_circle
　　指定圆的圆心或　[三点(3P)/两点(2P)/切点、切点、半径(T)]：
　　　指定圆的半径或 [直径(D)] <80.0000>: 80
　　命令：_circle
　　指定圆的圆心或　[三点(3P)/两点(2P)/切点、切点、半径(T)]：
　　　指定圆的半径或 [直径(D)] <80.0000>: 80

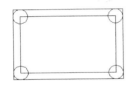

5 切换到"常用"选项卡，在"修改"面板中，单击"修剪"按钮，对图形进行修剪操作。

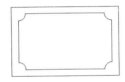

6 切换到"常用"选项卡，在"绘图"面板中，单击"圆心，半径"按钮，捕捉原来绘制的圆的圆心，绘制4个半径为40mm圆。命令行提示如下：
　　命令：_circle
　　指定圆的圆心或　[三点(3P)/两点(2P)/切点、切点、半径(T)]：
　　　指定圆的半径或 [直径(D)] <80.0000>: 40
　　命令：_copy
　　选择对象：找到 1 个
　　选择对象：
　　当前设置：复制模式 = 多个
　　指定基点或 [位移(D)/模式(O)] <位移>：
　　指定第二个点或 [阵列(A)] <使用第一个点作为位移>：
　　　指定第二个点或 [阵列(A)/退出(E)/放弃(U)] <退出>：
　　　指定第二个点或 [阵列(A)/退出(E)/放弃(U)] <退出>：
　　　指定第二个点或 [阵列(A)/退出(E)/放弃(U)] <退出>：

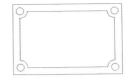

7 切换到"常用"选项卡，在"修改"面板中，单击"圆角"按钮，设置圆角半径为40mm，对矩形进行圆角处理。命令行提示如下：
　　命令：_fillet
　　当前设置：模式 = 修剪，半径 = 0.0000
　　选择第一个对象或 [放弃(U)/多段线(P)/半径(R)/修剪(T)/多个(M)]: r 指定圆角半径 <0.0000>: 40
　　选择第一个对象或 [放弃(U)/多段线(P)/半径(R)/修剪(T)/多个(M)]:
　　选择第二个对象，或按住 Shift 键选择对象以应用角点或 [半径(R)]:
　　命令：FILLET
　　当前设置：模式 = 修剪，半径 = 40.0000
　　选择第一个对象或 [放弃(U)/多段线(P)/半径(R)/修剪(T)/多个(M)]:
　　选择第二个对象，或按住 Shift 键选择对象以应用角点或 [半径(R)]:
　　命令：FILLET
　　当前设置：模式 = 修剪，半径 = 40.0000
　　选择第一个对象或 [放弃(U)/多段线(P)/半径(R)/修剪(T)/多个(M)]:
　　选择第二个对象，或按住 Shift 键选择对象以应用角点或 [半径(R)]:
　　命令：FILLET
　　当前设置：模式 = 修剪，半径 = 40.0000
　　选择第一个对象或 [放弃(U)/多段线(P)/半径(R)/修剪(T)/多个(M)]:
　　选择第二个对象，或按住 Shift 键选择对象以应用角点或 [半径(R)]:
　　命令：FILLET
　　当前设置：模式 = 修剪，半径 = 40.0000
　　选择第一个对象或 [放弃(U)/多段线(P)/半径(R)/修剪(T)/多个(M)]:

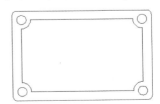

8 使用"直线"命令，在中间绘制几条斜线，将文件进行保存。

实例 14 连杆

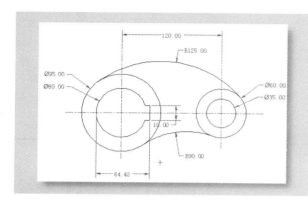

📽 **案例说明**：本例学习绘制一个圆弧状的连杆。

🖲 **学习要点**：管理图层和图层特性命令LAYER、
多段圆弧相切的作图要领。

💿 **光盘文件**：实例文件\实例14.dwg

📼 **视频教程**：视频文件\实例14.avi

操作步骤

1 启动AutoCAD 2013中文版，新建空白文件，建立4个图层，命名为"中心线"层、"轮廓线"层、"细实线"层和"标注"层，并分别设置相应的线型和线宽。

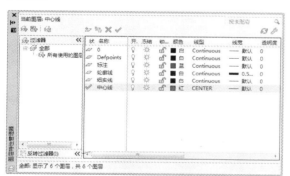

2 将"中心线"图层设为当前图层，打开"正交"模式，绘制两条相互垂直相交的中心线。

3 切换到"常用"选项卡，在"修改"面板中，单击"偏移"按钮，将垂直中心线向右偏移120mm。命令行提示如下：

命令：_offset

当前设置：删除源=否 图层=源 OFFSETGAPTYPE=0

指定偏移距离或 [通过(T)/删除(E)/图层(L)]<80.0000>：120

选择要偏移的对象，或 [退出(E)/放弃(U)]<退出>：

选择要偏移的对象，或 [退出(E)/放弃(U)]<退出>：

指定要偏移的那一侧上的点，或 [退出(E)/多个(M)/放弃(U)]<退出>：

选择要偏移的对象，或 [退出(E)/放弃(U)]<退出>：

4 将"轮廓线"图层设为当前图层，切换到"常用"选项卡，在"绘图"面板中，单击"圆心，直径"按钮，捕捉水平中心线和左边垂直中心线的交点，分

别绘制直径为60mm和95mm的圆。命令行提示
如下：

```
命令： _circle 指定圆的圆心或 [三点(3P)/
两点(2P)/切点、切点、半径(T)]：
        //捕捉左边的交点
    指定圆的半径或 [直径(D)] <30.0000>： _d
    指定圆的半径或 [直径(D)]： 60↙
    命令： _circle 指定圆的圆心或 [三点(3P)/
两点(2P)/切点、切点、半径(T)]：
    指定圆的半径或 [直径(D)] <30.0000>： _d
指定圆的直径 <60.0000>： 95↙
```

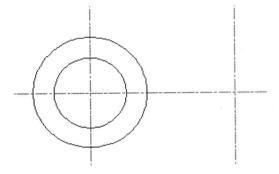

5 再次使用"圆"命令，捕捉右侧中心线的交点作为
圆心，绘制直径为35mm和60mm的圆。命令行提示
如下：

```
命令： _circle
    指定圆的圆心或 [三点(3P)/两点(2P)/切点、
切点、半径(T)]：
    指定圆的半径或 [直径(D)] <47.5000>： d
指定圆的直径 <95.0000>： 35
    命令： CIRCLE
    指定圆的圆心或 [三点(3P)/两点(2P)/切点、
切点、半径(T)]：
    指定圆的半径或 [直径(D)] <17.5000>： d
指定圆的直径 <35.0000>： 60
    命令： 指定对角点或 [栏选(F)/圈围(WP)/圈
交(CP)]：
```

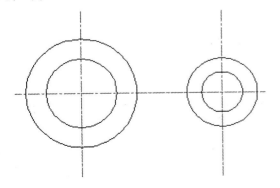

6 切换到"常用"选项卡，在"绘图"面板中，单击
"相切，相切，半径"按钮⊘，捕捉两个大圆的下半
部作为切点，设置半径为90，绘制一个与两个圆相切
的圆。命令行提示如下：

```
命令： _circle 指定圆的圆心或 [三点(3P)/
两点(2P)/切点、切点、半径(T)]： _ttr
    指定对象与圆的第一个切点：
        //捕捉左边的大圆下半部
    指定对象与圆的第二个切点：
        //捕捉右边的大圆下半部
    指定圆的半径 <90.0000>： 90↙
        //输入半径
```

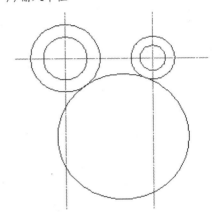

7 同样的方法，绘制上方的与两个圆相切的圆，圆的
半径为125mm。命令行提示如下：

```
命令： _circle 指定圆的圆心或 [三点(3P)/
两点(2P)/切点、切点、半径(T)]： _ttr
    指定对象与圆的第一个切点：
        //捕捉左边的大圆的上半部
    指定对象与圆的第二个切点：
        //捕捉右边的大圆的上半部
    指定圆的半径 <90.0000>： 125↙
```

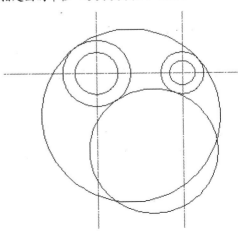

8. 切换到"常用"选项卡，在"修改"面板中，单击"修剪"按钮，对圆进行修剪。

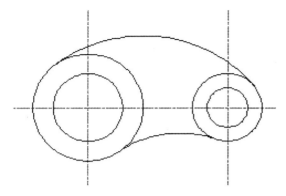

9. 接下来使用"直线"命令绘制键槽。命令行提示如下：

```
命令：_line
指定第一点：tt✓
    //用临时对象追踪点的方式找点
指定临时对象追踪点：
    //利用"对象捕捉"模式拾取左侧圆的圆心
指定第一点：34.4✓
    //光标向右移动，输入数值
指定下一点或 [放弃(U)]：9✓
    //光标向上移动，输入数值
指定下一点或 [放弃(U)]：
    //光标向左移动，拾取圆中的任意点
指定下一点或 [闭合(C)/放弃(U)]：✓
```

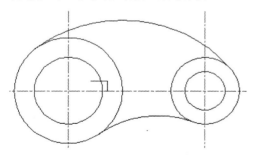

10. 切换到"常用"选项卡，在"修改"面板中，单击"镜像"按钮，将绘制的线段进行镜像。命令行提示如下：

```
命令：_mirror
选择对象：指定对角点：找到 2 个
    //选择绘制的线段
选择对象：
指定镜像线的第一点：
    //捕捉水平中心线的左侧
指定镜像线的第二点：
```

```
    //捕捉水平中心线的右侧
要删除源对象吗？[是(Y)/否(N)] <N>:✓
```

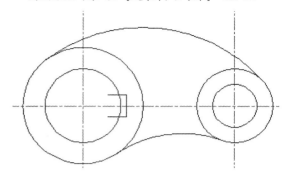

11. 切换到"常用"选项卡，在"修改"面板中，单击"修剪"按钮，对图形进行修剪。

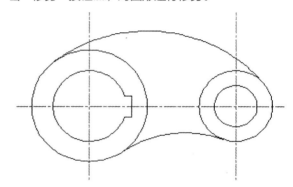

12. 切换到"常用"选项卡，在"修改"面板中，单击"打断于点"按钮，将中心线打断至合适位置，并删除多余的线段，将"标注"图层设为当前图层，对图形进行标注，并保存文件。

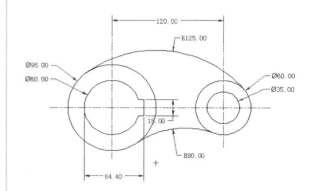

🔆 提示

线宽值为0.25mm或更小时，在模型空间显示为一个像素宽，并将以指定打印设备允许的最细宽度打印。

实例15 垫片

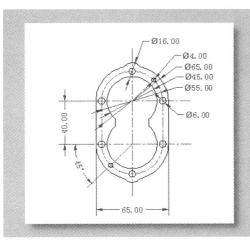

案例说明： 垫片为底板类零件，有较多的圆弧连接及直线和圆弧组成的线框，本例学习绘制一个比较常见的垫片。

学习要点： "圆角"命令FILIET、多段圆弧相切的绘制方法。

光盘文件： 实例文件\实例15.dwg

视频教程： 视频文件\实例15.avi

操作步骤

1 启动AutoCAD 2013中文版，新建空白文件，建立相应的图层，并分别设置相应的线型和线宽。将"中心线"图层设为当前图层，打开"正交"模式，绘制两条相互垂直相交的中心线。

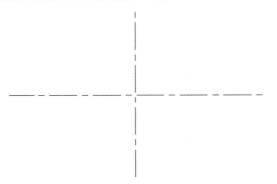

2 切换到"常用"选项卡，在"修改"面板中，单击"偏移"按钮，将水平中心线向下偏移40mm。

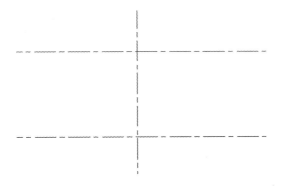

3 将"轮廓线"图层设为当前图层，使用"圆"命令，分别绘制两个直径为45mm的圆。

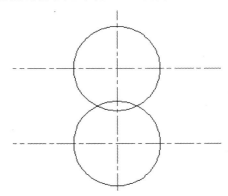

4 切换到"常用"选项卡，在"修改"面板中，单击"偏移"按钮，将垂直中心线分别向左、右偏移15mm。

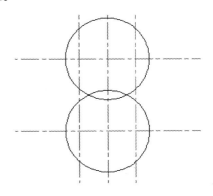

5 将偏移的两根线条所在图层修改为"轮廓线"图层，使用"修剪"命令对其进行修剪。

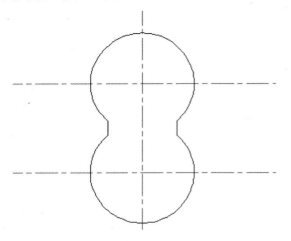

6 使用"圆"命令，分别绘制两个直径为65mm的圆。

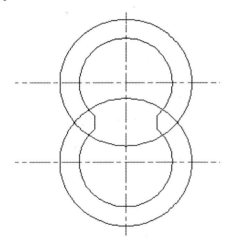

7 使用"直线"命令，捕捉两个圆的切点，绘制两条切线。

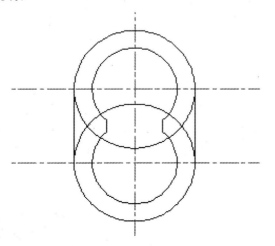

8 切换到"常用"选项卡，在"修改"面板中，单击"修剪"按钮，对图形进行修剪。

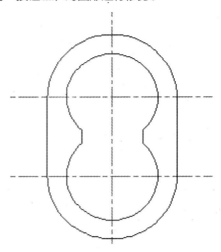

9 切换到"常用"选项卡，在"修改"面板中，单击"偏移"按钮，将绘制的外轮廓线向内偏移5mm，并将所在图层修改为"中心线"层。

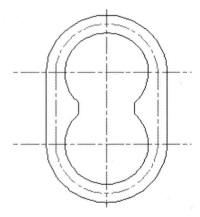

10 以刚刚偏移的线段与中心线的交点为圆心，分别绘制6个直径为6mm的圆。

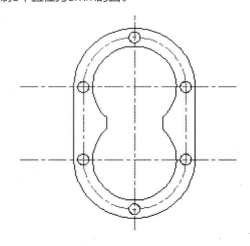

11 捕捉上、下两个小圆的圆心，分别绘制两个直径为16mm的圆。

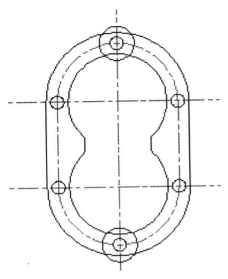

12 对绘制的两个圆进行修剪，设置圆角半径为8，对圆与轮廓线的连接处进行圆角处理。

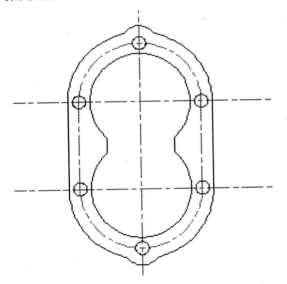

倒圆角时，拾取对象的位置不同将影响结果。

13 将"中心线"图层设为当前图层，绘制一条长为30mm，角度为45°的直线。命令行提示如下：

```
命令：_line 指定第一点：
指定下一点或 [放弃(U)]：@30<45↙
指定下一点或 [放弃(U)]：↙
```

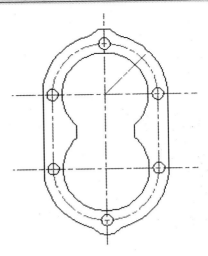

14 绘制一个直径为4mm的圆。

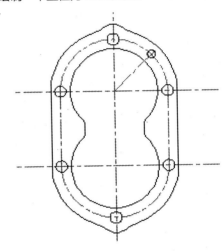

15 将绘制的线条和圆进行"镜像"操作，注意这里需要进行两次镜像，再删除多余的线条。将"标注"图层设为当前图层，对图形进行标注，并保存文件。

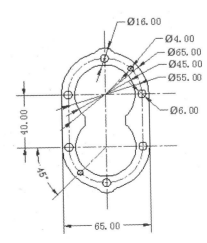

实例 16 扳手

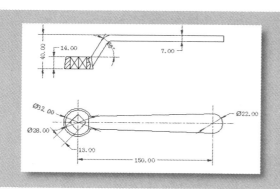

📽 **案例说明：** 本节绘制一个扳手的二维图，用到了多个命令，如直线、圆、多边形、旋转、延伸和偏移等。

🎯 **学习要点：** 多边形的画法、二维投影图的画法和平面的表示方法。

💿 **光盘文件：** 实例文件\实例16.dwg

🎬 **视频教程：** 视频文件\实例16.avi

操作步骤

1 启动AutoCAD 2013中文版，新建空白文件，建立相应的图层，并分别设置相应的线型和线宽。将"中心线"图层设为当前图层，打开"正交"模式，绘制两条相互垂直相交的中心线。

2 切换到"常用"选项卡，在"修改"面板中，单击"偏移"按钮 ，将垂直中心线向右偏移150mm。命令行提示如下：

命令：_offset
当前设置:删除源=否 图层=源 OFFSETGAPTYPE=0
指定偏移距离或 [通过(T)/删除(E)/图层(L)]
<120.0000>: 150
选择要偏移的对象，或 [退出(E)/放弃(U)] <
退出>:
指定要偏移的那一侧上的点，或 [退出(E)/多个(M)/放弃(U)] <退出>:

选择要偏移的对象，或 [退出(E)/放弃(U)] <
退出>:

3 将"轮廓线"图层设为当前图层，使用"圆"命令，分别以中心线的两个交点绘制直径为32mm、28mm和22mm的圆。命令行提示如下：

命令：_circle
指定圆的圆心或 [三点(3P)/两点(2P)/切点、切点、半径(T)]:
指定圆的半径或 [直径(D)] <30.0000>: d
指定圆的直径 <60.0000>: 32
命令：_circle
指定圆的圆心或 [三点(3P)/两点(2P)/切点、切点、半径(T)]:
指定圆的半径或 [直径(D)] <16.0000>: d
指定圆的直径 <32.0000>: 28
命令：_circle
指定圆的圆心或 [三点(3P)/两点(2P)/切点、切点、半径(T)]:
指定圆的半径或 [直径(D)] <14.0000>: d
指定圆的直径 <28.0000>: 22

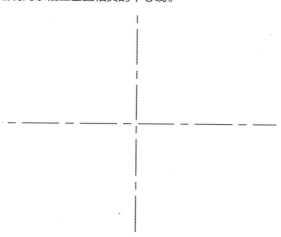

4 切换到"常用"选项卡,在"绘图"面板中,单击 "多边形"按钮⬠,绘制一个正多边形。命令行提示 如下:

```
命令: _polygon
输入侧面数 <4>:↙
        //直接按【Enter】键接受默认值4
指定正多边形的中心点或 [边(E)]:
        //拾取左边圆的圆心作为多边形的中心点
输入选项 [内接于圆(I)/外切于圆(C)] <I>: c↙
        //采用内切圆的方式定义多边形的大小
指定圆的半径: 6.5↙
        //输入圆的半径
```

5 切换到"常用"选项卡,在"修改"面板中,单击 "旋转"按钮↻,对多边形进行旋转操作。命令行提 示如下:

```
命令: _rotate
UCS 当前的正角方向:       ANGDIR=逆时针
ANGBASE=0
选择对象: 找到 1 个
        //选择绘制的正四边形
选择对象:↙
        //直接按【Enter】键,结束选择
指定基点:
        //捕捉中心线的交点
指定旋转角度,或 [复制(C)/参照(R)] <0>:
45↙
        //输入旋转角度值
```

6 切换到"常用"选项卡,在"修改"面板中,单

击"偏移"按钮⬚,将水平中心线分别向上、下偏移 7.5mm。

7 使用"直线"命令,根据刚刚绘制的辅助线,绘制 一条直线。

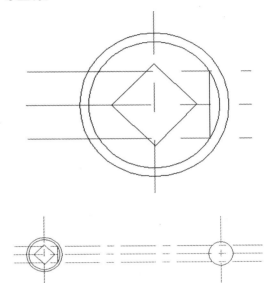

8 切换到"常用"选项卡,在"修改"面板中,单 击"修剪"按钮⬚,对图形进行修剪,并删除多余的 线条。

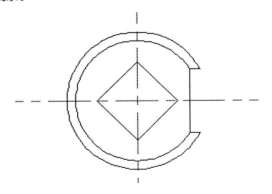

9 使用"直线"命令,绘制两条切线。

在绘图中如需要选择点时，可以通过按住【Shift】键并单击鼠标右键的方法方便地捕捉所需的点。

10 接下来绘制主视图。将水平中心线向上偏移60mm，并将偏移出来的水平中心线再次向上偏移14mm。

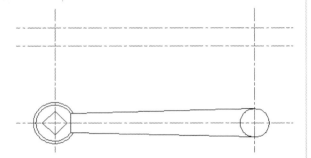

11 使用"直线"命令将边界线向上作投影线。

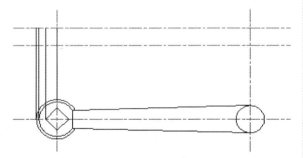

12 切换到"常用"选项卡，在"修改"面板中，单击"修剪"按钮，对图形进行修剪。

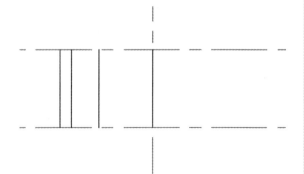

13 使用"直线"命令绘制轮廓线，并删除多余的线条。

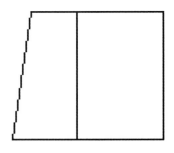

14 切换到"常用"选项卡，在"修改"面板中，单击"镜像"按钮，选择绘制好的半边轮廓线，对其进行镜像操作。

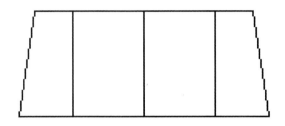

15 使用"直线"命令，绘制一条角度为60°的斜线。

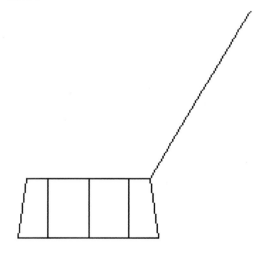

16 将扳手底面线延长，并向上偏移40mm。

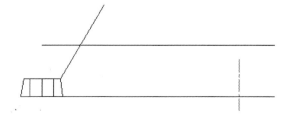

17 从扳手的俯视图上绘制一条投影线，并删除多余的线条。

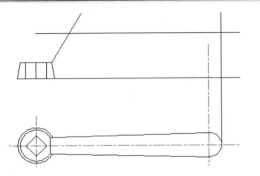

18 切换到"常用"选项卡，在"修改"面板中，单击"修剪"按钮，对图形进行修剪。

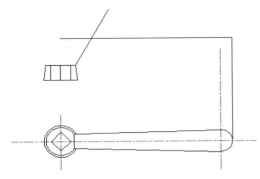

19 切换到"常用"选项卡，在"修改"面板中，单击"圆角"按钮，设置圆角半径为16，将斜线与水平线以圆角连接。命令行提示如下：

命令：_fillet

当前设置：模式 = 修剪，半径 = 8.0000

选择第一个对象或 [放弃(U)/多段线(P)/半径(R)/修剪(T)/多个(M)]：r✓

指定圆角半径 <8.0000>：16✓

选择第一个对象或 [放弃(U)/多段线(P)/半径(R)/修剪(T)/多个(M)]：

　　//选择斜线

选择第二个对象，或按住 Shift 键选择对象以应用角点或 [半径(R)]：

　　//选择水平线

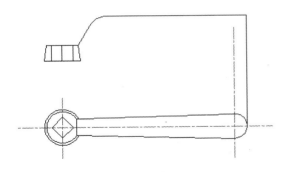

20 将绘制好的轮廓线向下偏移7mm，并补齐所缺的线条。

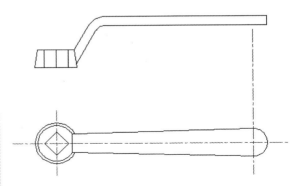

21 选择"细实线"为当前图层，单击"样条曲线"按钮，绘制剖面线填充区域的轮廓线。并使用"直线"命令绘制表示平面的交叉线。

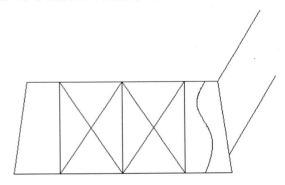

22 切换到"常用"选项卡，在"绘图"面板中，单击"图案填充"按钮，选择好填充图案及填充区域后，对图形进行剖面线的填充，并保存文件

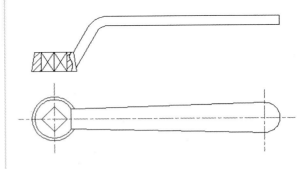

实例 17 法兰盘

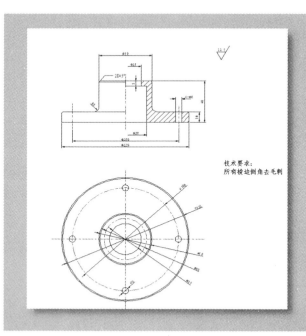

技术要求：
所有棱边倒角去毛刺

📽 **案例说明**：本节绘制机械设计中常见的法兰盘，本例中所用到的命令有阵列、直线、圆、文字、倒角、图案填充和标注尺寸等。

🔄 **学习要点**：学习对称零件的绘制方法和图案填充命令的使用方法。

💿 **光盘文件**：实例文件\实例17.dwg

🎬 **视频教程**：视频文件\实例17.avi

操作步骤

1 启动AutoCAD 2013中文版，新建空白文件，建立相应的图层，并分别设置相应的线型和线宽。将"中心线"图层设为当前图层，打开"正交"模式，绘制两条相互垂直相交的中心线。

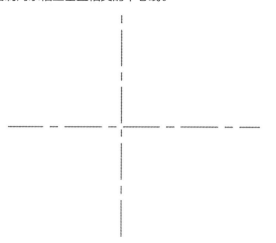

2 切换到"常用"选项卡，在"绘图"面板中，单击"直线"按钮 ／，绘制下图所示的主视图半个轮廓线。

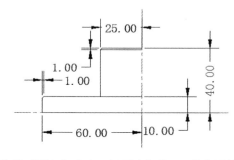

3 使用"圆角"命令，设置半径为5，将上圆柱的轮廓线与下圆柱的轮廓线连接处进行圆角处理，并补齐线段。

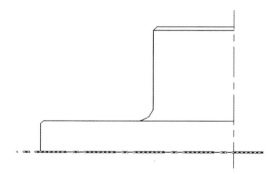

提示

　　上圆柱的与下圆柱的连接处是靠一段圆弧来过渡的，因此不能直接相交。

　　连接圆弧也可以用"圆"或"圆弧"命令绘制。

4 切换到"常用"选项卡，在"修改"面板中，单击"镜像"按钮，将左半部分轮廓水平进行镜像，得到全部轮廓线。

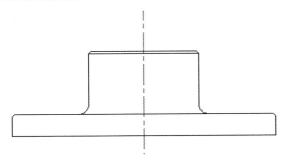

5 切换到"常用"选项卡，在"绘图"面板中，单击"直线"按钮，绘制主视图的半剖视图。

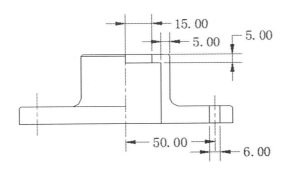

6 切换到"常用"选项卡，在"绘图"面板中，单击"图案填充"按钮，设置合适的填充线型和倾斜角度，填充如图所示的剖面线。

7 将"标注"图层设为当前图层，切换到"注释"选项卡，单击"线性标注"按钮和"角度"标注按钮，进行长度和角度的尺寸标注。

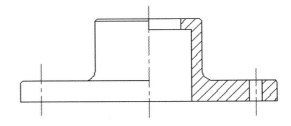

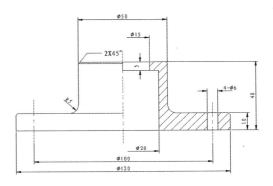

提示

　　对于直径符号的修改可以使用%%C，度数符号的修改使用%%D。

8 接下来绘制俯视图，切换到"常用"选项卡，在"绘图"面板中，单击"圆心，直径"按钮，以正交中心线交点为圆心，绘制直径分别为120、118、100、50、48、40、30（单位：mm）的一系列同心圆。注意圆所在的图层的不同。

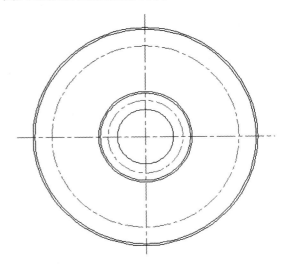

9 切换到"常用"选项卡，在"绘图"面板中，单击"圆心，半径"按钮⊙，以垂直中心线与直径为100mm的圆的交点为圆心，绘制一个半径为3mm的圆。

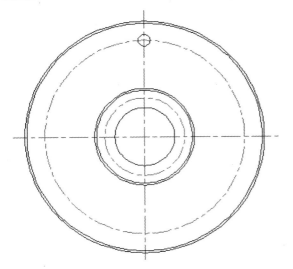

10 切换到"常用"选项卡，在"修改"面板中，单击"环形阵列"按钮⊞，以所绘制螺孔对象进行环形阵列，参数设置为4个，角度为360°。

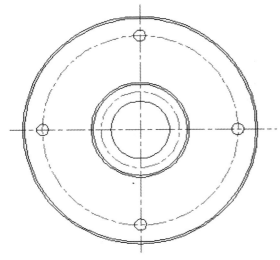

11 将"标注"图层设为当前图层，对图形进行尺寸标注。

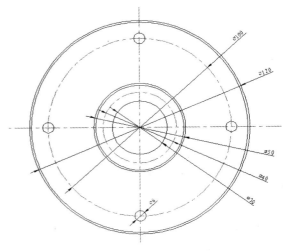

12 切换到"常用"选项卡，在"绘图"面板上，单击"多行文字"按钮Ａ，标注技术要求。

技术要求：
所有棱边倒角去毛刺

🔒 提示

"多行文字"命令在文字输入过程中可以随时改变文字的位置。

13 使用"直线"命令绘制轮廓线，绘制表面粗糙度符号。

🔒 提示

对于粗糙度块的标注，首先要输入标记名称对块进行定义属性，然后创建块，输入不同的数值对图形进行标注。

14 最后将文件进行保存。

实例 18 圆盘

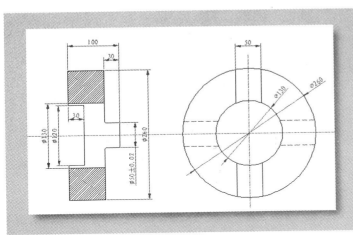

案例说明：本节绘制机械设计中的一种圆盘，本例中所用到的命令有直线、圆、倒角、图案填充、标注尺寸和标注公差等。

学习要点：学习对称零件的绘制方法和公差的标注。

光盘文件：实例文件\实例18.dwg

视频教程：视频文件\实例18.avi

操作步骤

1 启动AutoCAD 2013中文版，新建空白文件，建立相应的图层，并分别设置相应的线型和线宽。将"中心线"图层设为当前图层，打开"正交"模式，绘制两条相互垂直相交的中心线，确定图形的位置。

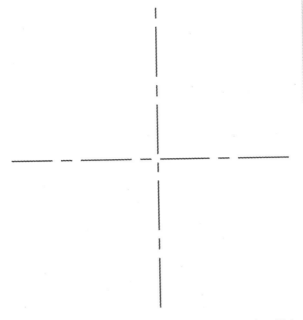

2 切换到"常用"选项卡，在"绘图"面板中，单击"圆心，直径"按钮⊘，以中心线的交点为圆心，绘制直径分别为130mm和260mm的同心圆。

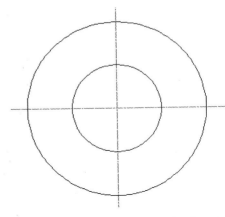

3 切换到"常用"选项卡，在"修改"面板中，单击"偏移"按钮⊜，将垂直中心线分别向两侧偏移25mm。

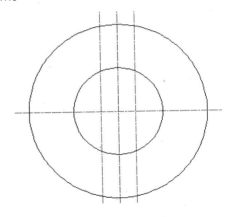

4 将偏移出来的线条所在图层修改为"轮廓线"图层，再切换到"常用"选项卡，在"修改"面板中，单击"修剪"按钮，以两个轮廓圆为剪切边，修剪图形。

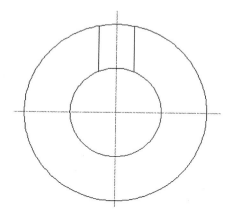

5 切换到"常用"选项卡，在"修改"面板中，单击"环形阵列"按钮，以所绘制的两条线段进行环形阵列，参数设置为4个，角度为360°，将阵列得到的水平方面的4条线所在图层修改为"虚线层"。

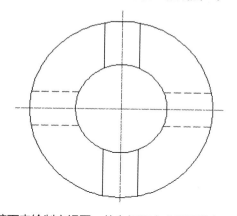

6 接下来绘制主视图。从左视图向主视图作投影线，得到水平方向的轮廓线。

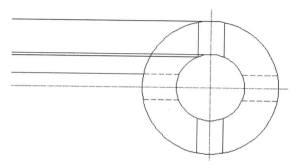

7 使用"直线"和"偏移"命令得到垂直方向的轮廓线，再使用"修剪"命令得到大致的主视图轮廓线。

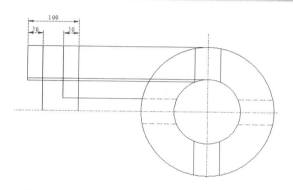

提示

使用投影法绘制图形可以极大地节省绘图时间。

8 切换到"常用"选项卡，在"修改"面板中，单击"倒角"按钮，设置倒角距离为2，绘制倒角。

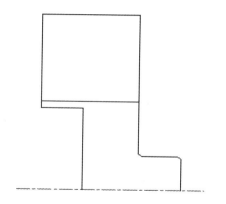

9 切换到"常用"选项卡，在"修改"面板中，单击"镜像"按钮，将上半轮廓线沿水平中心线向下作镜像，得到主视图的全部轮廓线。

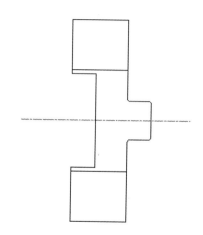

10 切换到"常用"选项卡，在"绘图"面板中，单击"图案填充"按钮 🔲，选择好填充图案和填充区域，填充剖面线。

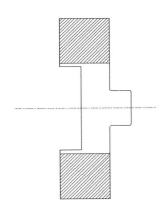

11 将"标注"图层设为当前图层，对图形进行尺寸标注。

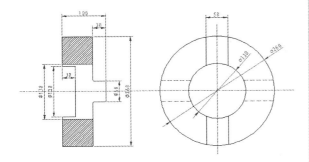

12 选中左视图中尺寸数值为50的标注，单击鼠标右键，从弹出的快捷菜单中选择"特性"命令，打开"特性"浮动面板。

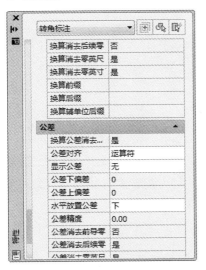

13 拖动面板中的滚动条至"公差"栏，在"显示公差"列表框中选择"对称"选项，并输入公差的偏差数值。

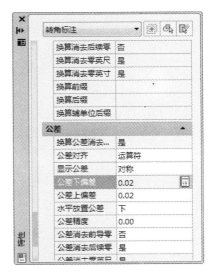

14 设置完成后，公差值出现在尺寸后面，最后将文件进行保存。

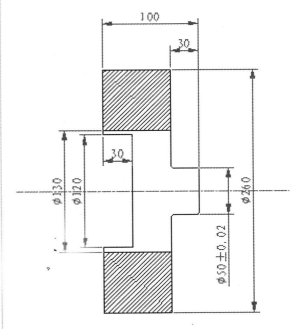

实例 19 吊钩

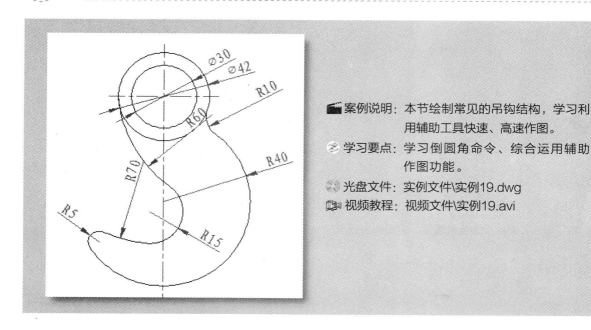

📹 案例说明：本节绘制常见的吊钩结构，学习利用辅助工具快速、高速作图。

📖 学习要点：学习倒圆角命令、综合运用辅助作图功能。

💿 光盘文件：实例文件\实例19.dwg

🎬 视频教程：视频文件\实例19.avi

操作步骤

1 启动AutoCAD 2013中文版，新建空白文件，建立相应的图层，并分别设置相应的线型和线宽。切换到"捕捉和栅格"选项中，设置捕捉的X、Y间距为5。

2 切换到"极轴追踪"选项卡中，设置"增量角"为90，选择"仅正交追踪（L）"单选按钮。

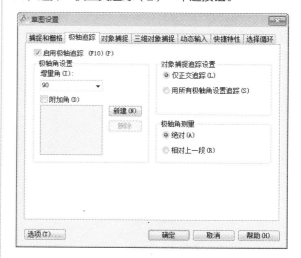

3 切换到"对象捕捉"选项卡中，勾选"交点"、"圆心"复选框。

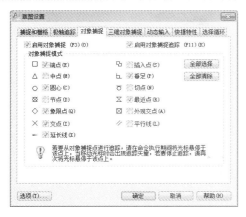

④ 将"中心线"图层设为当前图层,打开"栅格"、"极轴"和"对象捕捉"功能,绘制相交的一条水平中心线和一条垂直中心线。

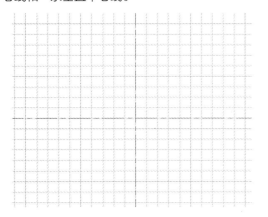

⑤ 将"轮廓线"图层设为当前图层,切换到"常用"选项卡,在"绘图"面板中,单击"圆心,直径"按钮⊙,以中心线的交点为圆心,绘制直径分别为30mm、42mm、100mm、110mm、140mm的同心圆。

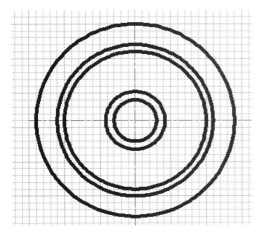

⑥ 切换到"常用"选项卡,在"修改"面板中,单击

"偏移"按钮⊜,将垂直中心线向左偏移6mm。

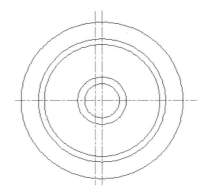

⑦ 以刚偏移的垂直线和直径为110mm的圆的交点为圆心,绘制一个直径为30mm的圆。

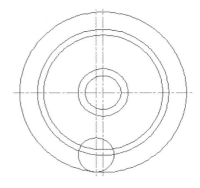

⑧ 接下来以相切的方式绘制一个半径为60mm的圆。命令行提示如下:

    命令: _circle 指定圆的圆心或 [三点(3P)/两点(2P)/切点、切点、半径(T)]: t↙
        //用相切的方式画圆
    指定对象与圆的第一个切点:
        //在直径为42mm的圆的左部拾取一点
    指定对象与圆的第二个切点:
        //在上一步骤中绘制的直径为30mm的圆的右上部拾取一点
    指定圆的半径 <15.0000>: 60↙
        //输入半径参数

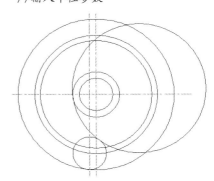

9 以步骤4中绘制的垂直中心线和直径为100mm的圆的交点为圆心，绘制一个半径为40mm的圆。

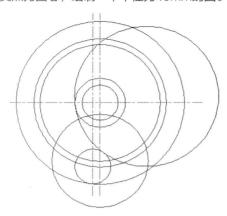

10 切换到"常用"选项卡，在"修改"面板中，单击"圆角"按钮 ⬜，设置圆角半径为10，对图形进行圆角处理。命令行提示如下：

命令：_fillet
当前设置：模式 = 修剪，半径 = 5.0000
选择第一个对象或 [放弃(U)/多段线(P)/半径(R)/修剪(T)/多个(M)]：r↙
//指定圆角半径
指定圆角半径 <5.0000>：10↙
选择第一个对象或 [放弃(U)/多段线(P)/半径(R)/修剪(T)/多个(M)]：
//选择直径为42mm的圆
选择第二个对象，或按住 Shift 键选择对象以应用角点或 [半径(R)]：
//选择步骤9中绘制的圆

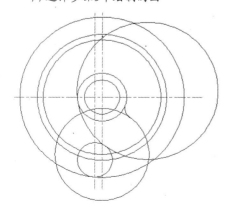

> **提示**
>
> 使用"圆角"命令不修剪圆，圆角弧仅与圆平滑相连。

11 使用相同的方法，再次对图形进行圆角处理。

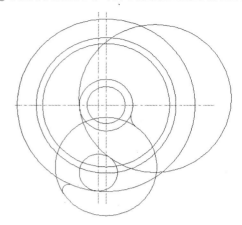

12 切换到"常用"选项卡，在"修改"面板中，单击"修剪"按钮 ⬜，修剪图中多余的圆弧。

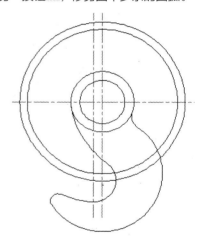

13 删除多余的线条，并对图形进行尺寸标注，将文件保存。

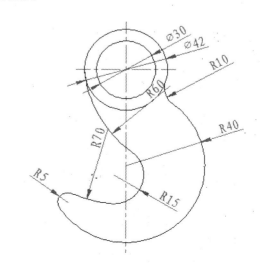

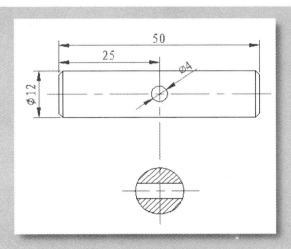

实例 20 从动轴

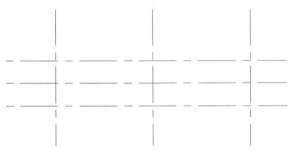

案例说明： 本节绘制一个比较简单的从动轴零件图。通过本例的学习，掌握应以怎样的方式和顺序来完成每个部分的内容。

学习要点： 调整图形元素间相对的比例关系。

光盘文件： 实例文件\实例20.dwg

视频教程： 视频文件\实例20.avi

操作步骤

1 启动AutoCAD 2013中文版，新建空白文件，建立相应的图层，并分别设置相应的线型和线宽。将"中心线"图层设为当前图层，绘制相交的一条水平中心线和一条垂直中心线。

2 切换到"常用"选项卡，在"修改"面板中，单击"偏移"按钮 ，将垂直中心线向两侧分别偏移25mm。

3 再次使用"偏移"命令，将水平中心线分别向上、

下偏移6mm。

4 将"轮廓线"图层设为当前图层，打开"对象捕捉"功能，切换到"常用"选项卡，在"绘图"面板中，单击"矩形"按钮 ，以刚刚偏移出来的辅助线绘制矩形。

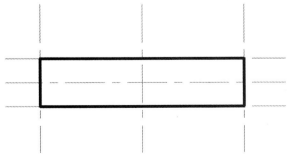

5 将辅助线删除，使用"分解"命令将矩形分解。

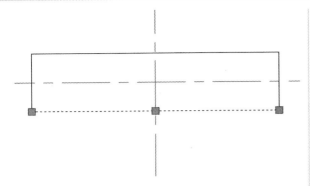

6 切换到"常用"选项卡，在"修改"面板中，单击"倒角"按钮，设置倒角距离为1，对图形进行倒角处理。

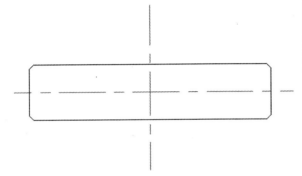

7 使用"直线"命令绘制倒角处的轮廓线。

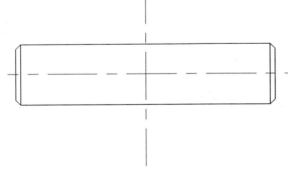

8 切换到"常用"选项卡，在"绘图"面板中，单击"圆心，直径"按钮，以中心线的交点为圆心，绘制一个直径为4mm的圆。命令行提示如下：

　　命令：_circle 指定圆的圆心或 [三点(3P)/两点(2P)/切点、切点、半径(T)]：
　　指定圆的半径或 [直径(D)] <40.0000>：d↙
　　指定圆的直径 <80.0000>：4↙

9 切换到"常用"选项卡，在"修改"面板中，单击"偏移"按钮，将水平中心线向下偏移25mm。

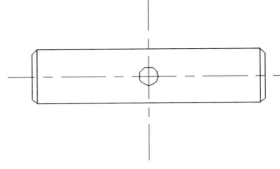

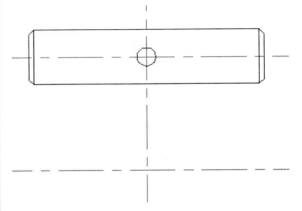

10 切换到"常用"选项卡，在"绘图"面板中，单击"圆心，直径"按钮，以偏移的辅助线和垂直中心线的交点为圆心，绘制一个直径为12mm的圆。

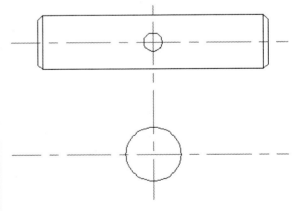

11 切换到"常用"选项卡，在"修改"面板中，单击"偏移"按钮，将下方的水平辅助线向上、下分别偏移2mm。

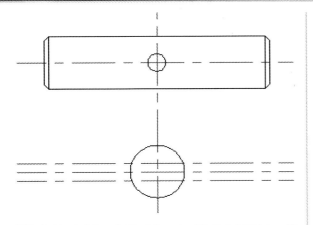

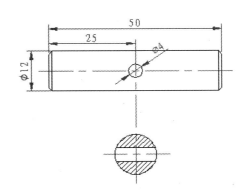

12 切换到"常用"选项卡，在"修改"面板中，单击"修剪"按钮，对图形进行修剪，并将所在图层修改为"轮廓线"图层。

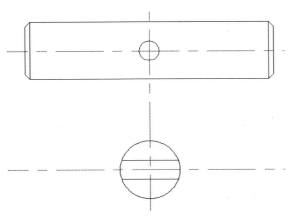

15 打开配套光盘中"实例"目录中的"A4横向图框.dwg"文件。

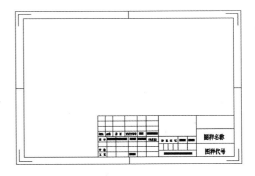

16 将图框复制，并粘贴到当前的文件中。

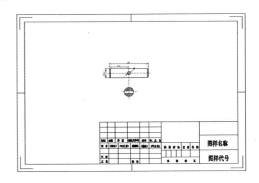

13 切换到"常用"选项卡，在"绘图"面板中，单击"图案填充"按钮，选择适合的图案和位置，绘制剖面线。

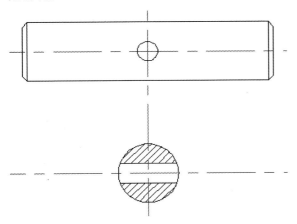

17 修改标题栏中的文字，将文件保存。

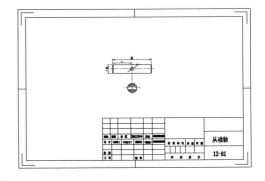

14 将"标注"图层设为当前图层，使用标注命令对图形进行标注。

读书笔记

04 章 初级机械图形绘制实例

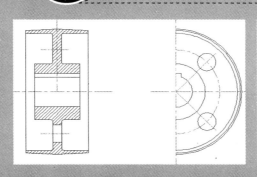

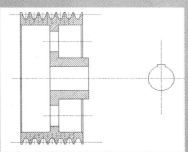

- 支架
- 油泵齿轮
- 轴套
- 手柄
- 平带轮
- V带轮

实例21 支架

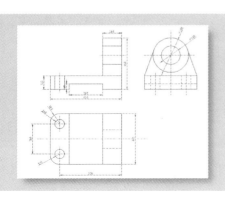

📽 **案例说明**：本例通过绘制支架的三视图来进一步学习轮廓线的绘制。三视图是机械制图中主要的表达方式。

⚙ **学习要点**：学习三视图中的各个视图的对应关系及如何快速地利用投影做出各个视图的方法。

💿 **光盘文件**：实例文件\实例21.dwg

📀 **视频教程**：视频文件\实例21.avi

操作步骤

1 启动AutoCAD 2013中文版，新建空白文件，建立相应的图层，并分别设置相应的线型和线宽。将"轮廓线"图层设为当前图层，绘制主视图的轮廓线。

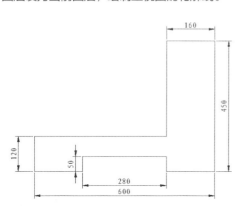

2 切换到"常用"选项卡，在"修改"面板中，单击"偏移"按钮，将最左侧的竖线向右偏移80mm，将最上端的线段向下偏移150mm，将其所在图层修改为"中心线"图层。

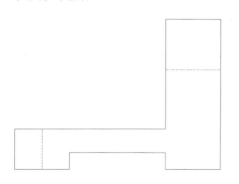

3 再次使用"偏移"命令，将偏移的水平线分别向上、下偏移80mm，将垂直线向左、右偏移40mm。

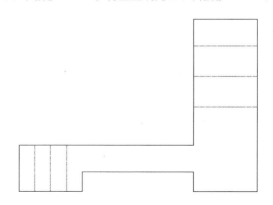

4 将偏移好的线段所在图层修改为"轮廓线"图层，并补齐下方的线条。

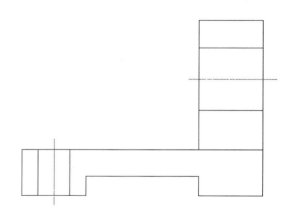

5 接下来绘制左视图。使用"直线"命令绘制一条垂直中心线确定左视图的位置，从主视图向左视图作投影线。

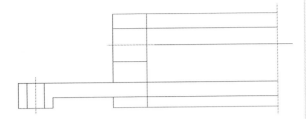

6 切换到"常用"选项卡，在"绘图"面板中，单击"圆心，半径"按钮 ⊙，根据垂直中心线，绘制两个同心圆。

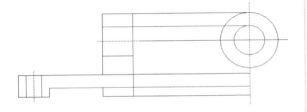

7 使用"直线"命令和"偏移"命令绘制底座的轮廓线。

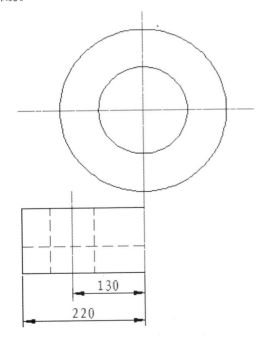

8 单击"直线"按钮，起点捕捉底座的左上角，当要求指定第二点时，按下【Shift】键的同时单击鼠标右键，从弹出的快捷菜单中选择"切点"选项，单击鼠标捕捉圆切点，绘制切线轮廓。

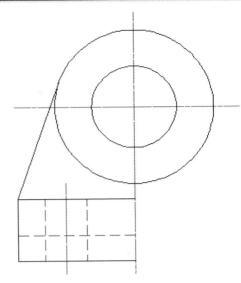

9 切换到"常用"选项卡，在"修改"面板中，单击"镜像"按钮 ⚠，对绘制的轮廓线进行镜像操作。

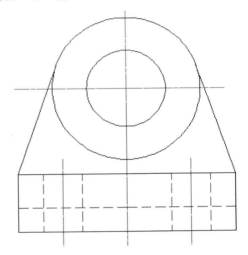

10 接下来绘制俯视图。先做出一条水平中心线确定俯视图的位置，再从主视图向下作投影线。

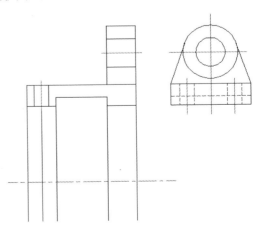

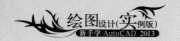

11 将水平中心线分别向上、下偏移220mm，使用"修剪"命令，将多余线条剪去得到俯视图的大致轮廓线。

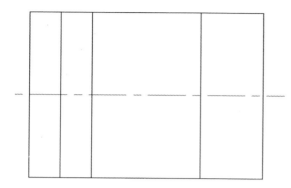

12 将水平中心线向上和向下分别偏移130mm，得到垂直孔的中心线。

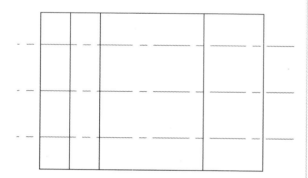

13 切换到"常用"选项卡，在"绘图"面板中，单击"圆心，直径"按钮⊙，绘制两个直径为80mm的圆。

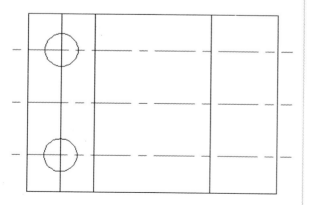

14 切换到"常用"选项卡，在"修改"面板中，单击"圆角"按钮◻，设置圆角半径为80，给轮廓线倒圆角。

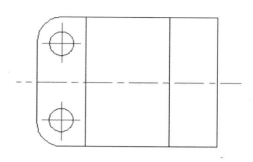

15 将水平中心线向上和向下分别偏移80mm。

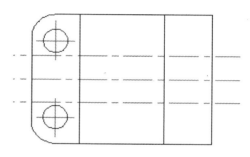

16 切换到"常用"选项卡，在"修改"面板中，单击"修剪"按钮⚞，修剪偏移出来的两条线段，并将其所在图层修改为"虚线"图层。

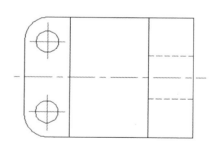

17 对图形进行标注，并将文件保存。

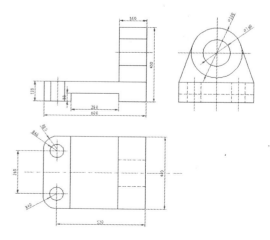

实例 22 油泵齿轮

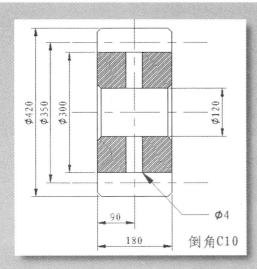

案例说明：油泵齿轮用于机床等设备的润滑系统中，油泵齿轮是其中重要的零件。

学习要点：使用"矩形"命令和"填充图案"命令等。

光盘文件：实例文件\实例22.dwg

视频教程：视频文件\实例22.avi

操作步骤

[1] 启动AutoCAD 2013中文版，新建空白文件，建立相应的图层，并分别设置相应的线型和线宽。将"中心线"图层设为当前图层，绘制两条相互垂直相交的中心线。

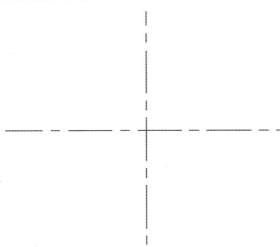

[2] 切换到"常用"选项卡，在"修改"面板中，单击"偏移"按钮，将水平中心线分别向上、下偏移210mm，将垂直中心线分别向两侧偏移90mm。

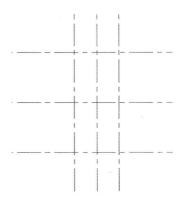

[3] 将"轮廓线"图层设为当前图层，使用"直线"命令绘制轮廓线，并删除辅助线条。

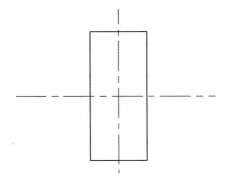

4 切换到"常用"选项卡,在"修改"面板中,单击"倒角"按钮 ⊿,设置倒角距离为10,对图形进行倒角处理。

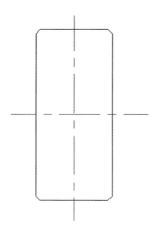

5 将水平中心线分别向上偏移60mm、150mm、175mm。

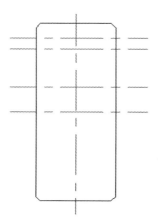

6 使用"直线"命令沿偏移的辅助线绘制轮廓线,并删除多余的线条。

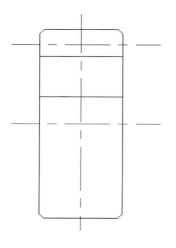

7 将垂直中心线分别向左、右偏移20mm。

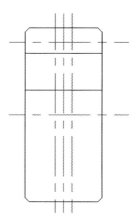

8 使用"修剪"命令修剪图形,并将线条所在的图层修改为"轮廓线"图层。

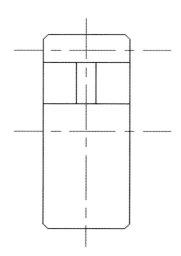

9 切换到"常用"选项卡,在"修改"面板中,单击"倒角"按钮 ⊿,设置倒角距离为10,对图形进行倒角处理。

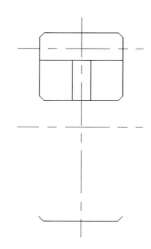

10 使用"直线"命令将图形中的线条补齐。

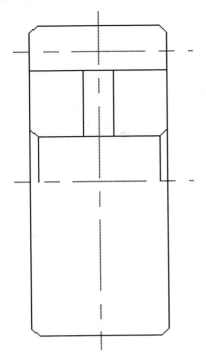

11 切换到"常用"选项卡，在"修改"面板中，单击"镜像"按钮 ⚠，将上半部绘制好的轮廓线沿水平中心线进行镜像。

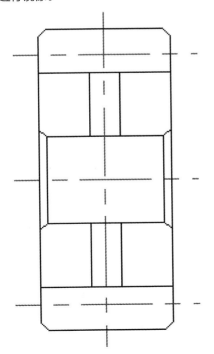

12 切换到"常用"选项卡，在"绘图"面板中，单击"图案填充"按钮 ▨，填充剖面线。

13 切换到"注释"选项卡，单击"线性"标注按钮 ▭，对图形进行尺寸标注。

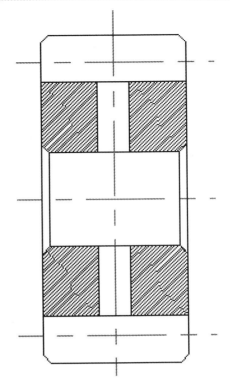

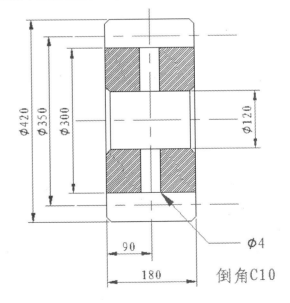

14 将文件进行保存。

提示

采用"镜像"的方法绘制对称图形是在绘图经常采用的技巧。

实例23 轴套

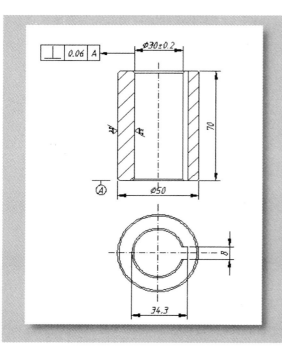

📽 **案例说明**：轴套用于支承和保护转动轴，结构比较简单。

🔄 **学习要点**：掌握键槽和倒角的绘制、形位公差的标注、尺寸公差的标注、粗糙度的标注及技术要求文字的标注等。

💿 **光盘文件**：实例文件\实例23.dwg

📹 **视频教程**：视频文件\实例23.avi

操作步骤

1 启动AutoCAD 2013中文版，新建空白文件，将"中心线"图层设为当前图层，使用"直线"命令，绘制相互垂直相交的两条中心线。

2 将"轮廓线"图层设为当前图层，单击"圆，直径"按钮◎，以中心线的交点为圆心，绘制直径为30mm和50mm的圆。

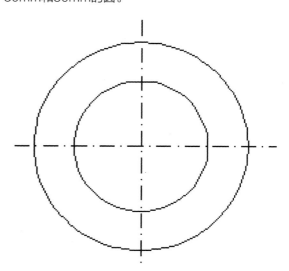

3 使用"偏移"命令，设置偏移距离设为1，将直径为30mm的圆向外偏移1mm，将直径为50mm的圆向

内偏移1mm。

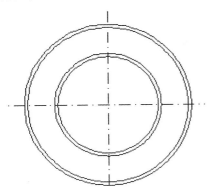

4️⃣ 将水平中心线向上、下分别偏移4mm，将垂直中心线向右偏移18.3mm，单击"修剪"按钮📐，将多余的线条剪去，绘制键槽的轮廓线。

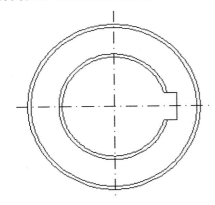

5️⃣ 绘制一条长度约为80mm的垂直中心线，作为轴套的对称中心线，将中心线分别向左偏移15mm和25mm，再绘制两条相距为70mm的水平线，使用"修剪"命令修剪图形。

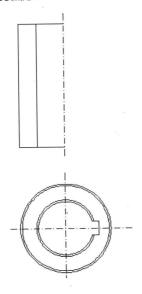

6️⃣ 切换到"常用"选项卡，在"修改"面板中，单击"倒角"按钮🔺，设置倒角距离为1，绘制倒角，并补全投影线。

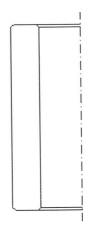

7️⃣ 选中绘制的轮廓线，将其沿垂直中心线进行镜像操作，得到全部的轮廓线。使用"直线"命令由俯视图中的键槽向上作投影线，画出键槽在主视图中的轮廓线。

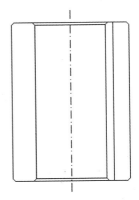

8️⃣ 单击工具栏中的"图案填充"按钮▨，在弹出的"剖面线"对话框中设定好填充角度和比例，单击"确定"按钮，对图形进行图案填充。

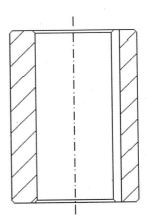

9 使用"线性"标注命令标注图形。

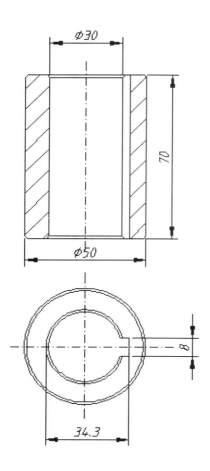

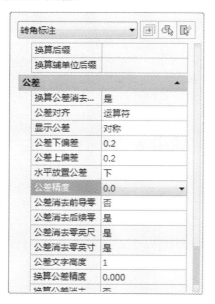

10 双击需要标注尺寸公差的尺寸，在弹出的对话框中填写相应的公差值。

转角标注		
换算后缀		
换算辅单位后缀		
公差		▲
换算公差消去…	是	
公差对齐	运算符	
显示公差	对称	
公差下偏差	0.2	
公差上偏差	0.2	
水平放置公差	下	
公差精度	0.0	▼
公差消去前导零	否	
公差消去后续零	是	
公差消去零英尺	是	
公差消去零英寸	是	
公差文字高度	1	
换算公差精度	0.000	
换算公差消去	否	

11 标注完成后如图所示。

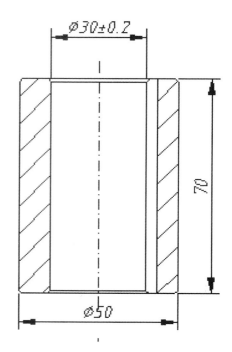

12 标注形位公差和粗糙度，并将文件保存。

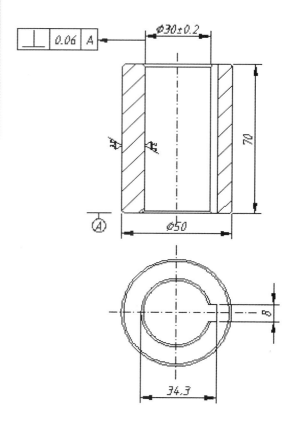

实例24 手柄

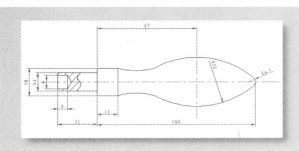

📹 案例说明：本例将学习使用二维绘图及编辑工具，绘制手柄的二维平面图。

💡 学习要点：直线、圆、圆弧、延伸、修剪、镜像和偏移等命令。

💿 光盘文件：实例文件\实例24.dwg

📺 视频教程：视频文件\实例24.avi

操作步骤

1 启动AutoCAD 2013中文版，新建空白文件，将"中心线"图层设为当前图层，使用"直线"命令，绘制一条长度为150mm的水平中心线。

2 使用"直线"命令，捕捉靠近中心线左端点的一点作为起点，绘制左边的轮廓线。命令行提示如下：

命令：_line 指定第一点：
指定下一点或 [放弃(U)]: @0,6↙
指定下一点或 [放弃(U)]: @25,0↙
指定下一点或 [闭合(C)/放弃(U)]: @0,3↙
指定下一点或 [闭合(C)/放弃(U)]: @13,0↙
指定下一点或 [闭合(C)/放弃(U)]: @0,-9↙
指定下一点或 [闭合(C)/放弃(U)]: ↙

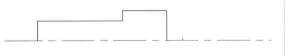

3 切换到"常用"选项卡，在"修改"面板中，单击"延伸"按钮，对线段进行延长操作。命令行提示如下：

命令：_extend
当前设置:投影=UCS，边=无
选择边界的边...
//选择中心线
选择对象或 <全部选择>: 找到 1 个
选择对象：
选择要延伸的对象，或按住 Shift 键选择要修剪的对象，或
[栏选(F)/窗交(C)/投影(P)/边(E)/放弃(U)]:
//选择要延伸的线段
选择要延伸的对象，或按住 Shift 键选择要修剪的对象，或
[栏选(F)/窗交(C)/投影(P)/边(E)/放弃(U)]: ↙

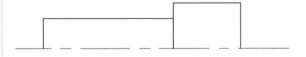

4 切换到"常用"选项卡，在"修改"面板中，单击"偏移"按钮，将刚刚延长的线段向右偏移63mm和95.5mm。命令行提示如下：

命令：_offset
当前设置:删除源=否 图层=源 OFFSETGAPTYPE=0
指定偏移距离或 [通过(T)/删除(E)/图层(L)] <25.0000>: 63

选择要偏移的对象，或　[退出(E)/放弃(U)]
<退出>：

指定要偏移的那一侧上的点，或　[退出(E)/多个
(M)/放弃(U)]　<退出>：

选择要偏移的对象，或　[退出(E)/放弃(U)]
<退出>：

命令：_offset

当前设置:删除源=否　图层=源　OFFSETGAPTYPE=0

指定偏移距离或　[通过(T)/删除(E)/图层(L)]
<63.0000>：　95.5

选择要偏移的对象，或　[退出(E)/放弃(U)]
<退出>：

指定要偏移的那一侧上的点，或　[退出(E)/多个
(M)/放弃(U)]　<退出>：

选择要偏移的对象，或　[退出(E)/放弃(U)]
<退出>：

命令：　指定对角点或　[栏选(F)/圈围(WP)/圈
交(CP)]：

5 切换到"常用"选项卡，在"修改"面板中，单击
"偏移"按钮，设置偏移距离为39，将中心线向下
偏移。

6 切换到"常用"选项卡，在"修改"面板中，单击
"延伸"按钮，将右侧第2根垂直线向下延长。

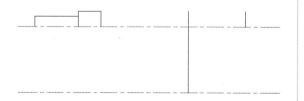

7 切换到"常用"选项卡，在"绘图"面板中，单
击"圆心，半径"按钮，以刚刚延长的线段和下
方的中心线的交点为圆心，绘制一个半径为55mm

的圆。

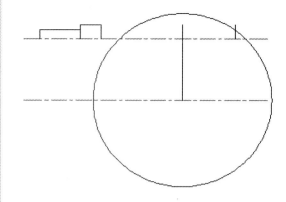

8 再次使用"圆"命令，以最右端的垂直线与中心线
的交点为圆心，绘制一个半径为4.5mm的圆。

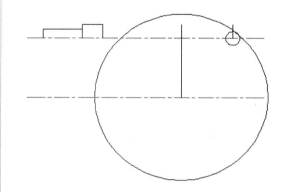

9 切换到"常用"选项卡，在"修改"面板中，单
击"修剪"按钮，对图形进行修剪，并删除多余
的线条。

10 切换到"常用"选项卡，在"修改"面板中，单
击"延伸"按钮，进行线段延长操作。

11 选择"起点、终点、半径"命令，绘制一个半径
为40.5mm的圆弧。

12 切换到"常用"选项卡，在"修改"面板中，单击"修剪"按钮，对图形进行修剪，并删除多余的线条。

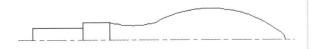

13 切换到"常用"选项卡，在"修改"面板中，单击"偏移"按钮，将左端面线向右偏移6mm，将中心线向上偏移4.5mm。

14 使用"直线"命令，绘制左端面的孔的轮廓线，命令行提示如下：

命令：_line 指定第一点：
　　//选择上面中心线与左端线的交点
指定下一点或 [放弃(U)]：
　　//选择上面中心线与左侧第2根线的交点
指定下一点或 [放弃(U)]：@10<-60↙
指定下一点或 [闭合(C)/放弃(U)]：↙

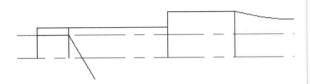

15 切换到"常用"选项卡，在"修改"面板中，单击"修剪"按钮，对图形进行修剪。

16 切换到"常用"选项卡，在"修改"面板中，单击"镜像"按钮，对全部轮廓线进行镜像操作。命令行提示如下：

命令：_mirror 找到 11 个
指定镜像线的第一点：
　　//捕捉中心线左侧的点
指定镜像线的第二点：
　　//捕捉中心线右侧的点
要删除源对象吗？[是(Y)/否(N)] <N>：↙

17 使用"样条曲线"命令，绘制一曲线，使之与手柄轮廓线相交构成封闭区域。

18 切换到"常用"选项卡，在"绘图"面板中，单击"图案填充"按钮，绘制剖面线。

19 标注尺寸，将文件保存。

提示

　　在AutoCAD中，所有的命令都有相应的快捷命令，在绘图中使用快捷命令可以大大提高绘图速度。

实例 **25** 平带轮

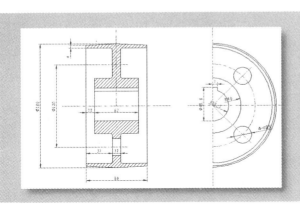

📽 **案例说明**: 平带轮是机械零件中的常用零件，
通过本例的学习，可以掌握多个绘
图知识点。

🔁 **学习要点**: 直线、圆、标注、修剪、镜像和偏
移等命令。

💿 **光盘文件**: 实例文件\实例25.dwg

📹 **视频教程**: 视频文件\实例25.avi

操作步骤

1 启动AutoCAD 2013中文版，新建空白文件，将
"中心线"图层设为当前图层，打开"正交"模式，
绘制两条相互垂直相交的中心线。

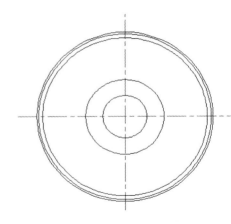

3 将"中心线"图层设为当前图层，画一个直径为
120mm的圆，使用"直线"命令，以中心线的交点为
起点，沿45°角方向画一直线，与直径为120mm的圆
相交。

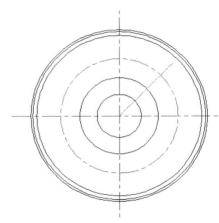

2 将"轮廓线"图层设为当前图层，切换到"常用"
选项卡，在"绘图"面板中，单击"圆心，直径"
按钮 ⊘，以中心线的交点为圆心，绘制直径为180、
176、168、80、45（单位：mm）的同心圆。

4 将"轮廓线"图层设为当前图层,切换到"常用"选项卡,在"绘图"面板中,单击"圆心,直径"按钮 ⊙,以刚刚绘制的交点为圆心,绘制一个直径为25mm的圆。

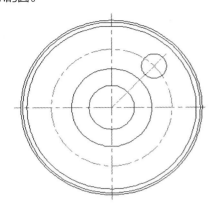

5 切换到"常用"选项卡,在"修改"面板中,单击"镜像"按钮 △,将绘制的直线和小圆沿水平中心线向下做镜像。

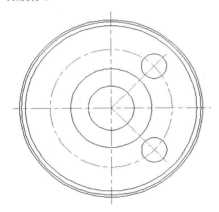

6 切换到"常用"选项卡,在"修改"面板中,单击"修剪"按钮 /,以垂直中心线为剪切边,将所绘制的圆的左半边剪去。

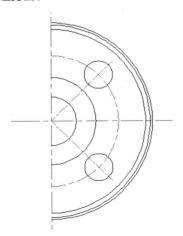

7 切换到"常用"选项卡,在"修改"面板中,单击"偏移"按钮 ⊿,将水平中心线向上偏移26.3mm,将垂直中心线向右偏移7mm与直径为45mm的圆相交。

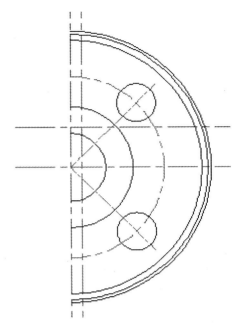

8 切换到"常用"选项卡,在"修改"面板中,单击"修剪"按钮 /,对偏移的线条进行修剪,并将所在图层修改为"轮廓线"图层。

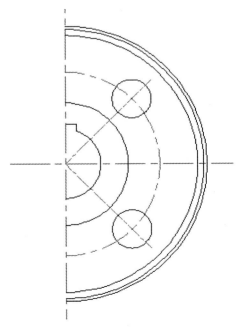

9 将左视图的水平中心线向左复制,作为主视图的中心线,并绘制一条垂直中心线。

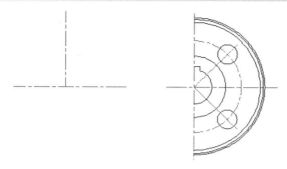

10 切换到"常用"选项卡，在"修改"面板中，单击"偏移"按钮，设置偏移距离为43mm，将垂直中心线向左、右偏移。

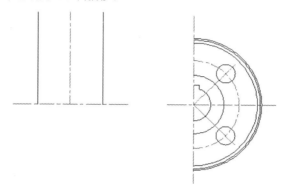

11 使用"直线"命令由左视图向左作投影线。

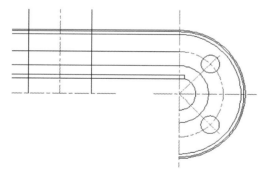

12 切换到"常用"选项卡，在"修改"面板中，单击"修剪"按钮，对图形进行修剪，并删除多余的线条。

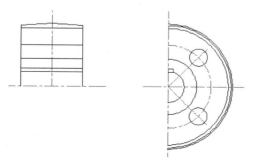

13 切换到"常用"选项卡，在"修改"面板中，单击"偏移"按钮，将垂直中心线向左、右偏移6mm和31mm，对图形进行修剪。

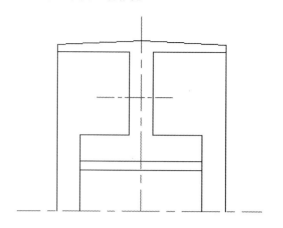

14 使用"圆角"命令，设置圆角半径为3，对轮廓进行圆角处理。

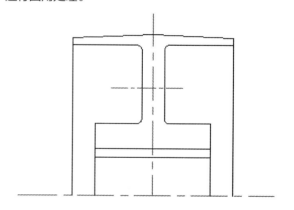

15 切换到"常用"选项卡，在"修改"面板中，单击"镜像"按钮，对全部轮廓线进行镜像操作，并填充剖面线。

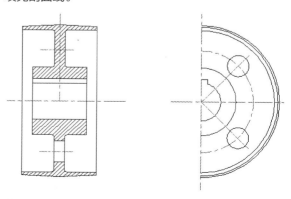

16 标注尺寸，将文件保存。

实例26 V带轮

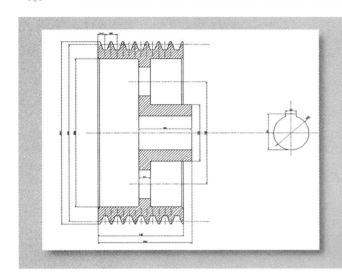

📽️ **案例说明**：V带轮是机械零件中的常用零件，主视图看起来比较复杂，但经过分析可以看到只要绘出其中一个齿形，通过复制或阵列即可得到其他齿型。通过本例的学习，可以掌握多个绘图知识点。

🔖 **学习要点**：直线、圆、标注、修剪、镜像和偏移等命令。

💿 **光盘文件**：实例文件\实例26.dwg

🎬 **视频教程**：视频文件\实例26.avi

操作步骤

1 启动AutoCAD 2013中文版，新建空白文件，将"中心线"图层设为当前图层，使用"直线"命令，绘制一条水平中心线，并将其向上偏移155mm。

2 将"轮廓线"图层设为当前图层，使用"直线"命令绘制出与中心线垂直的两条相距145mm的直线作为带轮的左、右轮廓线，直线的长度为160mm。

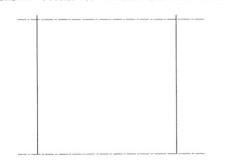

3 使用"偏移"、"直线"和"修剪"等命令，绘制出V带轮的大体轮廓线。

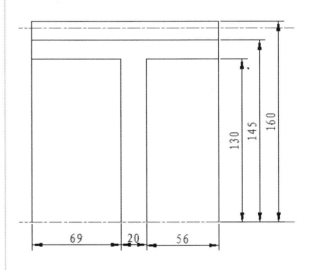

4 切换到"常用"选项卡，在"修改"面板中，单击"倒角"按钮 ⌐，设置倒角距离为3，对轮廓进行倒角操作，并用"直线"命令补出倒角的投影线。

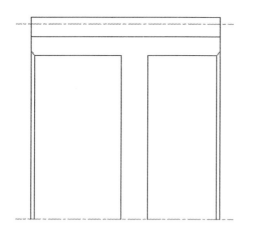

5 切换到"常用"选项卡，在"修改"面板中，单击"圆角"按钮 □ ，设置圆角半径为3，对轮廓线进行圆角处理。

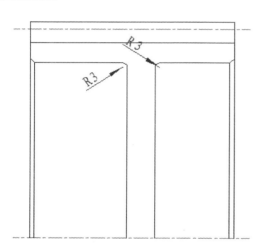

6 利用"偏移"和"修剪"命令绘制腹板孔及轴座轮廓。

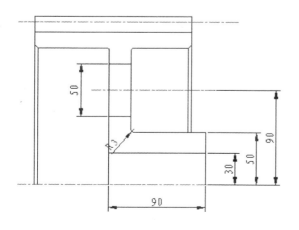

7 切换到"常用"选项卡，在"修改"面板中，单击"偏移"按钮 △ ，轮廓左边线向右偏移12.5mm作为齿形中心线，再将偏移得到的中心线向右偏移10mm，将左边线向右偏移3.8mm，根据这些辅助线绘制左侧的齿形轮廓线。

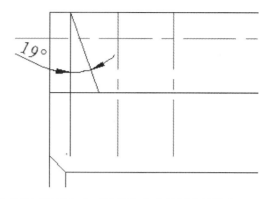

8 使用"镜像"和"修剪"命令绘制完整的齿形。

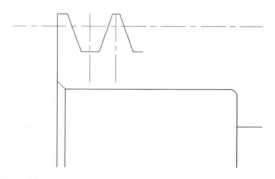

9 切换到"常用"选项卡，在"修改"面板中，单击"阵列"按钮 ▦ ，采用矩形阵列的方式，选择所绘制的完整齿形作为阵列对象，设置数量为7，距离为20mm，阵列齿形，并利用"延伸"命令修整边缘。

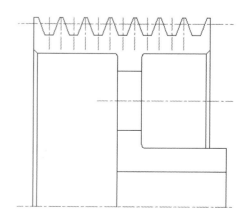

10 切换到"常用"选项卡，在"修改"面板中，单击 "镜像"按钮 ⚠，将前面画出的上半部轮廓沿水平中心线向下做镜像得到全部轮廓线。

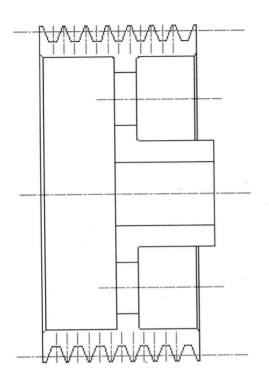

11 作两条互相垂直相交的中心线，以交点为圆心作直径为60mm的圆。

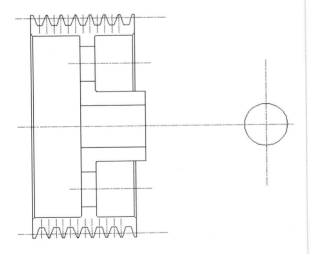

12 切换到"常用"选项卡，在"修改"面板中，单击"偏移"按钮 ⚙，将垂直中心线向左、右分别偏移9mm，将水平中心线向上偏移34mm。

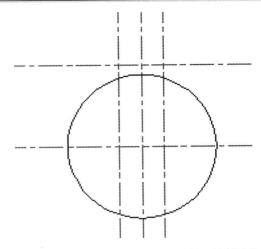

13 使用"修剪"命令对图形进行修剪，绘制键槽。

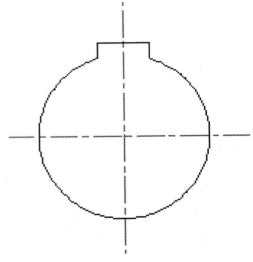

14 切换到"常用"选项卡，在"绘图"面板中，单击"图案填充"按钮 ▨，给图形部面添加剖面线。

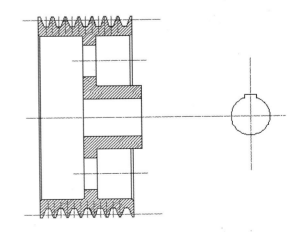

15 标注尺寸，将文件保存。

读书笔记

05 章 高级机械图形绘制实例

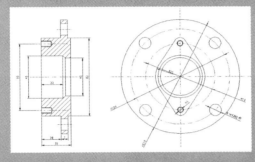

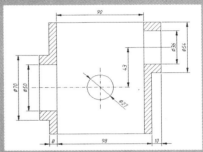

- 通盖
- 微调丝杆
- 直齿圆柱齿轮
- 直齿条
- 蜗轮
- 蜗杆
- 主动轴
- 槽轮
- 减速机箱体

实例 27 通盖

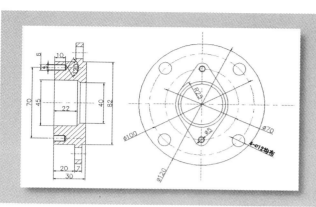

📽 **案例说明**：通盖也是机械设计中比较常见的零件，其厚度相对直径而言比较小，呈盘状，由同一轴线上的不同直径的圆柱面组成。

🔁 **学习要点**：镜像、复制命令等。

💿 **光盘文件**：实例文件\实例27.dwg

🎬 **视频教程**：视频文件\实例27.avi

操作步骤

1 启动AutoCAD 2013中文版，新建空白文件，建立相应的图层，并分别设置相应的线型和线宽。将"中心线"图层设为当前图层，绘制相互垂直相交的两条中心线。

2 切换到"常用"选项卡，在"绘图"面板中，单击"圆心，直径"按钮⊙，以中心线的交点为圆心，绘制直径为40mm、45mm、100mm和120mm的同心圆。

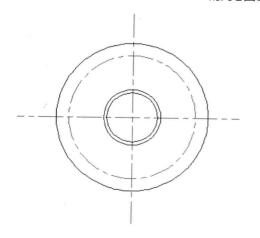

3 以垂直中心线与直径为100mm的圆的交点为圆心，再绘制一个直径为12mm的圆。

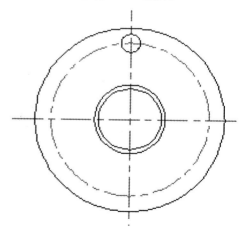

4 切换到"常用"选项卡，在"修改"面板中，单击"旋转"按钮◌，将刚刚绘制的圆以中心线的交点为基点逆时针旋转45°。命令行提示如下：

命令：_rotate
UCS当前的正角方向:ANGDIR=逆时针 ANGBASE=0
选择对象：找到 1 个
　　//选择圆
选择对象：
指定基点：
　　//指定中心线的交点为基点
指定旋转角度，或 [复制(C)/参照(R)] <0>:
45↙

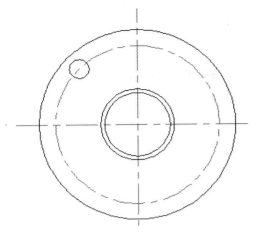

5 切换到"常用"选项卡,在"修改"面板中,单击"环形阵列"按钮 🔀,将小圆进行环形阵列,数量为4。

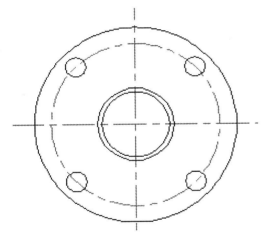

6 再使用"圆"命令,绘制一个直径为50mm和直径为70mm的同心圆,将直径为70mm的圆所在图层修改为"中心线"层。

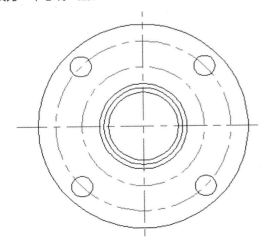

7 以直径为70mm的圆和垂直中心线的交点为圆心,作直径为12mm、6mm和5mm的同心圆,并绘制切线。

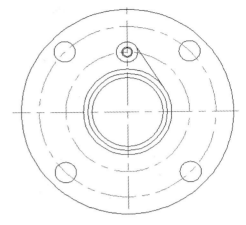

8 使用"修剪"命令修剪图形。

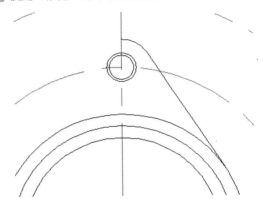

9 切换到"常用"选项卡,在"修改"面板中,单击"镜像"按钮 ◬,将刚刚绘制的这部分图形以垂直中心线为镜像轴进行镜像处理。

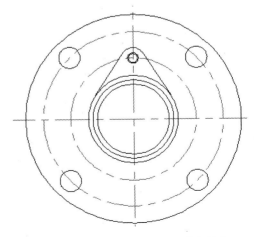

10 再次使用"镜像"命令,对图形进行镜像。

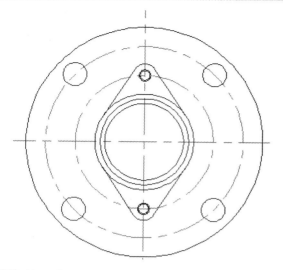

11 使用"修剪"命令对图形进行修剪，去除多余的线条。

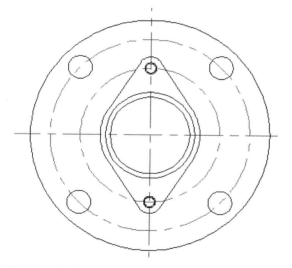

12 接下来绘制主视图，从左视图绘制若干条投影线至主视图。

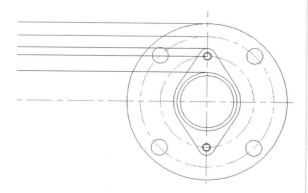

13 使用"直线"命令绘制一条垂直线。

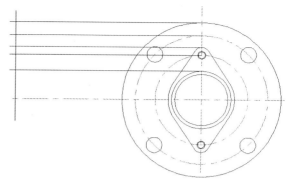

14 将绘制的垂直线向右依次偏移20mm、7mm和3mm。

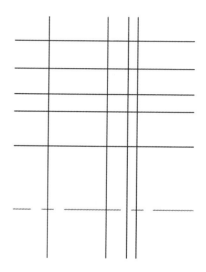

15 切换到"常用"选项卡，在"修改"面板中，单击"修剪"按钮，对图形进行修剪，得到主视图的大致轮廓线。

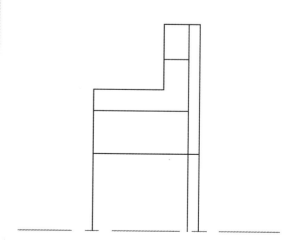

16 将主视图左侧的垂线向右偏移22mm，从左视图绘制一条投影线。

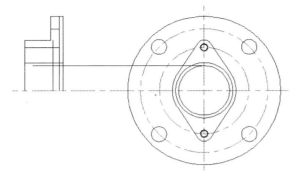

17 切换到"常用"选项卡，在"修改"面板中，单击"倒角"按钮 ⌐，设置倒角距离为2.5，对图形进行倒角。

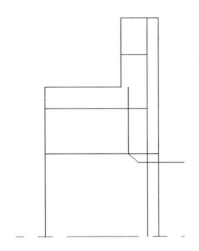

18 使用"直线"和"修剪"命令修剪图形。

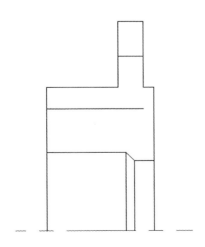

19 再使用"直线"和"偏移"命令绘制螺孔的轮廓线。

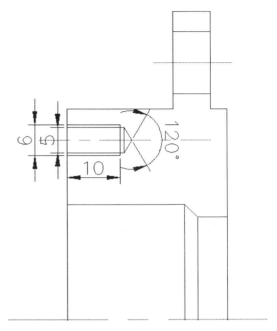

20 使用"镜像"命令对图形进行镜像处理，并填充剖面线图案。

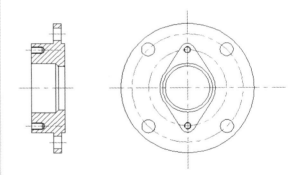

21 最后标注尺寸，并将文件保存。

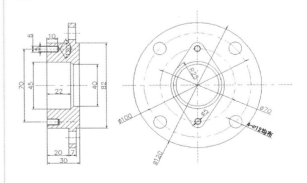

实例28 微调丝杆

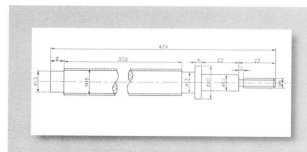

案例说明：本例所绘制的微调丝杆是机械设计中很有代表性的零件。既具有轴类零件的特点，又含有螺纹的特征。

学习要点：掌握外螺纹的绘制和表达方法，体会轴类零件的绘制方法。

光盘文件：实例文件\实例28.dwg

视频教程：视频文件\实例28.avi

操作步骤

1 启动AutoCAD 2013中文版，新建空白文件，将"中心线"图层设为当前图层，使用"直线"命令，绘制一条长度为450mm的水平中心线。

2 将"轮廓线"图层设为当前图层，使用"直线"命令，绘制出上半部的轮廓线。命令行提示如下：

```
命令：_line 指定第一点：
指定下一点或 [放弃(U)]：@0,6.5↙
指定下一点或 [放弃(U)]：@8,0↙
指定下一点或[闭合(C)/放弃(U)]：@0,1.5↙
指定下一点或 [闭合(C)/放弃(U)]：@70,0↙
指定下一点或[闭合(C)/放弃(U)]：@0,-1.5↙
指定下一点或 [闭合(C)/放弃(U)]：@8,0↙
指定下一点或[闭合(C)/放弃(U)]：@0,3.5↙
指定下一点或 [闭合(C)/放弃(U)]：@4,0↙
指定下一点或 [闭合(C)/放弃(U)]：@0,-5↙
指定下一点或 [闭合(C)/放弃(U)]：@2,0↙
指定下一点或 [闭合(C)/放弃(U)]：@20,0↙
指定下一点或 [闭合(C)/放弃(U)]：@0,-3↙
指定下一点或 [闭合(C)/放弃(U)]：@3,0↙
指定下一点或 [闭合(C)/放弃(U)]：@0,1↙
指定下一点或 [闭合(C)/放弃(U)]：@19,0↙
指定下一点或 [闭合(C)/放弃(U)]：
```

3 切换到"常用"选项卡，在"修改"面板中，单击"延伸"按钮，延长线段，表示出各台阶轴的端面线。命令行提示如下：

```
命令：_extend
当前设置：投影=UCS，边=延伸
选择边界的边...
选择对象或 <全部选择>：
选择要延伸的对象，或按住 Shift 键选择要修剪的对象，或
[栏选(F)/窗交(C)/投影(P)/边(E)/放弃(U)]：
选择要延伸的对象，或按住 Shift 键选择要修剪的对象，或
[栏选(F)/窗交(C)/投影(P)/边(E)/放弃(U)]：
选择要延伸的对象，或按住 Shift 键选择要修剪的对象，或
[栏选(F)/窗交(C)/投影(P)/边(E)/放弃(U)]：
选择要延伸的对象，或按住 Shift 键选择要修剪的对象，或
[栏选(F)/窗交(C)/投影(P)/边(E)/放弃(U)]：
选择要延伸的对象，或按住 Shift 键选择要修剪的对象，或
[栏选(F)/窗交(C)/投影(P)/边(E)/放弃(U)]：
选择要延伸的对象，或按住 Shift 键选择要修剪的对象，或
[栏选(F)/窗交(C)/投影(P)/边(E)/放弃(U)]：
选择要延伸的对象，或按住 Shift 键选择要修剪的对象，或
[栏选(F)/窗交(C)/投影(P)/边(E)/放弃(U)]：
选择要延伸的对象，或按住 Shift 键选择要修剪的对象，或
[栏选(F)/窗交(C)/投影(P)/边(E)/放弃(U)]：
选择要延伸的对象，或按住 Shift 键选择要修剪的对象，或
[栏选(F)/窗交(C)/投影(P)/边(E)/放弃(U)]：
选择要延伸的对象，或按住 Shift 键选择要修剪的对象，或
```

[栏选(F)/窗交(C)/投影(P)/边(E)/放弃(U)]:
选择要延伸的对象，或按住 Shift 键选择要修剪的对象，或

[栏选(F)/窗交(C)/投影(P)/边(E)/放弃(U)]:
选择要延伸的对象，或按住 Shift 键选择要修剪的对象，或

[栏选(F)/窗交(C)/投影(P)/边(E)/放弃(U)]:
选择要延伸的对象，或按住 Shift 键选择要修剪的对象，或

[栏选(F)/窗交(C)/投影(P)/边(E)/放弃(U)]:
选择要延伸的对象，或按住 Shift 键选择要修剪的对象，或

[栏选(F)/窗交(C)/投影(P)/边(E)/放弃(U)]:
选择要延伸的对象，或按住 Shift 键选择要修剪的对象，或

[栏选(F)/窗交(C)/投影(P)/边(E)/放弃(U)]:
选择要延伸的对象，或按住 Shift 键选择要修剪的对象，或

[栏选(F)/窗交(C)/投影(P)/边(E)/放弃(U)]:
选择要修剪的对象，或按住 Shift 键选择要延伸的对象，或

[栏选(F)/窗交(C)/投影(P)/边(E)/删除(R)/放弃(U)]:
选择要修剪的对象，或按住 Shift 键选择要延伸的对象，或

[栏选(F)/窗交(C)/投影(P)/边(E)/删除(R)/放弃(U)]:

📷 提示

　　"延伸"命令中在提示选择延伸边界对象时，单击鼠标右键或直接按【Enter】键，这时系统会将所有的图形作为延伸对象的边界。

4 切换到"常用"选项卡，在"修改"面板中，单击"偏移"按钮，设置偏移距离为1，将轮廓线向下偏移作为螺纹线。选中偏移出来的两条线段，将其所在图层修改为"细实线"图层。

5 切换到"常用"选项卡，在"修改"面板中，单击"倒角"按钮，设置倒角距离为1，绘制螺纹头部的倒角。

6 切换到"常用"选项卡，在"绘图"面板中，单

击"直线"按钮，绘制一条垂直线，做出倒角的投影线。

7 切换到"常用"选项卡，在"修改"面板中，单击"镜像"按钮，将上半部轮廓沿中心线向下镜像，得到全部的轮廓线。命令行提示如下：

命令：_mirror
选择对象：指定对角点：找到 20 个
　　//使用框选法将上半轮廓选中
选择对象：
指定镜像线的第一点：
　　//选中心线的左端点
指定镜像线的第二点：
　　//选中心线的右端点
要删除源对象吗？[是(Y)/否(N)]<N>:✓

8 切换到"常用"选项卡，在"绘图"面板中，单击"样条曲线"按钮，绘制样条曲线，将轮廓线和螺纹线截断。

9 切换到"常用"选项卡，在"绘图"面板中，单击"图案填充"按钮，给图形剖面添加剖面线。

10 切换到"注释"选项卡，单击"线性"标注按钮，对图形进行尺寸标注。

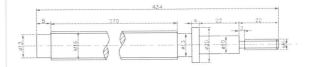

11 使用"多行文本标注"工具，在出现的文本编辑框中输入所要写的技术要求，将文件进行保存。

📷 提示

　　微调丝杆常用在精密仪器上，以准确定位和精确调节距离。通过本例中效果图的绘制，掌握外螺纹的绘制方法，这在以后的绘制中经常使用。

实例29 直齿圆柱齿轮

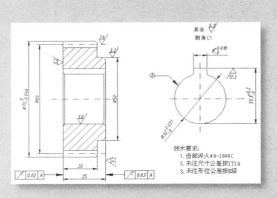

🎬 **案例说明**：本例绘制一个直齿圆柱齿轮图形，材料为45钢，V面剖视图采用单一剖切平面的全剖视图，另一个为局部（左）视图，这种局部视图常用于表达键槽孔或花键孔。齿轮零件图比一般轮盘类零件多一个齿轮参数表，参数表一般放在图样的右上角。

📖 **学习要点**：镜像和图案填充、块的创建与插入、掌握圆柱齿轮表达和绘制方法。

💿 **光盘文件**：实例文件\实例29.dwg

📹 **视频教程**：视频文件\实例29.avi

操作步骤

1 启动AutoCAD 2013中文版，新建空白文件，建立相应的图层，并分别设置相应的线型和线宽。将"中心线"图层作为当前图层，绘制相互垂直相交的两条中心线。

2 将当前图层修改为"轮廓线"图层，绘制轮廓线。

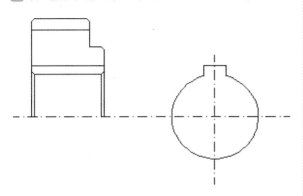

3 将当前图层修改为"中心线"图层，绘制齿轮分度线。

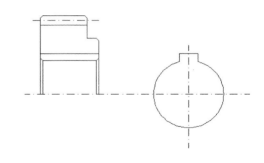

4 切换到"常用"选项卡，在"修改"面板中，单击"镜像"按钮 ⚐，此时命令行提示"选择对象"，光标变为一个方框，采用框选方式选择左侧图形上半部轮廓，按【Enter】键结束选择，此时命令行提示定义镜像中心线的第一点，选择中心线的左端点作为第一点，再选取中心线的右端点作为镜像中心线的第二点，直接按【Enter】键，将对象镜像。

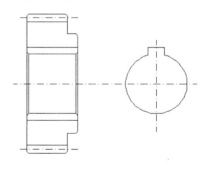

⑤ 选中图中所示的线段，按【Delete】键将其删除。

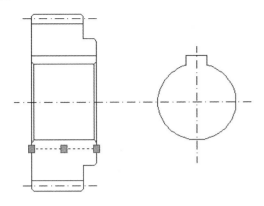

⑥ 将当前图层修改为"细实线"图层，切换到"常用"选项卡，在"绘图"面板中，单击"图案填充"按钮▨，选择合适的图案对图形进行填充。

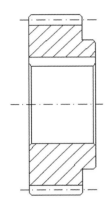

⑦ 接下来开始标注尺寸，切换到"注释"选项卡，单击"线性"标注按钮▭，分别单击需要标注的线段的起点和终点，选择合适的放置位置后，单击鼠标完成尺寸标注。

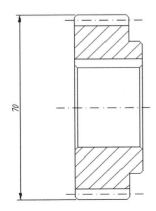

⑧ 此时标注的尺寸仅有一个数字，而需要标注的是齿轮的直径尺寸，因此，需要给尺寸添加直径符号，双击该尺寸，打开"特性"面板，拖动滚动条至"主单位"选项，在"标注前缀"文本框中输入"%%C"直径符号代码。

⑨ 使用同样的方法，标注出其他的尺寸。

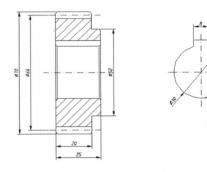

⑩ 单击"直径"标注按钮◯，选择右侧圆的圆周，拖动尺寸至合适位置，标注出圆的直径。

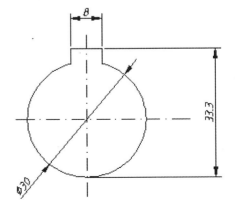

⑪ 接下来对一些尺寸进行公差标注，双击33.3这个尺寸，打开"特性"面板，拖动滚动条至"公差"

选项，在"显示公差"列表框中选择"极限偏差"选项，在"公差下偏差"中输入0，"公差上偏差"中输入0.2，"水平放置公差"选择"中"，"公差精度"设置为"0.000"。

12 依相同方法，参考上图将其他需要标注公差的尺寸都进行公差标注，单击"注释"选项卡中的"公差"按钮。

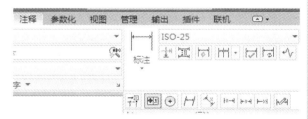

13 此时弹出"形位公差"对话框。

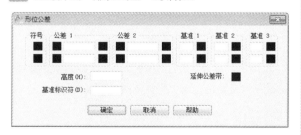

14 在对话框中单击"符号"下面的方框，弹出如下图所示的"特征符号"选择框，从中选择"↗"符号。

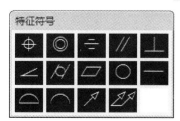

15 返回到"形位公差"对话框中，在"公差1"下方的文本框中输入公差数值0.03，在"基准1"下方的文本框中输入基准符号A，单击"确定"按钮，将

公差放置到合适的位置。单击"多重引线"按钮，根据公差的位置，在公差与尺寸线间绘制引线。

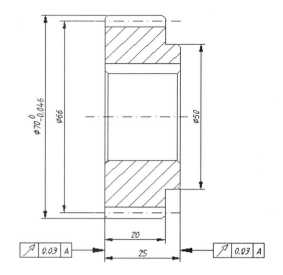

16 给图形标识出表面粗糙度，虽然图中有多个粗糙度标识，但符号都是一样的，只是数值不同，因此，将其制作为块，在需要的时候直接调用。先绘制一个粗糙度符号。

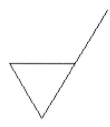

17 切换到"常用"选项卡，在"块"面板中，单击"定义属性"按钮，弹出"属性定义"对话框。

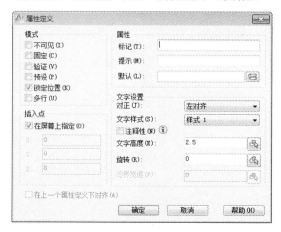

18 在对话框中"标记"文本框和"默认"文本框中

均输入"1"，在"提示"文本框中输入"CZD"，单击"确定"按钮，在图形中将"1"放置合适的位置。

19 切换到"常用"选项卡，在"块"面板中，单击"创建块"按钮，弹出"块定义"对话框。

20 在对话框中的"名称"文本框内输入块名"表面粗糙度"，单击"拾取点"按钮，选择粗糙度符号下顶点作为基点，再单击"对象"选项区域中的"选择对象"按钮，选择前面创建的粗糙度符号图形对象，单击鼠标右键回到对话框，单击"确定"按钮，结束创建块的工作。

21 将图中的表面粗糙度符号删除。单击"插入"按钮，弹出"插入"对话框，在"名称"列表框中选择刚才制作好的粗糙度图块，插入到适当位置，此时命令行会提示输入属性值，直接输入所需标注的数值，相同方法，标注出所有的表面粗糙度。如需修改数值，直接双击符号即可修改，也可以将其分解后，修改相应的数值。

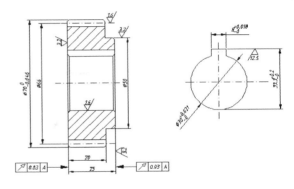

22 单击"多重引线"按钮，标识出形位公差的基准面。

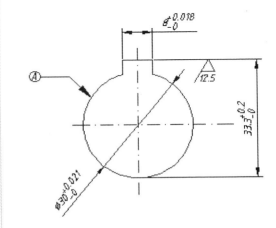

23 单击"多行文字"按钮 A，指定标注文本的位置，在弹出的对话框中输入技术要求，将文件保存。

技术要求：
1. 齿部淬火40~50HRC
2. 未注尺寸公差按IT14
3. 未注形位公差按K级

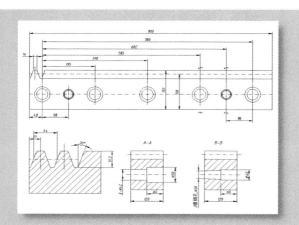

实例 30 直齿条

🎬 **案例说明：** 本例所绘制的是机械中常用的直齿条，除了主视图外，还有A-A和B-B剖视图来表示出齿条的宽度和孔的情况。

🔄 **学习要点：** 掌握用多个视图表达图形的方法，学习各种视图的画法。

💿 **光盘文件：** 实例文件\实例30.dwg

📹 **视频教程：** 视频文件\实例30.avi

操作步骤

1 启动AutoCAD 2013中文版，新建空白文件，将"中心线"图层设为当前图层，使用"直线"命令，绘制一条长度约为9000mm水平的中心线，使用"偏移"命令，将中心线向下偏移58mm，再将偏移得到的线条向上分别偏移136mm和150mm，将最上面的线和最下面的线所在图层修改为"轮廓线"图层。

2 再次使用"偏移"命令，将最上方的线条向下偏移31.5mm。

3 使用"直线"和"偏移"命令，连接左端的线条，再将其向右依次偏移48mm、98mm、97mm、195mm、195mm、97mm、98mm，绘制出直齿条上的圆孔的中心线位置。

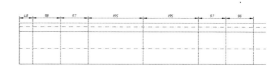

4 使用"圆"命令，绘制直径为58mm和42mm的两个同心圆。

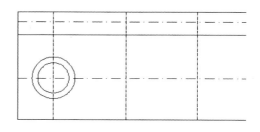

5 使用"复制"命令，将刚刚绘制的同心圆向右分别复制4份。

> 💡 **提示**
>
> 为了绘制图形的精确性和准确性，复制圆环时按"Ctrl+鼠标右键"组合键，选择"圆心"命令，在图形中捕捉需要放置的位置，然后单击"确定"按钮。

6️⃣ 再次使用"圆"命令，绘制直径为40mm、35mm、30mm的同心圆，并将其复制一份。

7️⃣ 将直齿条左端面线向右偏移21mm，得到齿的中心线，再将中心线向左和向右分别偏移7mm，过偏移的线与齿顶线相交的点作与垂直线呈20°角的直线，与齿根线相交，再利用镜像得到另一半齿形。切换到"常用"选项卡，在"修改"面板中，单击"修剪"按钮🗺，将多余的线剪去。

📷 提示

对于"修剪"命令的使用，不能同时修剪同个对象的两端，要分两次选定，进行修剪。

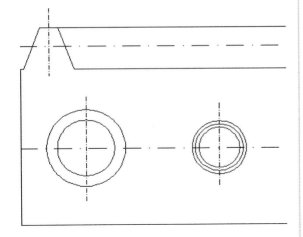

8️⃣ 使用"复制"命令，绘制出另一齿形，距离为44mm。

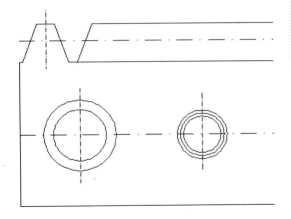

9️⃣ 接下来绘制齿形放大图，将主视图中的齿形部分向下复制到空白位置。切换到"常用"选项卡，在"修改"面板中，单击"缩放"按钮，对图形进行缩放。命令行提示如下：

命令：_scale 找到 6 个
指定基点：
指定比例因子或 [复制(C)/参照(R)]：2↙

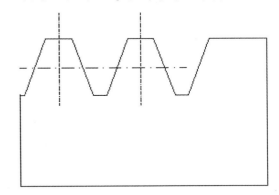

🔟 切换到"常用"选项卡，在"绘图"面板中，单击"图案填充"按钮🗺，对图形进行剖面线的填充。

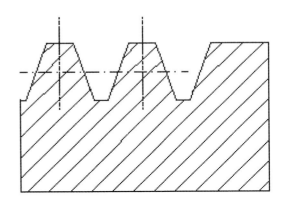

1️⃣1️⃣ 在命令行中输入"pline"命令，采用绘制多段线的方式绘制剖切符号。命令行提示如下：

命令：pline
指定起点：
当前线宽为 0.5000
指定下一个点或 [圆弧(A)/半宽(H)/长度(L)/放弃(U)/宽度(W)]：w↙
指定起点宽度 <0.5000>：0.5↙
指定端点宽度 <0.5000>：0.5↙
指定下一个点或 [圆弧(A)/半宽(H)/长度(L)/放弃(U)/宽度(W)]：@0,5↙

指定下一点或 [圆弧(A)/闭合(C)/半宽(H)/长度(L)/放弃(U)/宽度(W)]: w✓

　指定起点宽度 <0.5000>: 0.3✓

　指定端点宽度 <0.3000>: 0.3✓

　指定下一点或 [圆弧(A)/闭合(C)/半宽(H)/长度(L)/放弃(U)/宽度(W)]: @5,0✓

　指定下一点或 [圆弧(A)/闭合(C)/半宽(H)/长度(L)/放弃(U)/宽度(W)]: w✓

　指定起点宽度 <0.3000>: 1✓

　指定端点宽度 <1.0000>: 0✓

　指定下一点或 [圆弧(A)/闭合(C)/半宽(H)/长度(L)/放弃(U)/宽度(W)]: @4,0✓

　指定下一点或 [圆弧(A)/闭合(C)/半宽(H)/长度(L)/放弃(U)/宽度(W)]: ✓

12 使用"镜像"和"复制"命令做出其他剖切符号。

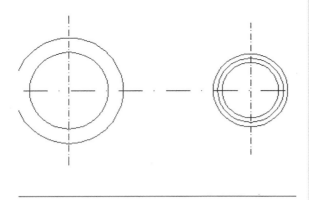

13 根据图示尺寸绘制A-A剖视图。

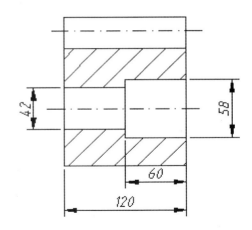

14 根据图示尺寸绘制B-B剖视图。

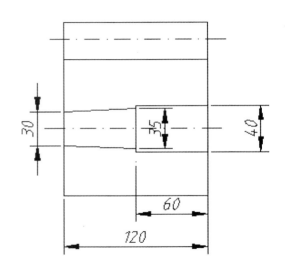

15 对图形进行尺寸和文字的标注，将文件保存。

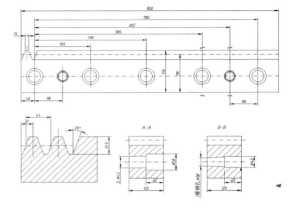

实例31 蜗轮

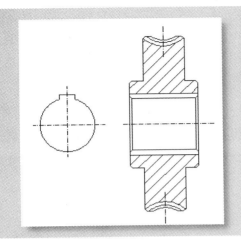

案例说明：蜗轮与蜗杆配合使用，实现两交错轴之间的传动，在机械应用中极为广泛。

学习要点：熟练掌握蜗轮轮廓的绘制和键槽尺寸的标注。

光盘文件：实例文件\实例31.dwg

视频教程：视频文件\实例31.avi

操作步骤

1 启动AutoCAD 2013中文版，新建空白文件，将"中心线"图层设为当前图层，使用"直线"命令，绘制相互垂直相交的两条中心线。

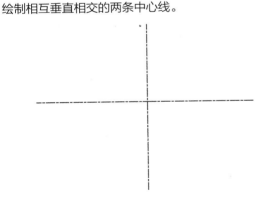

2 切换到"常用"选项卡，在"绘图"面板中，单击"圆心，直径"按钮⊙，以中心线的交点为圆心绘制直径为44mm的圆。

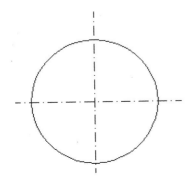

3 切换到"常用"选项卡，在"修改"面板中，单击"偏移"按钮，将垂直中心线向左、右分别偏移6，将水平中心线向上偏移25.3mm，修剪图形。

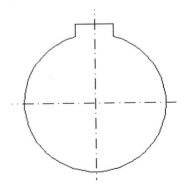

4 利用"偏移"和"修剪"命令，绘出蜗轮的外轮廓线。

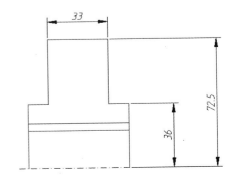

5️⃣ 切换到"常用"选项卡，在"修改"面板中，单击"倒角"按钮◁，设置倒角距离为2，对图形进行倒角处理。

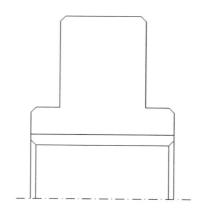

6️⃣ 将水平中心线向上偏移87.5mm，并以轮廓线的中点绘制一条垂直线，与偏移的水平中心线相交。

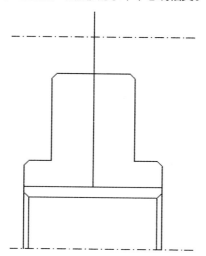

7️⃣ 以交点为圆心，绘制半径为18mm、20mm、23mm的圆，并修剪图形。

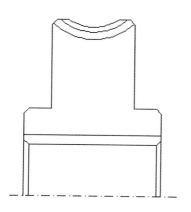

8️⃣ 切换到"常用"选项卡，在"修改"面板中，单击"镜像"按钮▲，将绘制的轮廓线沿水平中心线向下进行镜像，得到全部轮廓线。

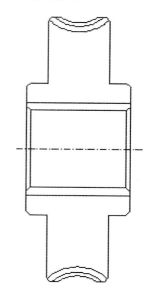

9️⃣ 切换到"常用"选项卡，在"绘图"面板中，单击"图案填充"按钮▨，填充剖面线。

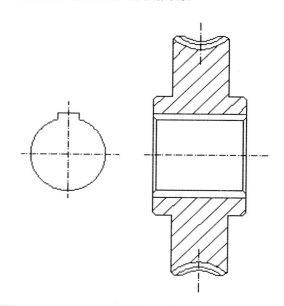

🔟 使用标注工具栏中的命令对图形进行尺寸标注，将文件保存。

📷 提示

　　通过本例的学习能熟练运用所学到的内容，并在实践中加以灵活运用。

蜗杆

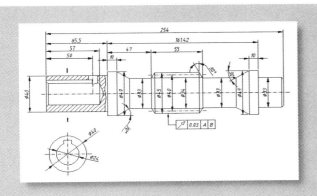

📷 **案例说明**：蜗杆与蜗轮配合使用，属于轴类零件，实现两交错轴之间的传动，在机械应用中极为广泛。

🔄 **学习要点**：熟悉蜗杆轮廓的绘制、剖视图的绘制及形位公差的标注。

💿 **光盘文件**：实例文件\实例32.dwg

📹 **视频教程**：视频文件\实例32.avi

操作步骤

1 启动AutoCAD 2013中文版，新建空白文件，将"中心线"图层设为当前图层，使用"直线"命令，绘制一条长为260mm的水平中心线。将"轮廓线"图层设为当前图层，根据图示尺寸绘制蜗杆的大致尺寸。命令行提示如下：

```
命令：_line 指定第一点：
指定下一点或 [放弃(U)]：@0,20✓
指定下一点或 [放弃(U)]：@65.5,0✓
指定下一点或 [闭合(C)/放弃(U)]：
@0,4.5✓
指定下一点或 [闭合(C)/放弃(U)]：@10,0✓
指定下一点或 [闭合(C)/放弃(U)]：@0,-8✓
指定下一点或 [闭合(C)/放弃(U)]：@37,0✓
指定下一点或 [闭合(C)/放弃(U)]：@0,6✓
指定下一点或 [闭合(C)/放弃(U)]：@55,0✓
指定下一点或 [闭合(C)/放弃(U)]：@0,-6✓
指定下一点或 [闭合(C)/放弃(U)]：
@49.5,0✓
指定下一点或 [闭合(C)/放弃(U)]：@0,8✓
指定下一点或 [闭合(C)/放弃(U)]：@10,0✓
指定下一点或 [闭合(C)/放弃(U)]：@0,-8✓
指定下一点或 [闭合(C)/放弃(U)]：@27,0✓
指定下一点或 [闭合(C)/放弃(U)]：
@0,-16.5✓
指定下一点或 [闭合(C)/放弃(U)]：✓
```

2 使用"延伸"命令绘制出阶梯的轮廓线。

3 使用"直线"命令，绘制一条30°的斜线并与轮廓线相交。

4 切换到"常用"选项卡，在"修改"面板中，单击"修剪"按钮，将多余的线段剪去，得到圆锥过渡面轮廓线。

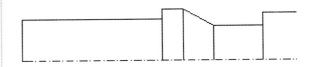

5 使用同样的方法绘制其余三个圆锥过渡轮廓线，保证其与轮廓线夹角为30°

6 切换到"常用"选项卡，在"修改"面板中单击"修剪"按钮，将多余的线段删除，得到完整的圆锥过渡轮廓线。

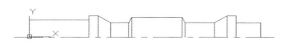

7 切换到"常用"选项卡，在"修改"面板中，单击"倒角"按钮⌒，设置倒角距离为2，将右端面棱边倒角，并补全投影线。命令行提示如下：

命令：_chamfer

（"修剪"模式）当前倒角距离 1 = 0.0000，距离 2 = 0.0000

选择第一条直线或 [放弃(U)/多段线(P)/距离(D)/角度(A)/修剪(T)/方式(E)/多个(M)]： d

指定 第一个 倒角距离 <0.0000>：2

指定 第二个 倒角距离 <2.0000>：

选择第一条直线或 [放弃(U)/多段线(P)/距离(D)/角度(A)/修剪(T)/方式(E)/多个(M)]：

选择第二条直线，或按住 Shift 键选择直线以应用角点或 [距离(D)/角度(A)/方法(M)]：

8 将水平中心线向上偏移20mm，使用"打断"命令将偏移得到的线截短，得到蜗杆齿的节圆线。

9 将水平中心线向上偏移17mm，修剪图形，将其转换到"细实线"图层，得到蜗杆齿的齿根线。

10 切换到"常用"选项卡，在"修改"面板中，单击"偏移"按钮⌒，将水平中心线向上偏移12mm，将左端面线向右偏移2mm和57mm，使用

"直线"命令绘制出倒角和孔端面。

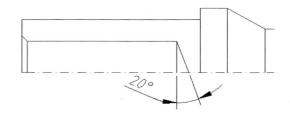

11 选中上半轮廓线，将其沿水平中心线向下做镜像。

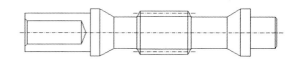

12 将左端面线向右偏移50mm，得到孔的中心线，再将中心线分别向两侧偏移5mm，过交点处通过画圆弧做出两孔的相贯线，选择"起点、端点、半径"圆弧命令，绘制半径为13mm的圆弧。

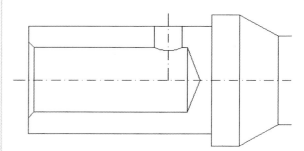

13 使用"多段线"命令，设置起点和终点长度均为0.5mm，绘制剖切符号。

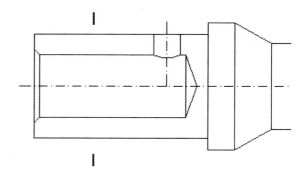

14 切换到"常用"选项卡，在"绘图"面板中，单击"圆心，直径"按钮⊙，绘制直径分别为24mm和40mm的同心圆。

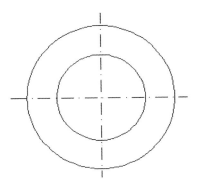

15 将水平中心线向上偏移15.3mm，将垂直中心线向左、右分别偏移4mm，绘制键槽。

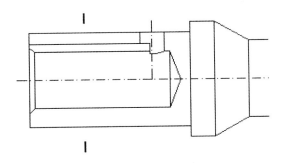

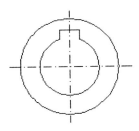

16 使用"样条线"命令在图形剖切部分右端绘制一条波浪线。

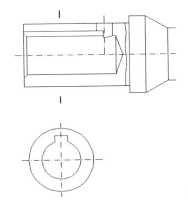

17 切换到"常用"选项卡，在"绘图"面板中，单

击"图案填充"按钮 ，选择所要填充的区域和要填充的图案，对图形进行填充。

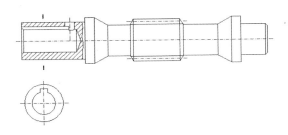

18 使用标注工具栏中的命令对图形进行标注。

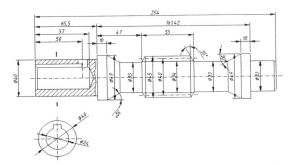

19 单击工具栏中的"形位公差"按钮 ，弹出"形位公差"对话框，单击"符号"下方的方框，从弹出的符号选择框中选择适应的形位公差符号，在"公差"下的方框中输入公差数值，在"基准"下的方框中输入基准符号A和B，单击"确定"按钮，结束"公差标注"命令。

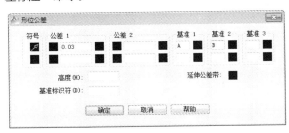

20 绘制一条引线，将形位公差移动到指引线位置，使用相同的方法标出所有的形位公差。将文件保存。

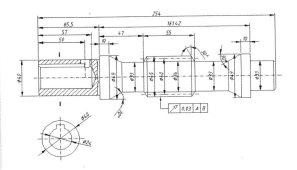

实例33　主动轴

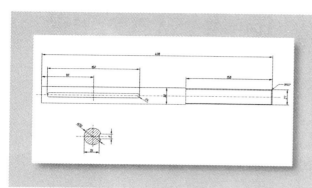

案例说明：本例来学习绘制一个主动轴的主视图以及剖视图，进一步掌握轮廓线的绘制、螺纹的表达。

学习要点：熟练掌握各种类型绘图元素的绘制方法和标注方法，内螺纹、键槽的绘制方法。

光盘文件：实例文件\实例33.dwg

视频教程：视频文件\实例33.avi

操作步骤

1　启动AutoCAD 2013中文版，新建空白文件，将"中心线"图层设为当前图层，使用"直线"命令，绘制一条水平中心线，使用"偏移"命令将中心线分别向上和向下偏移15mm，绘制一条垂直直线作为空心轴的左端面。

2　将表示左端面的直线向右偏移250mm，使用"修剪"命令修剪多余的线条。

3　使用"偏移"命令，将中心线向上、下分别偏移13.5mm，再将右端的垂直线向右偏移150mm，修剪图形。

4　切换到"常用"选项卡，在"修改"面板中，单

击"倒角"按钮，设置倒角距离为1，绘制倒角，并补全投影线。

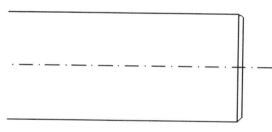

5　使用"偏移"命令将水平中心线向上和向下偏移12.5mm，截去多余部分，完成螺纹的绘制，将线条所在图层改为"细实线"层。

6　使用"偏移"命令将最左侧的垂直线向右偏移90mm，将其所在图层修改为"中心线"图层。

7 将水平中心线向上和向下偏移4mm，将刚刚绘制的辅助线分别向左和向右偏移76mm。

8 将偏移出来的线段所在图层修改为"轮廓线"图层，修剪多余的线条，使用"起点、圆心、终点"的命令绘制圆弧。

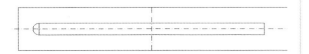

提示

如果未指定点就按 Enter 键，最后绘制的直线或圆弧的端点将会作为起点，并立即提示指定新圆弧的端点。这将创建一条与最后绘制的直线、圆弧或多段线相切的圆弧。

9 将绘制好的圆弧进行镜像操作，并删除多余的线条。

10 根据图示尺寸绘制剖视图。

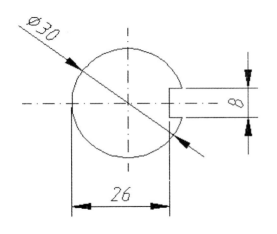

11 切换到"常用"选项卡，在"绘图"面板中，单击"图案填充"按钮，填充剖面。

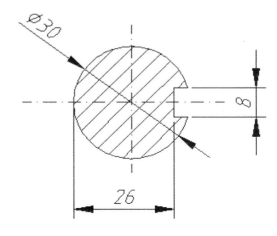

12 并标注其他尺寸。将文件保存。

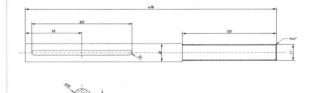

提示

因篇幅有限，本例对主动轴的部分结构进行了修改，因此，本例绘制起来较为简单，但本例中涵盖了多个知识点，包括螺纹的绘制及一些常用辅助命令的使用，例如镜像、正交等。

主动轴是机械零件中的常用部件，通过对本例的学习，以后遇到相似零件时就可以驾轻就熟。

实例 34 槽轮

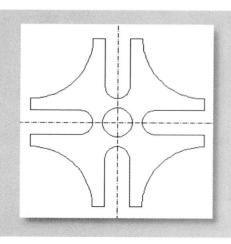

案例说明：本例来学习绘制槽轮的二维平面图。

学习要点：熟练掌握直线、弧和修剪等命令的使用方法。

光盘文件：实例文件\实例34.dwg

视频教程：视频文件\实例34.avi

操作步骤

1 启动AutoCAD 2013中文版，新建空白文件，将"中心线"图层设为当前图层，使用"直线"命令，绘制相互垂直相交的两条中心线。

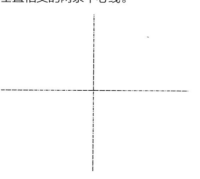

2 使用"偏移"命令将水平中心线向上偏移10mm，将垂直中心线向右偏移10mm。

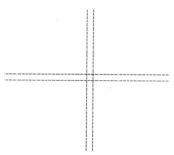

3 再次使用"偏移"命令，将水平中心线向上偏移

70mm，将垂直中心线向右偏移70mm。

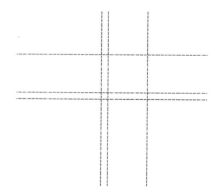

4 单击"圆，直径"按钮，绘制一个直径为24mm的圆。

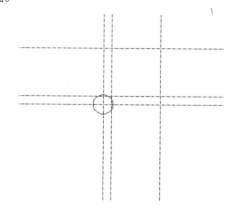

⑤ 单击"圆，直径"按钮⊘，再绘制一个直径为100mm的圆。

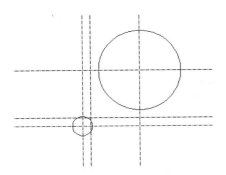

⑥ 使用"修剪"命令，修剪图形。

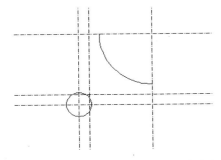

⑦ 将水平中心线向上偏移30mm，将垂直中心线向右偏移30mm。

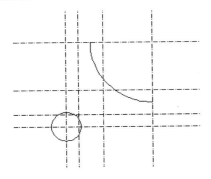

⑧ 单击"圆，直径"按钮⊘，绘制2个直径为20mm的圆。

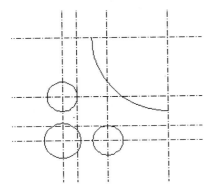

⑨ 单击"剪切"按钮，或者在命令行直接输入"trim"，修剪图形。

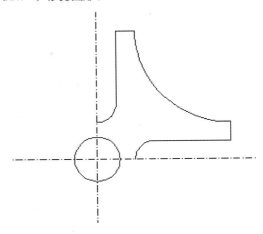

⑩ 单击"环形阵列"按钮，选择右上部分的图形。命令行提示如下：

命令：_arraypolar
选择对象：找到 7个，总计 7 个
选择对象：
类型 = 极轴　关联 = 是
指定阵列的中心点或 [基点(B)/旋转轴(A)]：
　　//选中中心线的交点
输入项目数或 [项目间角度(A)/表达式(E)]
<3>：4✓
指定填充角度(+=逆时针、-=顺时针) 或 [表达式(EX)] <360>：✓
　按 Enter 键接受或 [关联(AS)/基点(B)/项目(I)/项目间角度(A)/填充角度(F)/行(ROW)/层(L)/旋转项目(ROT)/退出(X)] ✓
　<退出>：

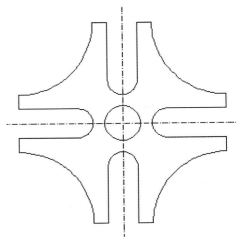

最后将文件保存。

实例35 减速机箱体

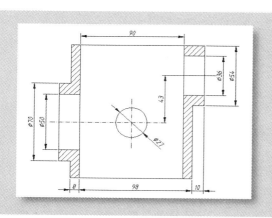

案例说明：减速器箱体通常作为减速器齿轮轴的安装机架和防护罩。本例绘制减速器箱体的一个剖视图，剖面的位置就是输入轴孔和输出轴孔的中心线所在平面。

学习要点：熟练使用直线命令快速完成本例。

光盘文件：实例文件\实例35.dwg

视频教程：视频文件\实例35.avi

操作步骤

1 启动AutoCAD 2013中文版，新建空白文件，将"中心线"图层设为当前图层，使用"直线"命令，绘制相互垂直相交的两条中心线。

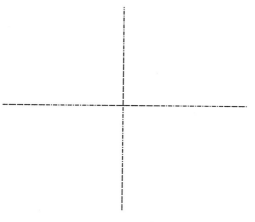

2 使用"偏移"命令将水平中心线向上偏移43mm。

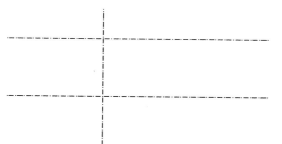

3 单击"圆，直径"按钮，绘制一个直径为27mm的圆。

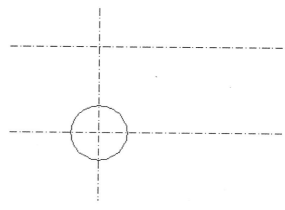

4 将水平中心线向下偏移53mm，将垂直中心线向右偏移50mm。

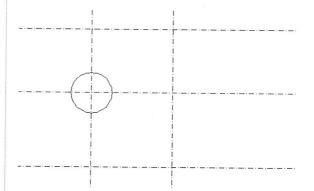

5 以右下方的交点为起点，使用"直线"命令，打开"正交"模式，按照尺寸完成外轮廓线。尺寸依

次为：向上66，向右10，向上54，向左116，向下35，向左10，向下70，向右10，向下15，向右106（单位：mm），最后直接闭合轮廓线。

掉，完成轮廓线的绘制。

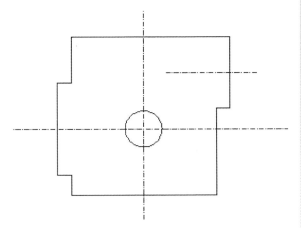

6 使用"偏移"命令，将水平中心线向上、下偏移25mm，将孔的轴线向上、下偏移18mm。

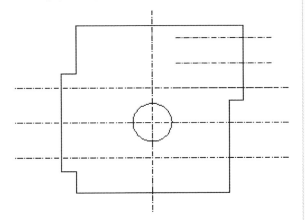

7 再次使用"偏移"命令，设置偏移距离为8，将箱体的外轮廓线向内偏移。

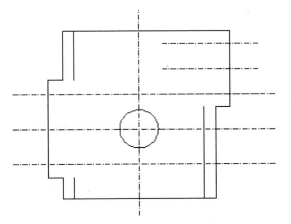

8 使用"直线"和"修剪"命令，把不需要的边剪

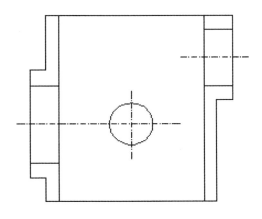

9 切换到"常用"选项卡，在"绘图"面板中，单击"图案填充"按钮，填充剖面线。

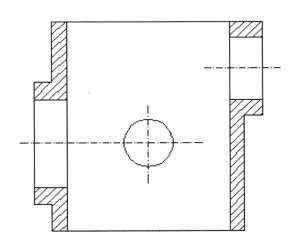

10 使用标注工具标注尺寸，将文件保存。

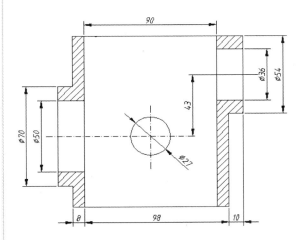

读书笔记

06 章

机械工程绘图及打印输出

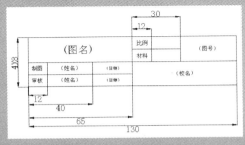

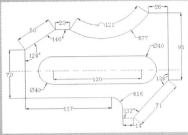

- 书写技术要求
- 制作表格
- 制作标题栏
- 定制标注样式
- 标注尺寸

实例 36 书写技术要求

技术要求:
1.零件去除氧化皮。
2.零件加工表面上不应有划痕、擦伤等损伤零件表面的缺陷。
3.经调质处理,HRC50-55。

📷 案例说明:本例将学习机械制图中,"技术要求"的书写形式、内容和书写时应该注意的一些事项。

◉ 学习要点:对"技术要求"的形式、内容和注意事项的学习。

◎ 光盘文件:无

📹 视频教程:无

1．机械制图中的技术要求的写法分两种形式

（1）表面粗糙度、尺寸公差和形位公差等技术要求一般用符号或数字直接标在视图上。

（2）铸造圆角、起模斜度、热处理后的硬度及其他有关零件加工或检验时的要求或注意事项。通常用文字语言、符号等条理清楚地列在"技术要求"的下方。

2．技术要求的一般内容

JB/T5054.2－2000《产品图样及设计文件图样的基本要求》,对机械制图中的技术要求,提出了如下9个方面的内容:

（1）对材料、毛坯、热处理的要求（电磁参数、化学成分、湿度、硬度和金相要求等）。

（2）视图中难以表达的尺寸公差、形状和表面粗糙度等。

（3）对有关结构要素的统一要求（如圆角、倒角和尺寸等）。

（4）对零、部件表面质量的要求（如涂层、镀层和喷涂等）。

（5）对间隙、过盈及个别结构要素的特殊要求。

（6）对校准、调整及密封的要求。

（7）对产品及零、部件的性能和质量的要求（如噪声、耐振性、自动和制动及安全等）。

（8）试验条件和方法。

（9）其他说明。

以上是机械制图中给出技术要求时,应考虑的9个方面的内容,并非都是必需的,应根据表达对象的具体情况提出必要的技术要求。

3．技术要求的给出方式

（1）标准化了的几何精度要求一般注写在图样上。

（2）在标题栏附近,以"技术要求"为标题,逐条书写文字说明。

（3）以企业标准的形式给定技术要求。如"通用技术条件"、"切削加工通用工艺守则"和"金属切削加工尺寸的一般公差"等。

4."技术要求"的书写注意事项

（1）JB/T5054.2－2000中明确规定:应"尽量置于标题栏上方或左方"。不要将对于结构要素的统一要求（如全部倒角C1）书写在图样右上角。

（2）文字说明应以"技术要求"为标题,仅一条时不必编号,但不得省略标题。不得以"注"代替"技术要求";更不允许将"技术要求"写成"技术条件"。

（3）在企业标准等技术文件中已明确规定了的技术要求不必重复书写。

5. 尺寸和标注TB/T4458.4-2003基本规则

（1）CAD图样上所标注的尺寸与绘图比例和绘图精度无关,应为机件的真实尺寸,且应为机件的最后完工尺寸,否则应加以说明。

（2）图样包括技术要求的尺寸,以毫米为单位时,不需要标注单位符号（或名称）,如采用其他单位,则应注明相应的单位符号。

（3）机件上的每一个尺寸,一般只标注一次,并应标注在反应该结构最清晰的图形上。

（4）尺寸线到轮廓线、尺寸线和尺寸线之间的距离为7~10mm,尺寸线超出尺寸界限2~3mm,尺寸数字一般为3.5号字,箭头长5mm,箭头尾部宽1mm。

实例 37 制作表格

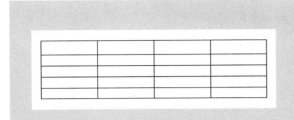

📽 案例说明：本例将学习利用"表格"绘图功能，创建表格就很简单了，可以将已经设置好的样式表格插入图形区。

🌐 学习要点：使用表格绘图功能制作表格。

💿 光盘文件：实例文件\实例37.dwg

📹 视频教程：视频文件\实例37.avi

操作步骤

1️⃣ 启动AutoCAD 2013中文版，新建空白文件，切换到"注释"选项卡，在"表格"面板中，单击"表格"按钮，再单击"表格样式管理器"按钮，弹出"表格样式"对话框。

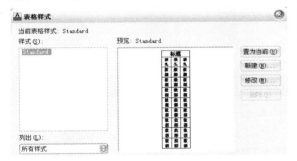

2️⃣ 单击"表格样式"对话框中的"新建"按钮，弹出"创建新的表格样式"对话框。

3️⃣ 输入新的表格样式名后，单击"继续"按钮。弹出"新建表格样式"对话框，可以根据用户的需要定义新的表格样式，设置完成后单击"确定"按钮。

4️⃣ 设置好表格样式后，可以在绘图区创建表格。在"插入表格"对话框中进行相应设置后，单击"确定"按钮。

5️⃣ 系统会在指定的插入点或窗口自动插入一个空表格，并显示多行文字编辑器，用户可以对其进行逐行逐列输入或编辑。

6️⃣ 绘制下面的电脑装箱清单：

名称	数量	单位	备注
电脑	1	台	
鼠标	1	个	
键盘	1	个	
电池	1	块	
使用说明书	1	份	
保修卡	1	份	
电源线	1		

7️⃣ 设置表格样式。进入"表格样式"对话框，单击"修改"按钮，弹出"修改表格样式"对话框，依次分别进行如下设置：标题、表头和数据的文字样式为"standard"，文字高度为4，文字颜色为"Byblock"，填充颜色为"无"，对齐方式为"正中"，切换到"边框特性"选项卡中，单击"所有边框"按钮，栅格颜色为"Byblock"，表格方向向下，水平页边距和垂直页边距都为"0.5"。单击"确定"按钮。

实例 38 制作标题栏

案例说明：本例将学习制作标题栏的方法。

学习要点：使用"直线"命令或"偏移"绘制
标题栏。

光盘文件：实例文件\实例38.dwg

视频教程：视频文件\实例38.avi

操作步骤

1.设置表格样式

1️⃣ 启动AutoCAD 2013中文版，单击"快速访问
工具栏"中的"新建"按钮，弹出"选择样板"
对话框。

2️⃣ 在对话框中"名称"列表框中选择"acad.dwt"
样板文件，然后单击"打开"按钮，新建图形文件。

3️⃣ 切换到工具栏中的"格式"选项卡，单击"图层"按
钮，弹出"图层特性管理器"对话框。

4️⃣ 单击"新建图层"按钮或按【Alt+N】组合键，
列表框内增加一个新的图层，自动被命名为"图层1"
并处于亮显状态。

5️⃣ 在"图形特性管理器"对话框中，用鼠标单击处于
选中状态的图层名，此时可以输入新的图层名，在"名
称"标题栏中输入"标题栏"，然后单击界面或按Enter
键，将图层进行重新命名。

⑥ 单击"线宽"列表，弹出"线宽"对话框，从列表框中选择0.20mm，单击"确定"按钮，关闭对话框。

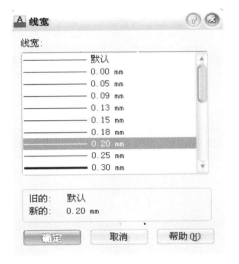

⑦ 设置"颜色"为"白"色。

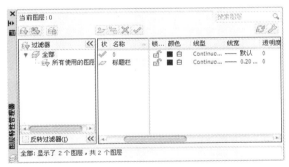

⑧ 在"图形特性管理器"对话框中，选中"标题栏"，单击"置为当前"按钮，则"标题栏"图层成为当前图层；或者在"图形特性管理器"对话框中，选中"标题栏"图层并单击鼠标右键，在弹出的快捷菜单中选择"置为当前"命令。

⑨ 单击工具栏中的"直线"按钮 直线(L)，绘制下面的标题栏外框130mm×32mm。命令行提示如下：

```
命令：_line
指定第一个点：
指定下一点或 [放弃(U)]：130
指定下一点或 [放弃(U)]：32
指定下一点或 [闭合(C)/放弃(U)]：
指定下一点或 [闭合(C)/放弃(U)]：
指定下一点或 [闭合(C)/放弃(U)]：
```

⑩ 切换到工具栏中的"修改"选项卡中，单击"偏移"按钮 偏移(S)，将左侧垂直的边线依次从左至右偏移距离为12、40、65、77和95。再将上面水平的边线从上到下依次偏移距离为8、16和24。命令行提示如下：

```
命令：_offset
当前设置：删除源=否 图层=源 OFFSETGAPTYPE=0
指定偏移距离或 [通过(T)/删除(E)/图层(L)]
<12.0000>：12
选择要偏移的对象，或 [退出(E)/放弃(U)] <
退出>：
指定要偏移的那一侧上的点，或 [退出(E)/多个
```

(M)/放弃(U)] <退出>：

选择要偏移的对象，或 [退出(E)/放弃(U)] <退出>：_u

选择要偏移的对象，或 [退出(E)/放弃(U)] <退出>：*取消*

命令：

命令：

命令：_offset

当前设置：删除源=否 图层=源 FFSETGAPTYPE=0

指定偏移距离或 [通过(T)/删除(E)/图层(L)] <12.0000>： 12

选择要偏移的对象，或 [退出(E)/放弃(U)] <退出>：

指定要偏移的那一侧上的点，或 [退出(E)/多个(M)/放弃(U)] <退出>：

选择要偏移的对象，或 [退出(E)/放弃(U)] <退出>：

命令：

命令：

命令：_offset

当前设置：删除源=否 图层=源 OFFSETGAPTYPE=0

指定偏移距离或 [通过(T)/删除(E)/图层(L)] <12.0000>： 40

选择要偏移的对象，或 [退出(E)/放弃(U)] <退出>：

指定要偏移的那一侧上的点，或 [退出(E)/多个(M)/放弃(U)] <退出>：

选择要偏移的对象，或 [退出(E)/放弃(U)] <退出>：

命令：

命令：

命令：_offset

当前设置：删除源=否 图层=源 OFFSETGAPTYPE=0

指定偏移距离或 [通过(T)/删除(E)/图层(L)] <40.0000>： 65

选择要偏移的对象，或 [退出(E)/放弃(U)] <退出>：

指定要偏移的那一侧上的点，或 [退出(E)/多个(M)/放弃(U)] <退出>：

选择要偏移的对象，或 [退出(E)/放弃(U)] <退出>：

命令：

命令：

命令：_offset

当前设置：删除源=否 图层=源 OFFSETGAPTYPE=0

指定偏移距离或 [通过(T)/删除(E)/图层(L)] <65.0000>： 77

选择要偏移的对象，或 [退出(E)/放弃(U)] <退出>：

指定要偏移的那一侧上的点，或 [退出(E)/多个(M)/放弃(U)] <退出>：

选择要偏移的对象，或 [退出(E)/放弃(U)] <退出>：

命令：

命令：

命令：_offset

当前设置：删除源=否 图层=源 OFFSETGAPTYPE=0

指定偏移距离或 [通过(T)/删除(E)/图层(L)] <77.0000>： 95

选择要偏移的对象，或 [退出(E)/放弃(U)] <退出>：

指定要偏移的那一侧上的点，或 [退出(E)/多个(M)/放弃(U)] <退出>：

选择要偏移的对象，或 [退出(E)/放弃(U)] <退出>：

选择要偏移的对象，或 [退出(E)/放弃(U)] <退出>：

命令：

命令：

命令：_offset

当前设置：删除源=否 图层=源 OFFSETGAPTYPE=0

指定偏移距离或 [通过(T)/删除(E)/图层(L)] <95.0000>： 8

选择要偏移的对象，或 [退出(E)/放弃(U)] <退出>：

指定要偏移的那一侧上的点，或 [退出(E)/多个(M)/放弃(U)] <退出>：

选择要偏移的对象，或 [退出(E)/放弃(U)] <退出>：

命令：

命令：

命令：_offset

当前设置：删除源=否 图层=源 OFFSETGAPTYPE=0

指定偏移距离或 [通过(T)/删除(E)/图层(L)] <8.0000>： 16

选择要偏移的对象，或 [退出(E)/放弃(U)] <退出>：

指定要偏移的那一侧上的点，或 [退出(E)/多个(M)/放弃(U)] <退出>：

选择要偏移的对象，或 [退出(E)/放弃(U)] <

退出>:

命令:

命令:

命令:_offset

当前设置:删除源=否 图层=源 OFFSETGAPTYPE=0

指定偏移距离或 [通过(T)/删除(E)/图层(L)]

<16.0000>: 24

11 切换到工具栏中"修改"选项卡,单击"修剪"按钮 修剪(T),对表格进行修剪。命令行提示如下:

命令:_trim

当前设置:投影=UCS,边=无

选择剪切边...

选择对象或 <全部选择>:

选择要修剪的对象,或按住 Shift 键选择要延伸的对象,或

[栏选(F)/窗交(C)/投影(P)/边(E)/删除(R)/放弃(U)]:

选择要修剪的对象,或按住 Shift 键选择要延伸的对象,或

[栏选(F)/窗交(C)/投影(P)/边(E)/删除(R)/放弃(U)]:

选择要修剪的对象,或按住 Shift 键选择要延伸的对象,或

[栏选(F)/窗交(C)/投影(P)/边(E)/删除(R)/放弃(U)]:

选择要修剪的对象,或按住 Shift 键选择要延伸的对象,或

[栏选(F)/窗交(C)/投影(P)/边(E)/删除(R)/放弃(U)]:

选择要修剪的对象,或按住 Shift 键选择要延伸的对象,或

[栏选(F)/窗交(C)/投影(P)/边(E)/删除(R)/放弃(U)]:

选择要修剪的对象,或按住 Shift 键选择要延伸的对象,或

[栏选(F)/窗交(C)/投影(P)/边(E)/删除(R)/放弃(U)]:

选择要修剪的对象,或按住 Shift 键选择要延伸的对象,或

[栏选(F)/窗交(C)/投影(P)/边(E)/删除(R)/放弃(U)]:

选择要修剪的对象,或按住 Shift 键选择要延伸的对象,或

[栏选(F)/窗交(C)/投影(P)/边(E)/删除(R)/放弃(U)]:

选择要修剪的对象,或按住 Shift 键选择要延伸的对象,或

[栏选(F)/窗交(C)/投影(P)/边(E)/删除(R)/放弃(U)]:

选择要修剪的对象,或按住 Shift 键选择要延伸的对象,或

[栏选(F)/窗交(C)/投影(P)/边(E)/删除(R)/放弃(U)]:

选择要修剪的对象,或按住 Shift 键选择要延伸的对象,或

[栏选(F)/窗交(C)/投影(P)/边(E)/删除(R)/放弃(U)]:

选择要修剪的对象,或按住 Shift 键选择要延伸的对象,或

[栏选(F)/窗交(C)/投影(P)/边(E)/删除(R)/放弃(U)]:

选择要修剪的对象,或按住 Shift 键选择要延伸的对象,或

[栏选(F)/窗交(C)/投影(P)/边(E)/删除(R)/放弃(U)]:

选择要修剪的对象,或按住 Shift 键选择要延伸的对象,或

[栏选(F)/窗交(C)/投影(P)/边(E)/删除(R)/放弃(U)]:

命令:

命令:

命令:

命令: 指定对角点或 [栏选(F)/圈围(WP)/圈交(CP)]:

命令:_.erase 找到 3 个

12 单击输入"单行文字"按钮 A↓ 单行文字(S) ，填写"标题栏"中的文字。并调整位置和大小。命令行提示如下：

命令：_text

当前文字样式： "Standard" 文字高度：0.2000 注释性： 否

指定文字的起点或 [对正(J)/样式(S)]：

指定高度 <0.2000>：

指定文字的旋转角度 <0>：

命令： 指定对角点或 [栏选(F)/圈围(WP)/圈交(CP)]：

命令：

命令：

命令：

命令：_ddedit

选择注释对象或 [放弃(U)]：

选择注释对象或 [放弃(U)]：

选择注释对象或 [放弃(U)]：

选择注释对象或 [放弃(U)]：

选择注释对象或 [放弃(U)]：

选择注释对象或 [放弃(U)]：

选择注释对象或 [放弃(U)]： *取消*

命令：

命令：

命令：_scale

选择对象：找到 1 个

选择对象：

指定基点：

指定比例因子或 [复制(C)/参照(R)]：

命令：

命令：

命令：_move 找到 1 个

指定基点或 [位移(D)] <位移>：

指定第二个点或 <使用第一个点作为位移>：

命令： 指定对角点或 [栏选(F)/圈围(WP)/圈交(CP)]：

命令： 指定对角点或 [栏选(F)/圈围(WP)/圈交(CP)]：

命令：

命令：

命令：_mtext

当前文字样式： "Standard" 文字高度：6.4115 注释性： 否

指定第一角点：

点无效。

指定第一角点：

点无效。

指定第一角点：_u

点无效。

指定第一角点：_u

点无效。

指定第一角点：

指定对角点或 [高度(H)/对正(J)/行距(L)/旋转(R)/样式(S)/宽度(W)/栏(C)]： *取消*

命令：

命令：

命令：_text

当前文字样式： "Standard" 文字高度：6.4115 注释性： 否

指定文字的起点或 [对正(J)/样式(S)]：

指定高度 <6.4115>：

指定文字的旋转角度 <0>：

命令： 指定对角点或 [栏选(F)/圈围(WP)/圈交(CP)]：

命令：

命令：

命令：_scale

选择对象：找到 1 个

选择对象：

指定基点：

指定比例因子或 [复制(C)/参照(R)]：

命令：

命令：

命令：_move 找到 1 个

指定基点或 [位移(D)] <位移>：

指定第二个点或 <使用第一个点作为位移>：

命令： 指定对角点或 [栏选(F)/圈围(WP)/圈交(CP)]：

命令：

命令：

命令：_move 找到 1 个

指定基点或 [位移(D)] <位移>：

指定第二个点或 <使用第一个点作为位移>：

命令：

命令：

命令：_text
当前文字样式： "Standard" 文字高度：
4.4063 注释性： 否
指定文字的起点或 [对正(J)/样式(S)]：
指定高度 <4.4063>：2.5
指定文字的旋转角度 <0>：
自动保存到 C:\Documents and Settings\
Administrator\local settings\temp\
Drawing4_1_1_8571.sv$ ...
命令：
命令：
命令：_move 找到 1 个
指定基点或 [位移(D)] <位移>：
指定第二个点或 <使用第一个点作为位移>：
命令：
命令：
命令：_text
当前文字样式： "Standard" 文字高度：2.5000
注释性： 否
指定文字的起点或 [对正(J)/样式(S)]：
指定高度 <2.5000>：
指定文字的旋转角度 <0>：
命令：
命令：
命令：_move 找到 1 个
指定基点或 [位移(D)] <位移>：
指定第二个点或 <使用第一个点作为位移>：
命令：
命令：
命令：_mtext
当前文字样式："Standard" 文字高度： 2.5000
注释性： 否
命令：
命令：_text
当前文字样式： "Standard" 文字高度：2.5000
注释性： 否
指定文字的起点或 [对正(J)/样式(S)]：
指定高度 <2.5000>：
指定文字的旋转角度 <0>：
命令：
命令：
命令：_move 找到 1 个
指定基点或 [位移(D)] <位移>：
指定第二个点或 <使用第一个点作为位移>：
命令：

命令：
命令：_text
当前文字样式： "Standard" 文字高度：
2.5000 注释性： 否
指定文字的起点或 [对正(J)/样式(S)]：
指定高度 <2.5000>：
指定文字的旋转角度 <0>：
命令：
命令：
命令：_move 找到 1 个
指定基点或 [位移(D)] <位移>：
指定第二个点或 <使用第一个点作为位移>：
命令：
命令：
命令：_text
当前文字样式： "Standard" 文字高度：2.5000
注释性： 否
指定文字的起点或 [对正(J)/样式(S)]：
指定高度 <2.5000>：
指定文字的旋转角度 <0>：
命令：
命令：
命令：_move 找到 1 个
指定基点或 [位移(D)] <位移>：
指定第二个点或 <使用第一个点作为位移>：
命令：
命令：
命令：_move 找到 1 个
指定基点或 [位移(D)] <位移>：
指定第二个点或 <使用第一个点作为位移>：
命令：
命令：
命令：_text
当前文字样式： "Standard" 文字高度：2.5000
注释性： 否
指定文字的起点或 [对正(J)/样式(S)]：
指定高度 <2.5000>：
指定文字的旋转角度 <0>：
命令：
命令：
命令：_move 找到 1 个
指定基点或 [位移(D)] <位移>：
指定第二个点或 <使用第一个点作为位移>：
命令：
命令：
命令：_text

当前文字样式："Standard" 文字高度：2.5000

注释性：否

　　指定文字的起点或 [对正(J)/样式(S)]：

　　指定高度 <2.5000>：

　　指定文字的旋转角度 <0>：

　　命令：指定对角点或 [栏选(F)/圈围(WP)/圈交(CP)]：

　　命令：

　　命令：

　　命令：_move 找到 1 个

　　指定基点或 [位移(D)] <位移>：

　　指定第二个点或 <使用第一个点作为位移>：

　　命令：

　　命令：

　　命令：_copy 找到 1 个

　　当前设置：复制模式 = 多个

　　指定基点或 [位移(D)/模式(O)] <位移>：

　　指定第二个点或 [阵列(A)] <使用第一个点作为位移>：

　　指定第二个点或 [阵列(A)/退出(E)/放弃(U)] <退出>：

　　命令：

　　命令：

　　命令：_copy 找到 1 个

　　当前设置：复制模式 = 多个

　　指定基点或 [位移(D)/模式(O)] <位移>：

　　指定第二个点或 [阵列(A)] <使用第一个点作为位移>：

　　指定第二个点或 [阵列(A)/退出(E)/放弃(U)] <退出>：

(图名)		比例		(图号)
		材料		
制图	(姓名)	(日期)		(校名)
审核	(姓名)	(日期)		

13 切换到工具栏中的"标注"选项卡，单击"线性标注"按钮 ⊢ 线性(L)，进行相应的标注。

　　命令：'_dimstyle

　　命令：

　　命令：

　　命令：_dimlinear

　　指定第一个尺寸界线原点或 <选择对象>：

　　指定第二条尺寸界线原点：

　　指定尺寸线位置或

　　[多行文字(M)/文字(T)/角度(A)/水平(H)/垂直(V)/旋转(R)]：

　　标注文字 = 130.0000

　　命令：'_dimstyle

　　命令：

　　命令：

　　命令：_dimlinear

　　指定第一个尺寸界线原点或 <选择对象>：

　　指定第二条尺寸界线原点：

　　指定尺寸线位置或

　　[多行文字(M)/文字(T)/角度(A)/水平(H)/垂直(V)/旋转(R)]：

　　标注文字 = 40

　　命令：

　　命令：

　　命令：_dimlinear

　　指定第一个尺寸界线原点或 <选择对象>：

　　指定第二条尺寸界线原点：

　　指定尺寸线位置或

　　[多行文字(M)/文字(T)/角度(A)/水平(H)/垂直(V)/旋转(R)]：

　　标注文字 = 65

　　命令：

　　命令：

　　命令：_dimlinear

　　指定第一个尺寸界线原点或 <选择对象>：

　　指定第二条尺寸界线原点：

　　指定尺寸线位置或

　　[多行文字(M)/文字(T)/角度(A)/水平(H)/垂直(V)/旋转(R)]：

　　标注文字 = 30

　　命令：DIMLINEAR

　　指定第一个尺寸界线原点或 <选择对象>：

　　指定第二条尺寸界线原点：

　　指定尺寸线位置或

　　[多行文字(M)/文字(T)/角度(A)/水平(H)/垂直(V)/旋转(R)]：

　　标注文字 = 12

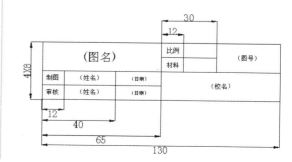

定制标注样式

📹 **案例说明**：本例学习"尺寸标注样式"。组成尺寸标准的尺寸界线、尺寸线、尺寸文本和箭头可以采用各种各样的形式。可以在"标注样式管理器"对话框中进行相应设置。

☯ **学习要点**：学习"定制尺寸标注样式"的方法。

💿 **光盘文件**：无

📺 **视频教程**：无

① 启动AutoCAD 2013中文版，新建空白文件。切换到"注释"选项卡，单击右下角的小箭头，弹出"标注样式管理器"对话框。

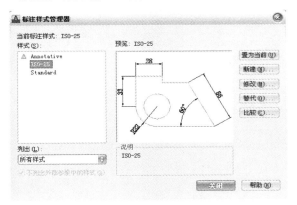

② 在"标注样式管理器"中，可以方便直观地定制和浏览尺寸标注样式，包括新的标注样式、修改已存在的标注样式、设置当前尺寸标注样式、标注样式重名或删除已有的一个标注样式。单击"标注样式管理器"中的"新建"按钮，弹出"创建新标注样式"对话框，输入和设置相关的选项。

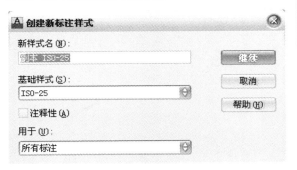

③ 单击"继续"按钮，弹出"新建标注样式"对话框，对其进行相应"尺寸标注样式"的参数设置。

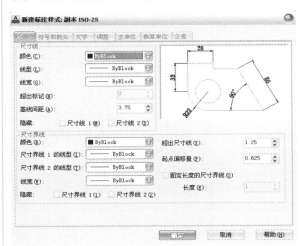

④ 在"修改标注样式"中，切换到"文字"选项卡，在"文字位置"选项组中的"垂直"下拉列表框中有5种不同的对齐方式，用户可以根据需要进行相应选择。

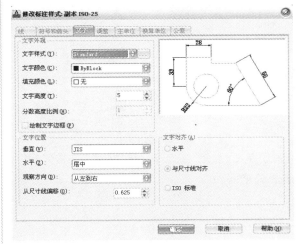

5 切换到"调整"选项卡，在"文字位置"选项组选择文字位置。

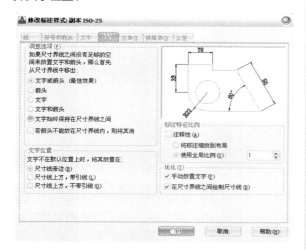

6 切换到"主单位"选项卡，在"精度"下拉列表框中进行选择。

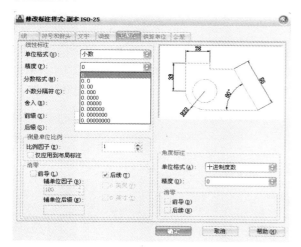

7 切换到"公差"选项卡，在"方式"下拉列表框中选择公差的形式。

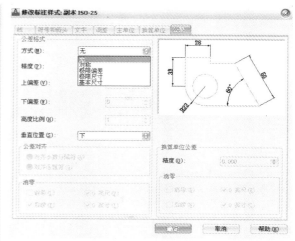

8 在"符号和箭头"选项卡中，设置"箭头大小"。

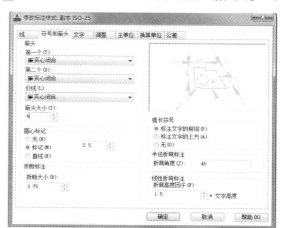

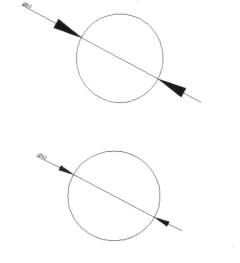

9 设置完毕后，单击"确定"按钮关闭"修改标注样式：副本ISO-25"对话框，然后单击"关闭"按钮，关闭"标注样式管理器"对话框。

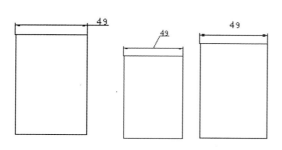

实例 40 标注尺寸

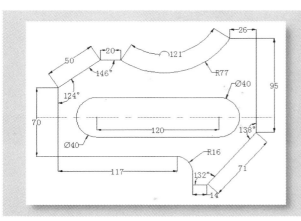

案例说明：本例将学习给二维图形标注尺寸

学习要点：基本的标注命令，如对齐、线形、角度、半径和直径等。

光盘文件：实例文件\实例40.dwg

视频教程：视频文件\实例40.avi

操作步骤

1 启动AutoCAD 2013中文版，打开本书配套光盘"实例文件"目录中的"实例54"。

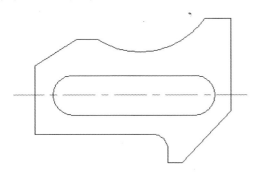

2 设置标注样式。对符号和箭头大小及文字高度的相关参数进行设置。

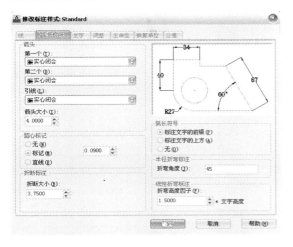

3 切换到"注释"选项卡，在"标注"面板中，单击"线性"标注按钮，标注图形。

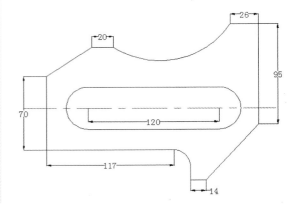

4 切换到"注释"选项卡，在"标注"面板中，
单击"对齐"标注按钮，标注图形。命令行提
示如下：

   命令：_dimaligned
   指定第一个尺寸界线原点 或 <选择对象>：
   指定第二条尺寸界线原点：
   创建了无关联的标注。
   指定尺寸线位置或
   [多行文字(M)/文字(T)/角度(A)]：
   标注文字 = 51
   命令： DIMALIGNED
   指定第一个尺寸界线原点 或 <选择对象>：
   指定第二条尺寸界线原点：
   创建了无关联的标注。
   指定尺寸线位置或
   [多行文字(M)/文字(T)/角度(A)]：
   标注文字 = 71

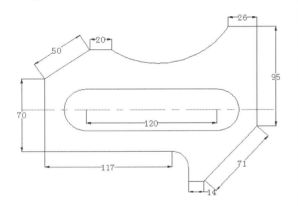

5 切换到"注释"选项卡，在"标注"面板中，单击
"角度"标注按钮，标注图形。

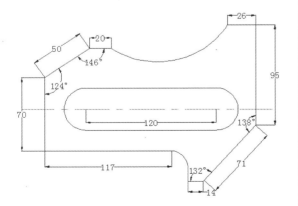

6 切换到"注释"选项卡，在"标注"面板中，单击
"半径"标注按钮，标注图形。

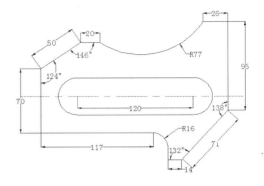

7 切换到"注释"选项卡，在"标注"面板中，单击
"直径"标注按钮，标注图形。命令行提示如下：

   命令：_dimdiameter
   选择圆弧或圆：
   标注文字 = 30
   指定尺寸线位置或 [多行文字(M)/文字(T)/角
度(A)]：
   命令： DIMDIAMETER
   选择圆弧或圆：
   标注文字 = 30
   指定尺寸线位置或 [多行文字(M)/文字(T)/角
度(A)]：

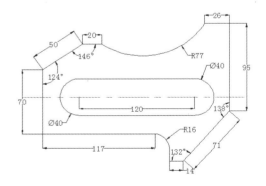

8 切换到"注释"选项卡，在"标注"面板中，单击
"弧长"标注按钮，标注图形。

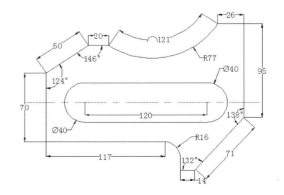

打印零件图

■案例说明：本例将学习打印零件图，在学习过程中掌握零件图打印的操作方法和步骤。

◎学习要点：掌握打印零件图的操作步骤。

◎光盘文件：无

■视频教程：视频文件\实例41.avi

操作步骤

■ 启动AutoCAD 2013软件，用鼠标单击"菜单浏览器"按钮■，在弹出的"选择文件"对话框中，选择本书配套光盘"实例文件"目录中的"实例94"。

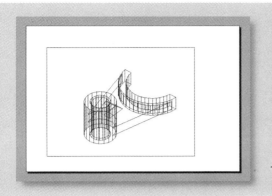

■ 在"选择文件"对话框中，单击"打开"按钮，在"视图"选项卡中"视觉样式"面板中，设置当前的视觉样式为"二维线框"，将"模型"工作台切换为"布局1"工作台。

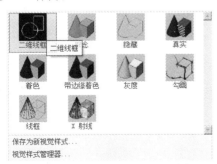

知识要点

"视觉样式管理器"用来创建和修改视觉样式。使用"视觉样式管理器"可以方便、快捷地对视觉样式进行管理。

视觉样式管理器命令的启动方法如下：

- 下拉菜单：选择"视图"→"视觉样式"→"视图样式管理器"命令，或选择"工具"→"选项板"→"视觉样式"命令。
- 工具栏：在"视图样式"工具栏上单击"试图样式管理器"按钮。
- 输入命令：在命令提示行输入或动态输入VISUALSTYLE，并按【Enter】键。

打开"视觉样式管理器"，该选项板包括"图形中的可用视觉样式"的样例图像面板、"面设置"特性板、"材质和颜色"特性面板、"环境设置"图像面板和"边设置"特性面板。

3 在 "快速访问" 工具栏中, 单击 "打印" 按钮, 系统自动弹出 "打印-布局1" 对话框。

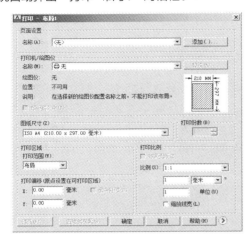

5 在 "打印-布局1" 对话框中, 单击 按钮。

6 在 "打印样式表" 区域中的下拉列表框中选择 "acad.ctb" 选项, 单击 按钮, 弹出 "打印样式表编辑器" 对话框。

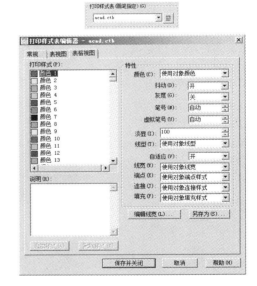

关于布局

默认情况下, 新图形具有名为 "布局1" 和 "布局2" 的两个布局, 可以对其重命名。可以添加新布局或复制现有布局。可以使用 "创建布局" 向导或 "设计中心" 创建布局。每个布局都可以包含不同的页面设置。但是, 为了避免在转换和发布图形时出现混淆, 通常建议每个图形只创建一个命名布局。在每个布局中, 可以根据需要创建多个布局视口。每个布局视口类似于模型空间中的相框, 包含按用户指定的比例和方向显示模型的视图。可以创建布满整个布局的单一布局视口, 也可以创建多个布局视口。一旦创建了视口, 就可以更改其大小。

7 设置 "打印样式表编辑器" 对话框中的参数, 如下图所示, 单击 "保存并关闭" 按钮。

4 设置 "打印-布局1" 对话框中的参数, 如下图所示:

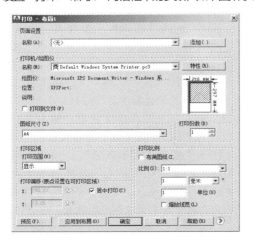

知识要点

打印样式表是打印时配置绘图仪各绘图笔的参数表，用于修改打印图形的外观，包括对象的颜色、线型和线宽等，也可指定端点、连接和填充样式，以及抖动、灰度、笔指定和淡显等输出效果。

打印样式表分为命名样式表和颜色相关样式表。颜色相关样式表是根据图形对象的颜色指定"线宽"、"端点"、"连接"等参数的样式表，这种样式表的扩展名为".ctb"。命名样式表则脱离颜色，只给对象指定某些特定打印参数，这种样式表的文件扩展名为".stb"。颜色相关样式表为每种颜色的图形指定"线宽"、"抖动"、"颜色"等一系列参数，即使在实际操作中大部分参数只需要使用默认值不必更改，这些参数仍被记录在文件中。命名样式表只对特定的参数进行设置，并非所有颜色和物体都会被指定样式，这就有可能造成操作中遗漏某些需要设置的部分。

8 在"打印—布局1"对话框中，单击"应用到布局"按钮。

在AutoCAD中，打印的基本流程如下：

（1）在模型空间中按比例绘制图纸。

（2）转入图纸空间，进行布局设置，包括打印设备、纸张等。

（3）在图纸空间的布局内创建视口并调整，安排要输出的图纸，调整合适的比例。

（4）移动、放缩以调整布局中的图形。

（5）打印预览，检查有无错误。如有则返回继续调整。

（6）打印出图。

9 在"打印—布局1"对话框中的"页面设置"区域中，单击"添加"按钮，弹出"新页面设置"对话框，在该对话框的"新页面设置名"文本框中输入"新打印样式"，单击"确定"按钮。

10 在"打印—模型"对话框中，单击"预览"按钮，检查图纸没有错误后，单击鼠标右键，在弹出的快捷菜单中选择"打印"命令。

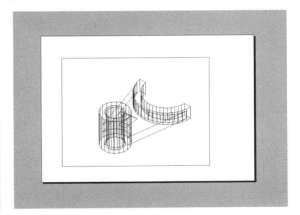

读书笔记

07章

家具及家饰图例绘制实例

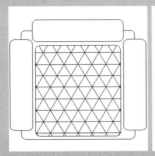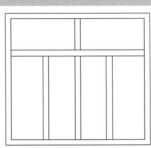

- 煤气灶
- 灯图例
- 洗板池
- 地板拼花平面图
- 古典木窗平面图
- 扇形窗平面图
- 弧形拱窗
- 立面门
- 全自动洗衣机
- 会议桌椅
- 单人沙发
- 铝合金窗
- 衣柜

实例42 煤气灶

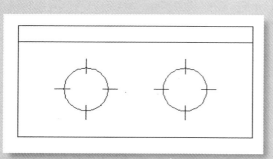

📽 案例说明：本例将通过绘制煤气灶的二维平面图来提高我们对于直线、圆、偏移等命令的熟练程度。

💿 学习要点："直线"、"圆"、"偏移"和"删除"等命令。

💿 光盘文件：实例文件\实例42.dwg

📹 视频教程：视频文件\实例42.avi

操作步骤

1 启动AutoCAD 2013中文版，新建空白文件，切换到"常用"选项卡，在"绘图"面板中，单击"矩形"按钮☐，绘制一个长为1280mm、宽为630mm的矩形。命令行提示如下：

命令：_rectang
指定第一个角点或 [倒角(C)/标高(E)/圆角(F)/厚度(T)/宽度(W)]：
指定另一个角点或 [面积(A)/尺寸(D)/旋转(R)]：@1280,630↙

2 将矩形进行分解，切换到"常用"选项卡，在"修改"面板中，单击"偏移"按钮，将矩形上边向下偏移复制2次，相邻间距分别为90mm和270mm。

提示

使用"分解"命令可以对图形中组成矩形的整体边线进行拆解，拆解完成后矩形的边线将会变成互相独立的直线段。

3 使用"Lengthen"命令，缩短最后偏移得到的直线，命令行提示如下：

命令：LENGTHEN
选择对象或 [增量(DE)/百分数(P)/全部(T)/动态(DY)]：DE↙
输入长度增量或 [角度(A)] <0.0000>：-370↙
选择要修改的对象或 [放弃(U)]：
　　//选择直线的左端
选择要修改的对象或 [放弃(U)]：
　　//选择直线的右端
选择要修改的对象或 [放弃(U)]：

4 切换到"常用"选项卡，在"绘图"面板中，单击

"圆心，半径"按钮⊙，在缩短后的直线的两个端点上，分别绘制一个半径为120mm的圆。

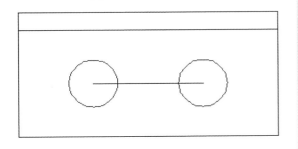

⑤ 使用"直线"命令，绘制一段直线。命令行提示如下：

```
命令：_line
指定第一点：_qua 于
        //按住Shift键单击鼠标右键，从弹出的快
捷菜单中选择"象限点"，并选择圆
指定下一点或 [放弃(U)]：@0,-30✓
指定下一点或 [放弃(U)]：@0,80✓
指定下一点或 [闭合(C)/放弃(U)]：✓
```

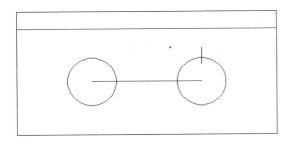

⑥ 切换到"常用"选项卡，在"修改"面板中，单击"环形阵列"按钮⊞，选择刚刚绘制的直线，以右边小圆的圆心为中心点，项目数设置为4，进行阵列复制。命令提示行如下：

```
命令：_arraypolar
选择对象：指定对角点：找到 2 个
选择对象：
类型 = 极轴  关联 = 是
指定阵列的中心点或 [基点(B)/旋转轴(A)]：
输入项目数或 [项目间角度(A)/表达式(E)]
<4>：✓
指定填充角度(+=逆时针、-=顺时针)或 [表达
式(EX)] <360>：✓
按 Enter 键接受或 [关联(AS)/基点(B)/项
目(I)/项目间角度(A)/填充角度(F)/行(ROW)/层
(L)/旋转项目(ROT)/退出(X)]
```

```
<退出>：
```

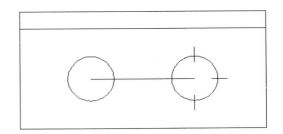

提示

在使用值或表达式指定阵列中的项目数中需要在表达式中定义填充角度时，结果值中的 (+ 或 -) 数学符号不会影响阵列的方向。

⑦ 将刚刚阵列完成的线段复制到左边的小圆上。

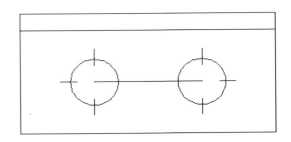

⑧ 删除两个小圆中间的短直线，完成简单灶具的绘制。

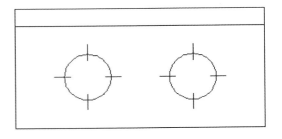

⑨ 单击"保存"按钮🖫，将文件保存。

实例43 灯图例

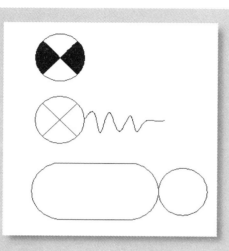

📽 **案例说明:** 本案例将通过对灯图例的绘制来提高我们
对圆、直线、图案填充、样条曲线等命令
的熟练程度。

🔧 **学习要点:** 熟练掌握灯图例的绘制方法。

💿 **光盘文件:** 实例文件\实例43.dwg

🎬 **视频教程:** 视频文件\实例43.avi

操作步骤

1 启动AutoCAD 2013中文版,新建空白文件,用
画"圆"命令绘制一个直径为5mm的圆。

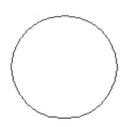

2 使用"直线"命令,捕捉圆的象限点,绘制两条垂
直相交的直线。

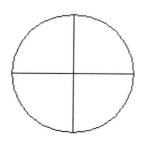

3 选中绘制的两条直线,以交点为旋转中心,将其旋
转45°。

4 使用"图案填充"命令填充图形,这样指示灯的图
例绘制完成。

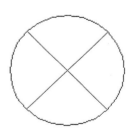

5 接下来绘制台灯图例,台灯的图例也比较简单,是
一个"╳"外加一个圆,有时候后面会加一根曲线。

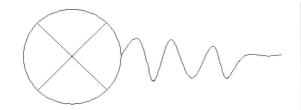

框，在对话框中选择外弧的起点端点。

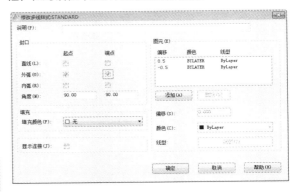

6 首先按照前面的方法，绘制轮廓线。

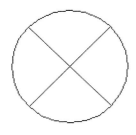

10 使用"多线"命令，绘制圆角矩形。命令行提示如下：

命令：_mline
当前设置：对正 = 上，比例 = 20.00，样式 = STANDARD
指定起点或 [对正(J)/比例(S)/样式(ST)]： S
输入多线比例 <20.00>： 6✓
当前设置：对正 = 上，比例 = 6.00，样式 = STANDARD
指定起点或 [对正(J)/比例(S)/样式(ST)]：
指定下一点： @7,0✓
指定下一点或 [放弃(U)]： ✓

7 使用"样条曲线"命令，绘制出圆后面的电缆线。完成了台灯图例的绘制。

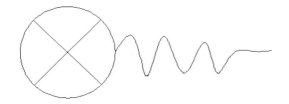

8 路灯图例是一个长方形，两端用一个半圆形的弧相连接，利用"多线"命令来绘制。选择菜单栏中"格式"→"多线样式"命令，弹出"多线样式"对话框。

11 使用"圆"命令，在边上再绘制一个圆。命令行提示如下：

命令：_circle 指定圆的圆心或 [三点(3P)/两点(2P)/切点、切点、半径(T)]： 2p✓
指定圆直径的第一个端点：
//捕捉圆角矩形的右边圆弧的中点
指定圆直径的第二个端点： @5,0✓

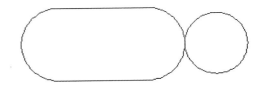

9 单击"修改"按钮，弹出"修改多线样式"对话

路灯图形就绘制出来了。将文件保存。

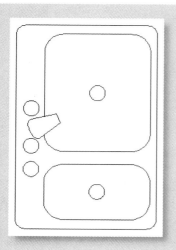

案例说明： 本案例将通过绘制洗菜池的二维平面图来提高我们对圆角矩形、偏移、分解等命令的熟练程度。

学习要点： 掌握"圆角"、"矩形"、"偏移"和"分解"等命令的使用。

光盘文件： 实例文件\实例44.dwg

视频教程： 视频文件\实例44.avi

操作步骤

1️⃣ 启动AutoCAD 2013中文版，新建空白文件，绘制一个高为1215mm，宽为810mm的圆角矩形，圆角半径设置为55mm。命令行提示如下：

    命令：_rectang
    指定第一个角点或 [倒角(C)/标高(E)/圆角(F)/厚度(T)/宽度(W)]：F↙
    指定矩形的圆角半径 <0.0000>：55↙
    指定第一个角点或 [倒角(C)/标高(E)/圆角(F)/厚度(T)/宽度(W)]：
    指定另一个角点或 [面积(A)/尺寸(D)/旋转(R)]：@810,1215↙

2️⃣ 再绘制两个圆角矩形，其中一个圆角矩形的长与宽为700mm和610mm，圆角半径为110mm；另一个圆角矩形的长与宽分别为610mm和330mm，圆角半径为110mm。

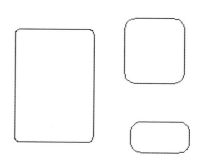

3️⃣ 用"分解"命令分解左边的大矩形，再偏移左边垂直线，间距分别为90mm和55mm，将大矩形下边向上偏移425mm。

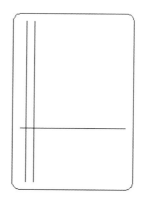

使用"偏移"命令时，可以在指定距离或通过一个点偏移对象。偏移对象后，可以使用修剪和延伸这种有效的方式来创建包含多条平行线和曲线的图形。

4 用"直线"命令连接三个矩形的对角线。

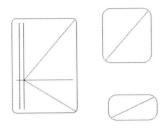

5 利用绘制的辅助线，使用"移动"命令，将两个小矩形移至大矩形中间。

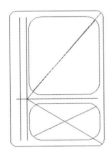

在使用"移动"命令时，为了保证所移动图形的精确性和准确性，可以使用坐标、栅格捕捉、对象捕捉和其他工具来移动对象。

6 在两个对角线中点处分别绘制两个直径为90mm的圆。

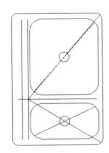

7 将所绘制的圆再复制3个至左侧的直线上。

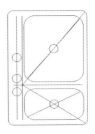

8 使用"多线"命令，绘制水龙头。命令行提示如下：

    命令：_pline
    指定起点：
    当前线宽为 0.5000
    指定下一个点或 [圆弧(A)/半宽(H)/长度(L)/放弃(U)/宽度(W)]：W↙
    指定起点宽度 <0.5000>：0↙
    指定端点宽度 <0.0000>：0↙
    指定下一个点或 [圆弧(A)/半宽(H)/长度(L)/放弃(U)/宽度(W)]：@30<-60↙
    指定下一点或 [圆弧(A)/闭合(C)/半宽(H)/长度(L)/放弃(U)/宽度(W)]：A↙
    指定圆弧的端点或
    [角度(A)/圆心(CE)/闭合(CL)/方向(D)/半宽(H)/直线(L)/半径(R)/第二个点(S)/放弃(U)/宽度(W)]：CE↙
    指定圆弧的圆心：@36<30↙
    指定圆弧的端点或 [角度(A)/长度(L)]：A↙
    指定包含角：82↙
    指定圆弧的端点或
    [角度(A)/圆心(CE)/闭合(CL)/方向(D)/半宽(H)/直线(L)/半径(R)/第二个点(S)/放弃(U)/宽度(W)]：L↙
    指定下一点或 [圆弧(A)/闭合(C)/半宽(H)/长度(L)/放弃(U)/宽度(W)]：@150<38↙
    指定下一点或 [圆弧(A)/闭合(C)/半宽(H)/长度(L)/放弃(U)/宽度(W)]：@30<120↙
    指定下一点或 [圆弧(A)/闭合(C)/半宽(H)/长度(L)/放弃(U)/宽度(W)]：↙

9 使用"镜像"命令复制另一半，将水龙头移至图中合适位置，修改并删除辅助线，完成绘制。

实例45 地扳拼花平面图

📽 案例说明：本例将通过绘制地板拼花的平面图来提高我
们对阵列、图案填充、镜像、旋转等命令的
熟练程度。

🔄 学习要点："圆"、"直线"、"旋转"、"阵列"和
"图案填充"等命令。

💿 光盘文件：实例文件\实例45.dwg

🎬 视频教程：视频文件\实例45.avi

操作步骤

1️⃣ 启动AutoCAD 2013中文版，新建空白文件，建立相应的图层，并分别设置相应的线型和线宽。切换到"常用"选项卡，在"绘图"面板中，单击"圆心，半径"按钮 ⊙，绘制一个半径为1000mm的圆。

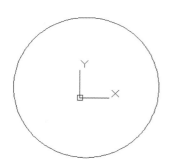

2️⃣ 再次使用"圆"命令，绘制一个半径为850mm的同心圆。

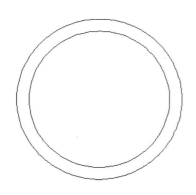

3️⃣ 使用"直线"命令，以圆心为起点，绘制一条水平直线。

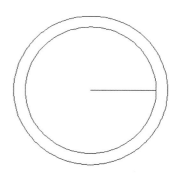

4️⃣ 切换到"常用"选项卡，在"修改"面板中，单击"旋转"按钮 ⊙，以圆心为基点，将直线进行旋转。命令行提示如下：

    命令：_rotate
    UCS 当前的正角方向：   ANGDIR=逆时针
ANGBASE=0
    选择对象：找到 1 个
    选择对象：
        //选中直线
    指定基点：
        //捕捉圆心
    指定旋转角度，或 [复制(C)/参照(R)] <45>：
C↙
    旋转一组选定对象。

指定旋转角度，或 ［复制(C)／参照(R)］ <45>：
22.5✓

命令：

ROTATE

UCS 当前的正角方向： ANGDIR=逆时针

ANGBASE=0

选择对象：找到 1 个

选择对象：

指定基点：

指定旋转角度，或 ［复制(C)／参照(R)］ <23>：

c✓

旋转一组选定对象。

指定旋转角度，或 ［复制(C)／参照(R)］ <23>：
-22.5✓

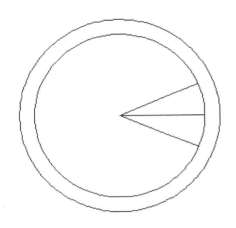

5 切换到"常用"选项卡，在"修改"面板中，单击
"镜像"按钮⚖，打开"正交"模式，将刚刚绘制的
3条直线以水平直线的中点为镜像轴进行镜像操作。

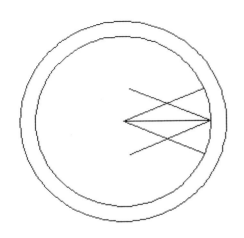

6 切换到"常用"选项卡，在"修改"面板中，单击

"修剪"按钮⊬，对图形进行修剪。

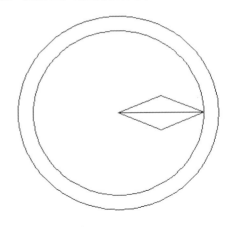

7 切换到"常用"选项卡，在"修改"面板中，单击
"环形阵列"按钮▦，选择修剪后的菱形，对其进行
环形阵列，项目总数为8。

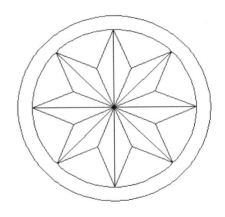

8 切换到"常用"选项卡，在"绘图"面板中，
单击"图案填充"按钮▨，设置填充图案为"AR-
SAND"，选择需要填充的对象，对图形进行图案填
充，完成后将文件进行保存。

实例46 古典木窗平面图

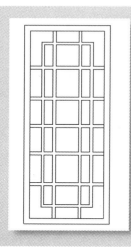

📽 **案例说明**：本例将通过绘制古典木窗的二维平面图来提高我们对偏移、镜像、分解、多线等命令的熟练程度。

🔧 **学习要点**："矩形"、"多线"、"偏移"、"分解"和"镜像"等命令。

💿 **光盘文件**：实例文件\实例46.dwg

📀 **视频教程**：视频文件\实例46.avi

操作步骤

1 启动AutoCAD 2013中文版，新建空白文件，切换到"常用"选项卡，在"绘图"面板中，单击"矩形"按钮，绘制一个长750mm，高为1800mm的矩形。命令行提示如下：

命令：_rectang
当前矩形模式：倒角=1.0000 x 1.0000
指定第一个角点或 [倒角(C)/标高(E)/圆角(F)/厚度(T)/宽度(W)]：
指定另一个角点或 [面积(A)/尺寸(D)/旋转(R)]：@750,1800↙

2 切换到"常用"选项卡，在"修改"面板中，单击

"偏移"按钮，设置偏移距离为50，将矩形向内偏移。命令行提示如下：

命令：_offset
当前设置：删除源=否 图层=源
OFFSETGAPTYPE=0
指定偏移距离或 [通过(T)/删除(E)/图层(L)]<6.0000>：50↙
选择要偏移的对象，或 [退出(E)/放弃(U)] <退出>：
指定要偏移的那一侧上的点，或 [退出(E)/多个(M)/放弃(U)] <退出>：
选择要偏移的对象，或 [退出(E)/放弃(U)] <退出>：

3 在命令行中输入"MLINE"，绘制多线。命令行提示如下：

命令：MLIne

当前设置：对正 = 上，比例 = 25.00，样式 = STANDARD

指定起点或 [对正(J)/比例(S)/样式(ST)]： s✓

输入多线比例 <25.00>： 25✓

当前设置：对正 = 上，比例 = 25.00，样式 = STANDARD

指定起点或 [对正(J)/比例(S)/样式(ST)]： _from 基点：<偏移>：

//按住Shift键单击鼠标右键，从弹出的快捷菜单中选择"自"命令，再捕捉里面矩形的左下角点

@100,100✓

指定下一点： @0,1500✓

指定下一点或 [放弃(U)]： @450,0✓

指定下一点或 [闭合(C)/放弃(U)]：@0,-1500✓

指定下一点或 [闭合(C)/放弃(U)]： c✓

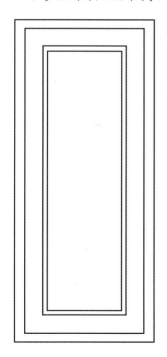

提示

在使用"多线"命令绘制图形时，要提前根据需要绘制的图形设置好相应的多线样式，方便绘图工作顺利进行。

4 重复运行"多线"命令，绘制两条垂直多线。命令行提示如下：

MLINE

当前设置：对正 = 上，比例 = 25.00，样式 = STANDARD

指定起点或 [对正(J)/比例(S)/样式(ST)]： _from 基点：<偏移>：@200,0✓

//按住Shift键单击鼠标右键，从弹出的快捷菜单中选择"自"命令，再捕捉里面矩形的左下角点

指定下一点： @0,1700✓

指定下一点或 [放弃(U)]：

命令：

MLINE

当前设置：对正 = 上，比例 = 25.00，样式 = STANDARD

指定起点或 [对正(J)/比例(S)/样式(ST)]： _from 基点：<偏移>：@425,0✓

//按住Shift键单击鼠标右键，从弹出的快捷菜单中选择"自"命令，再捕捉里面矩形的左下角点

指定下一点： @0,1700✓

指定下一点或 [放弃(U)]：✓

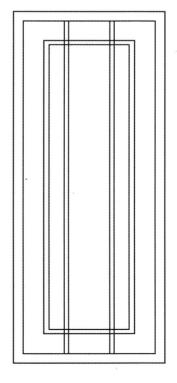

5 重复运行"多线"命令，捕捉内边框左、右边的中

点，绘制一条水平多线。命令行提示如下。

```
命令: MLINE
当前设置: 对正 = 上，比例 = 25.00，样式 =
STANDARD
指定起点或 [对正(J)/比例(S)/样式(ST)]:
指定下一点:
    //捕捉左框的中点
指定下一点或 [放弃(U)]:
    //捕捉右框的中点
```

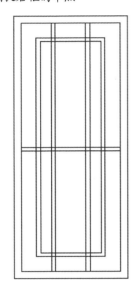

6 切换到"常用"选项卡，在"修改"面板中，单击
"复制"按钮，将水平多线分别向上、下各复制2条。
命令行提示如下:

```
命令: _copy
选择对象: 找到 1 个
    //选择水平多线
选择对象:
当前设置: 复制模式 = 多个
指定基点或 [位移(D)/模式(O)] <位移>:
    //捕捉水平多线左侧下角的端点
指定第二个点或 [阵列(A)] <使用第一个点作
为位移>: @0,250✓
指定第二个点或 [阵列(A)/退出(E)/放弃(U)]
<退出>: @0,530✓
指定第二个点或 [阵列(A)/退出(E)/放弃(U)]
<退出>: @0,-250✓
指定第二个点或 [阵列(A)/退出(E)/放弃(U)]
<退出>: @0,-530✓
指定第二个点或 [阵列(A)/退出(E)/放弃(U)]
<退出>:
```

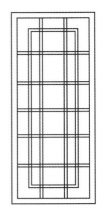

7 选择"修改"→"对象"→"多线"命令，弹出
"多线编辑工具"对话框，选中"十字打开"选项，
分别对相交的多线进行编辑。

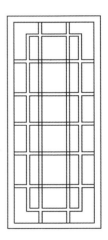

8 将多线分解，使用"修剪"命令对图形进行修剪，
将文件保存。

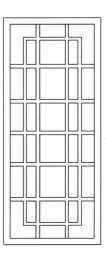

实例47 扇形窗平面图

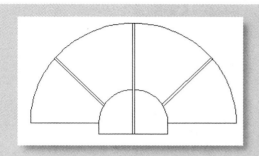

📷 案例说明：本例将通过绘制扇形窗的二维平面图来提高我们对偏移、圆弧、修剪、旋转灯命令的熟练程度。

🔄 学习要点："直线"、"圆弧"、"偏移"、"删除"和"旋转"等命令。

💿 光盘文件：实例文件\实例47.dwg

📹 视频教程：视频文件\实例47.avi

操作步骤

1 启动AutoCAD 2013中文版，新建空白文件，使用"直线"命令，绘制一条长度为1800mm的水平直线。

2 切换到"常用"选项卡，在"修改"面板中，单击"偏移"按钮，设置偏移距离为900mm，将水平直线向上偏移900mm。

3 切换到"常用"选项卡，在"绘图"面板中，单击"圆弧"按钮，根据刚刚绘制的线段，绘制一条圆弧。命令行提示如下：

```
命令：_arc
指定圆弧的起点或 [圆心(C)]：
指定圆弧的第二个点或 [圆心(C)/端点(E)]：
_c 指定圆弧的圆心：
指定圆弧的端点或 [角度(A)/弦长(L)]：
```

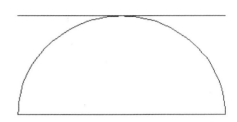

4 将两条水平直线删除，使用"直线"命令，捕捉圆弧左侧的端点为起点，绘制直线。命令行提示如下：

```
命令：_line 指定第一点：
指定下一点或 [放弃(U)]：@600,0↙
指定下一点或 [放弃(U)]：@0,-100↙
指定下一点或 [闭合(C)/放弃(U)]：
@600,0↙
指定下一点或 [闭合(C)/放弃(U)]：
@0,100↙
指定下一点或 [闭合(C)/放弃(U)]：
@600,0↙
指定下一点或 [闭合(C)/放弃(U)]：↙
```

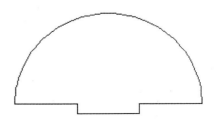

5 切换到"常用"选项卡，在"修改"面板中，单击

"偏移"按钮 ，设置偏移距离为600mm，将圆弧向内偏移。命令行提示如下：

命令：_offset

当前设置：删除源=否 图层=源 OFFSETGAPTYPE=0

指定偏移距离或 [通过(T)/删除(E)/图层(L)] <900.0000>： 600

选择要偏移的对象，或 [退出(E)/放弃(U)] <退出>：

指定要偏移的那一侧上的点，或 [退出(E)/多个(M)/放弃(U)] <退出>：

选择要偏移的对象，或 [退出(E)/放弃(U)] <退出>：

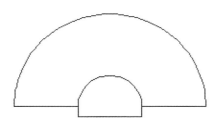

6 使用"直线"命令，捕捉底端水平线的中点和外面大圆弧的中点，绘制一条垂直直线。

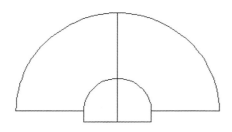

7 切换到"常用"选项卡，在"修改"面板中，单击"旋转"按钮 ，将绘制的垂直直线向两侧旋转复制。命令行提示如下：

命令： _rotate

UCS 当前的正角方向：ANGDIR=逆时针 ANGBASE=0

选择对象：找到 1 个

选择对象：

指定基点： //捕捉直线的下端点

指定旋转角度，或 [复制(C)/参照(R)] <338>： c✓

旋转一组选定对象。

指定旋转角度，或 [复制(C)/参照(R)] <338>： 45✓

命令：

ROTATE

UCS 当前的正角方向： ANGDIR=逆时针 ANGBASE=0

选择对象：找到 1 个

选择对象：

指定基点：

指定旋转角度，或 [复制(C)/参照(R)] <45>： c✓

旋转一组选定对象。

指定旋转角度，或 [复制(C)/参照(R)] <45>： -45✓

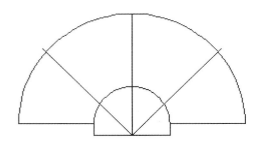

8 切换到"常用"选项卡，在"修改"面板中，单击"偏移"按钮 ，将绘制的三条直线分别向一侧偏移10mm。

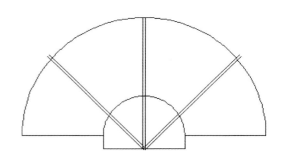

9 使用"修剪"命令对图形进行修剪，将文件保存。

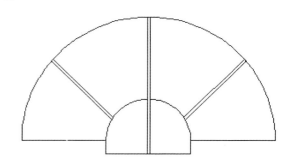

实例48 弧形拱窗

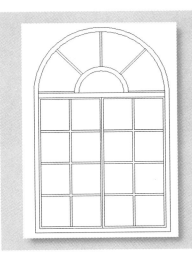

📽案例说明：本案例将通过对弧形拱窗平面图的绘制来提高我们对多线、定数等分、镜像、圆弧等命令的熟练程度。

学习要点："多线"、"定数等分"和"镜像"等命令。

光盘文件：实例文件\实例48.dwg

视频教程：视频文件\实例48.avi

操作步骤

1️⃣ 启动AutoCAD 2013中文版，新建空白文档，单击工具栏中的"矩形"按钮 ⬜，绘制一个尺寸为700mm×1500mm的矩形。命令行提示如下：

　　命令：_rectang
　　指定第一个角点或 [倒角(C)/标高(E)/圆角(F)/厚度(T)/宽度(W)]：
　　指定另一个角点或 [面积(A)/尺寸(D)/旋转(R)]：@700,1500↙

2️⃣ 切换到"常用"选项卡，在"修改"面板中，单击"偏移"按钮 ，将矩形向内侧偏移20mm，单击工具栏中的"分解"按钮，将内侧的矩形分解。

3️⃣ 切换到"常用"选项卡，在"实用工具"面板中，单击"点样式"按钮 ，系统弹出"点样式"对话框，选择如图所示的点样式作为当前的点样式，单击"确定"退出对话框。

当前设置：对正 = 无，比例 = 20.00，样式 = STANDARD

  指定起点或 [对正(J)/比例(S)/样式(ST)]：J✓

  输入对正类型 [上(T)/无(Z)/下(B)] <无>：Z✓

  当前设置：对正 = 无，比例 = 20.00，样式 = STANDARD

  指定起点或 [对正(J)/比例(S)/样式(ST)]：

  //捕捉等分点

  指定下一点：

  //捕捉右边垂直点

  指定下一点或 [放弃(U)]：✓

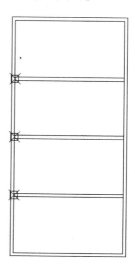

4 切换到"常用"选项卡，在"绘图"面板中，单击"定数等分"按钮，点选内边框的左边，将其等分成4份。命令行提示如下：

  命令：_divide

  选择要定数等分的对象：

    //选择内边框的左边

  输入线段数目或 [块(B)]：4✓

    //输入等分数目

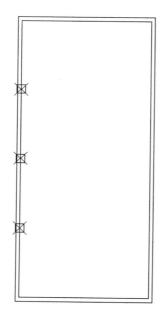

5 选择菜单栏中"绘图"→"多线"命令，设置多线的对正方式为"无"，打开"对象捕捉"和"正交"功能，以等分点为起点，绘制三条横向支撑。命令行提示如下：

  命令：_mline

6 直接按【Enter】键，重复"多线"命令，以内边框的上、下边中点为起点和终点，绘制中间的纵向支撑。

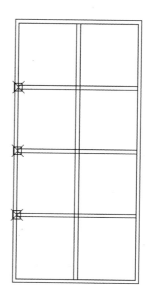

7 选择"修改"→"对象"→"多线"命令，系统弹出"多线编辑工具"对话框，在对话框中选择"十字打开"选项，对刚刚绘制的几条多线的相交部进行编辑，将等分节点删除。

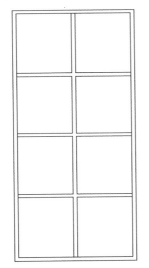

8 切换到"常用"选项卡，在"修改"面板中，单击"镜像"按钮 ▲，选择全部图形，以外边框的右侧边为镜像轴，将窗扇镜像复制到另一侧。

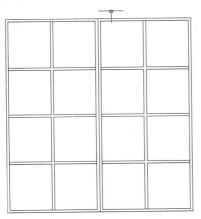

9 开启"对象捕捉"工具栏，使用"矩形"命令，利用"对象捕捉"辅助功能，以距左侧窗户外边框的左下角点水平向左和垂直向下各50mm的点为起点，绘制一个尺寸为1500mm×1600mm的矩形作为窗户的边框，使用"分解"命令将其分解。

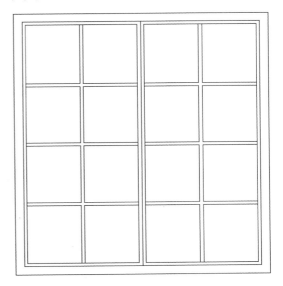

10 以"起点、端点、半径"的方式，利用刚刚绘制的矩形的上边的左、右端点为起止点，绘制一个半径为750mm的圆弧。

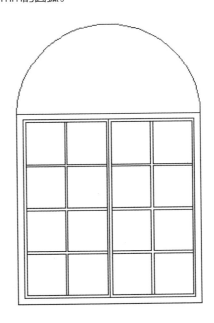

11 切换到"常用"选项卡，在"修改"面板中，单击"偏移"按钮 ▲，将刚刚绘制的圆弧依次向内偏移50mm、400mm、50mm。

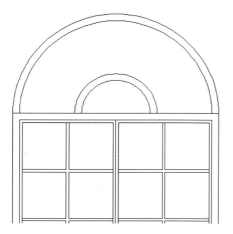

12 继续使用"偏移"命令，将矩形的上边线向上偏移20。

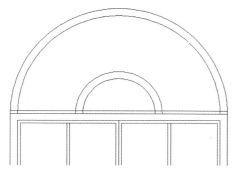

13 切换到"常用"选项卡，在"修改"面板中，单击"修剪"按钮，对偏移后的圆弧和直线进行修剪。

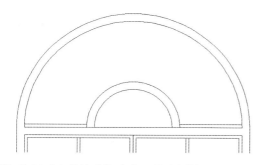

14 使用"定数等分"命令，将内侧的两道圆弧分别等分成4份。命令行提示如下：

命令: _divide
选择要定数等分的对象:
输入线段数目或 [块(B)]: 4

命令: 指定对角点或 [栏选(F)/圈围(WP)/圈交(CP)]:

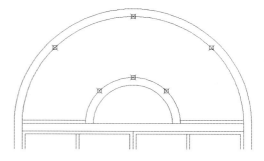

15 使用"多线"命令，连接两段圆弧相应的节点.

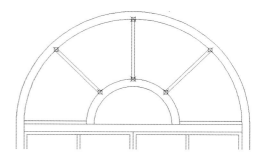

16 本例绘制完成，将文件进行保存。

实例 49 立面门

📽 **案例说明：** 本案例将通过对立面门平面图的绘制来提高我们对矩形、多段线、椭圆、阵列等命令的熟练程度。

💫 **学习要点：** "矩形"、"多段线"、"椭圆"和"阵列"等命令的使用方法。

💿 **光盘文件：** 实例文件\实例49.dwg

🎬 **视频教程：** 视频文件\实例49.avi

操作步骤

1 启动AutoCAD 2013中文版，新建空白文档，单击工具栏中的"矩形"按钮▢，绘制一个尺寸为1100mm×2100mm的矩形。命令行提示如下：

```
命令：_rectang
指定第一个角点或 [倒角(C)/标高(E)/圆
角(F)/厚度(T)/宽度(W)]：
指定另一个角点或 [面积(A)/尺寸(D)/旋
转(R)]：@1100,2100↙
```

2 选择菜单栏中"绘图"→"多线"命令，配合"对象捕捉"和"正交"功能，绘制门套的装饰线条。命令行提示如下：

```
命令：_mline
当前设置：对正 = 上，比例 = 20.00，样式 =
STANDARD
指定起点或 [对正(J)/比例(S)/样式(ST)]： S
//修改多线比例
输入多线比例 <20.00>： 15↙
//设置多线比例为15
当前设置：对正 = 上，比例 = 15.00，样式 =
STANDARD
指定起点或 [对正(J)/比例(S)/样式(ST)]：
_from 基点：<偏移>：@30,0↙
//使用"捕捉自"功能，先捕捉矩形左下角
点，再输入偏移数值
指定下一点： <正交 开> 2070↙
//打开"正交"，鼠标移至上方
指定下一点或 [放弃(U)]： 1040↙
//鼠标移至右侧
指定下一点或 [闭合(C)/放弃(U)]： 2070↙
//鼠标移至下侧
指定下一点或 [闭合(C)/放弃(U)]： ↙
```

③ 单击"绘图"工具栏中的"多段线"按钮 ，参照上一步骤的绘制方法，绘制门套的内边框。命令行提示如下：

命令：_pline
指定起点：_from 基点：<偏移>：@100,0✓
//使用"捕捉自"功能，先捕捉图中的A点，再输入偏移数值
当前线宽为 0.0000
指定下一个点或 [圆弧(A)/半宽(H)/长度(L)/放弃(U)/宽度(W)]：2000✓
指定下一点或 [圆弧(A)/闭合(C)/半宽(H)/长度(L)/放弃(U)/宽度(W)]：900✓
指定下一点或 [圆弧(A)/闭合(C)/半宽(H)/长度(L)/放弃(U)/宽度(W)]：2000✓
指定下一点或 [圆弧(A)/闭合(C)/半宽(H)/长度(L)/放弃(U)/宽度(W)]：✓

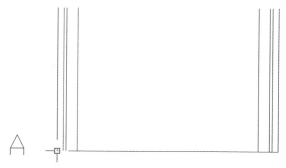

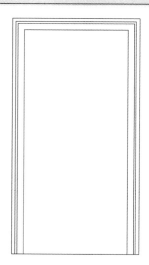

④ 单击"绘图"工具栏中的"矩形"工具按钮 ，参照上一步骤的绘制方法，绘制木门内部的装饰线条。命令行提示如下：

命令：_rectang
指定第一个角点或 [倒角(C)/标高(E)/圆角(F)/厚度(T)/宽度(W)]：_from 基点：<偏移>：@100,100✓
//使用"捕捉自"，捕捉门套内边框的左下角点B
指定另一个角点或 [面积(A)/尺寸(D)/旋转(R)]：@300,600✓
//输入矩形的大小

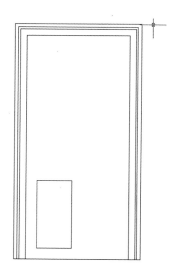

5 单击"修改"工具栏中的"偏移"按钮，将刚刚绘制的矩形向内依次偏移15mm和80mm。

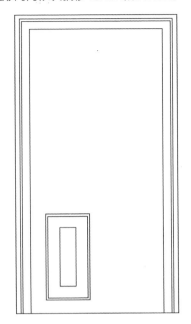

6 单击"绘图"工具栏中的"矩形"按钮，参照上一步骤的绘制方法，绘制木门中部的装饰线条。命令行提示如下：

    命令：_rectang
    指定第一个角点或 [倒角(C)/标高(E)/圆角(F)/厚度(T)/宽度(W)]：_from 基点：<偏移>：@0,100↙
    //使用"捕捉自"，捕捉图中的点C，输入偏移数值
    指定另一个角点或 [面积(A)/尺寸(D)/旋转(R)]：@300,200↙
    //输入矩形的大小

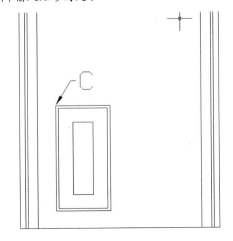

7 单击"修改"工具栏中的"偏移"按钮，将刚刚绘制的矩形向内偏移15mm。

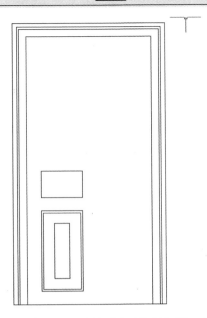

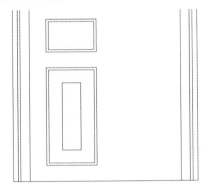

8 单击"绘图"工具栏中的"多段线"按钮，配合"对象捕捉"功能，绘制门上部的装饰线条。命令行提示如下：

    命令：_pline
    指定起点：_from 基点：<偏移>：@0,100↙
                    //利用"捕捉自"功能捕捉图中D点，输入偏移数值
    当前线宽为 0.0000
    指定下一个点或 [圆弧(A)/半宽(H)/长度(L)/放弃(U)/宽度(W)]：300↙
                    //向右绘制300
    指定下一点或 [圆弧(A)/闭合(C)/半宽(H)/长度(L)/放弃(U)/宽度(W)]：650↙
                    //向上绘制650
    指定下一点或 [圆弧(A)/闭合(C)/半宽(H)/长度(L)/放弃(U)/宽度(W)]：A↙

//改变多段线为圆弧

指定圆弧的端点或

[角度(A)/圆心(CE)/闭合(CL)/方向(D)/半宽(H)/直线(L)/半径(R)/第二个点(S)/放弃(U)/宽度(W)]：A✓

//使用角度方式

指定包含角：180✓

//输入角度值

指定圆弧的端点或 [圆心(CE)/半径(R)]：R✓

//使用半径方式

指定圆弧的半径：150✓

//输入圆弧半径

指定圆弧的弦方向 <90>：180✓

//输入圆弧弦方向角度

指定圆弧的端点或

[角度(A)/圆心(CE)/闭合(CL)/方向(D)/半宽(H)/直线(L)/半径(R)/第二个点(S)/放弃(U)/宽度(W)]：L✓

//改变多段线为直线

指定下一点或 [圆弧(A)/闭合(C)/半宽(H)/长度(L)/放弃(U)/宽度(W)]：C✓

//闭合多段线

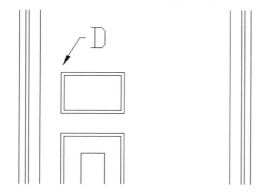

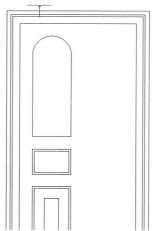

⑨ 单击"修改"工具栏中的"偏移"按钮，将刚刚绘制的多段线向内侧依次偏移15mm和80mm。

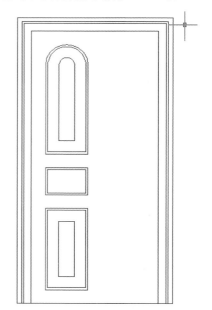

⑩ 打开"对象追踪"功能，单击工具栏中的"圆"按钮，以门框的上边中点和中间小方框右侧边的中点形成的追踪虚线交点为圆心，绘制一个直径为200mm的圆。命令行提示如下：

命令：_circle 指定圆的圆心或 [三点(3P)/两点(2P)/相切、相切、半径(T)]：

//捕捉圆心

指定圆的半径或 [直径(D)]：D✓

指定圆的直径：200 ✓   //输入圆直径

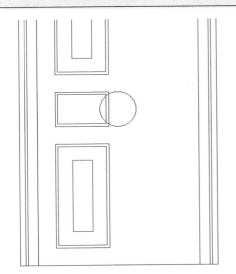

命令：_ellipse
指定椭圆的轴端点或 [圆弧(A)/中心点(C)]：
　　　　　　//捕捉圆的上面象限点
指定轴的另一个端点：
　　　　　　//捕捉圆心
指定另一条半轴长度或 [旋转(R)]：20↙
　　　　　　//输入半轴长度

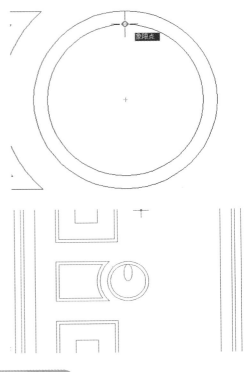

11 单击工具栏中的"偏移"按钮，将刚刚绘制的圆向内偏移15mm、向外偏移35mm和50mm。

12 单击"修改"工具栏中的"修剪"按钮，对中部的矩形和圆进行修剪。

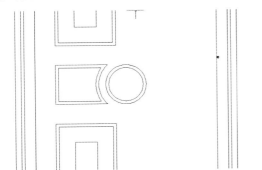

13 单击"绘图"工具栏中的"椭圆"按钮，以中间小圆的上面象限点与圆心为起点和端点，绘制一个椭圆。命令行提示如下：

提示

在使用"椭圆"命令时，椭圆上的前两个点确定第一条轴的位置和长度。第三个点确定椭圆的圆心与第二条轴的端点之间的距离。

14 使用"环形阵列"命令，将椭圆阵列8个。

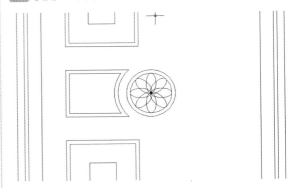

15 单击"修改"工具栏中的"修剪"按钮⊶，对阵
列的椭圆进行修剪。

16 单击"修改"工具栏中的"镜像"按钮⚠，将门
左侧的装饰图像镜像至右侧。

17 选择"绘图"→"圆环"命令，配合"捕捉自"
功能，绘制把手。命令行提示如下：

　　命令：_donut
　　指定圆环的内径 <0.5000>：20✓
　　指定圆环的外径 <1.0000>：30✓
　　指定圆环的中心点或 <退出>：_from 基点：<
偏移>：@50,15✓
　　　//利用"捕捉自"捕捉门套内边框左边中点
　　指定圆环的中心点或 <退出>：✓

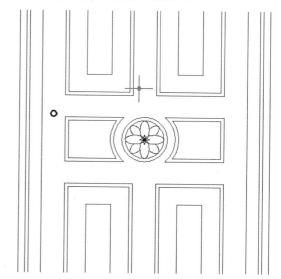

18 本例制作完成，保存文件。

实例 50 全自动洗衣机

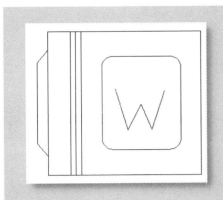

📹 **案例说明：** 本案例将通过对全自动洗衣机平面图的绘制来提高我们对偏移、矩形、圆角矩形等命令的熟练程度。

⊙ **学习要点：** "矩形"、"偏移"、"拉伸"和"修剪"等命令。

💿 **光盘文件：** 实例文件\实例50.dwg

📼 **视频教程：** 视频文件\实例50.avi

操作步骤

1 启动AutoCAD 2013中文版，新建空白文件，绘制一个620mm×600mm的矩形。命令行提示如下：

命令：_rectang

指定第一个角点或 [倒角(C)/标高(E)/圆角(F)/厚度(T)/宽度(W)]：

指定另一个角点或 [面积(A)/尺寸(D)/旋转(R)]：@620,600✓

2 将矩形分解，切换到"常用"选项卡，在"修改"面板中，单击"偏移"按钮△，将左边直线向右偏移复制3次，间距分别为90mm、22.5mm、22.5mm。

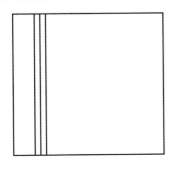

3 再次使用"偏移"命令，将左侧的直线向左偏移45mm。

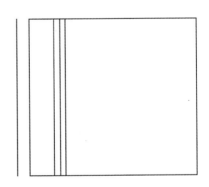

4 使用"直线"命令，绘制一条对角线。

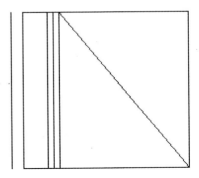

5 使用"矩形"命令，绘制一个长与宽分别为320mm和390mm、圆角半径为45mm的圆角矩形。

命令行提示如下：

    命令：_rectang
    指定第一个角点或 [倒角(C)/标高(E)/圆角
(F)/厚度(T)/宽度(W)]：F✓
    指定矩形的圆角半径 <0.0000>：45✓
    指定第一个角点或 [倒角(C)/标高(E)/圆角
(F)/厚度(T)/宽度(W)]：
    指定另一个角点或 [面积(A)/尺寸(D)/旋转
(R)]：
    指定另一个角点或 [面积(A)/尺寸(D)/旋转
(R)]：@320,390✓

🔟6 使用"直线"命令，在圆角矩形内部绘制一条
对角线。

🔟7 将圆角矩形用"移动"命令移到矩形中。

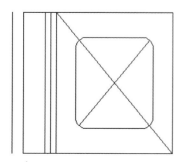

🔟8 删除辅助对角线，用"直线"命令绘制一个W形
图形。

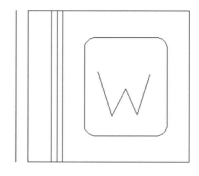

🔟9 使用LENGTHEN命令，缩短最左边直线。命令行
提示如下：

    命令：LENGTHEN
    选择对象或 [增量(DE)/百分数(P)/全部(T)/
动态(DY)]：
    当前长度：600.0000
    选择对象或 [增量(DE)/百分数(P)/全部(T)/
动态(DY)]：De✓
    输入长度增量或 [角度(A)] <0.0000>：
-130✓
    选择要修改的对象或 [放弃(U)]：
        //选择最左边直线端点
    选择要修改的对象或 [放弃(U)]：

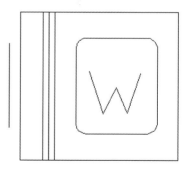

🔟🔟 从缩短后的直线端点绘制45度斜线，完成本例的
绘制。

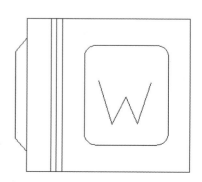

实例 51 会议桌椅

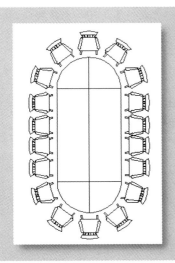

> 📽 **案例说明：** 本案例将通过对会议桌椅平面图的绘制来提高我们对圆角矩形、环形阵列、镜像等命令的熟练程度。
>
> ⚙ **学习要点：** 掌握"圆角"、"矩形"和"镜像"等命令的使用。
>
> 💿 **光盘文件：** 实例文件\实例51.dwg
>
> 📹 **视频教程：** 视频文件\实例51.avi

操作步骤

1 启动AutoCAD 2013中文版，新建空白文件，绘制一个1800mm×4500mm的圆角矩形，圆角半径设置为900。命令行提示如下：

```
命令：_rectang
    指定第一个角点或  [倒角(C)/标高(E)/圆角
(F)/厚度(T)/宽度(W)]：F↙
    指定矩形的圆角半径 <0.0000>：900↙
    指定第一个角点或  [倒角(C)/标高(E)/圆角
(F)/厚度(T)/宽度(W)]：
    指定另一个角点或  [面积(A)/尺寸(D)/旋转
(R)]：@1800,4500↙
```

2 使用"直线"命令，分别捕捉两个半圆的端点，绘制两条水平直线。

3 再次使用"直线"命令，捕捉两个半圆的上、下象限点，绘制一条垂直直线。

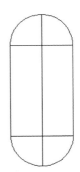

4 单击"设计中心"按钮▦，弹出"设计中心"对话框。

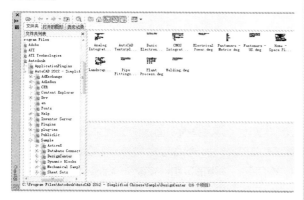

5 在"设计中心"中选择合适的椅子图例，并拖到绘图区域中。

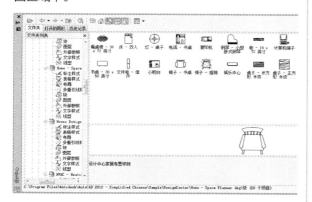

6 使用"移动"命令，将椅子图例移到会议室的正上方。

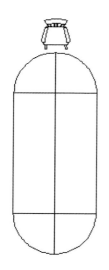

7 使用"环形阵列"命令，将椅子进行环形复制。命令行提示如下：

命令：_arraypolar
选择对象：找到 1 个
选择对象：
类型 = 极轴　关联 = 是
指定阵列的中心点或 [基点(B)/旋转轴(A)]：
输入项目数或 [项目间角度(A)/表达式(E)]
<4>：3✓
指定填充角度(+=逆时针、-=顺时针)或 [表达式(EX)] <360>：75✓
按 Enter 键接受或 [关联(AS)/基点(B)/项目(I)/项目间角度(A)/填充角度(F)/行(ROW)/层(L)/旋转项目(ROT)/退出(X)]✓

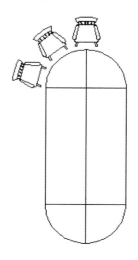

8 将最上端的椅子复制一份，将其旋转90°后移动到会议桌的左侧，并向下间隔650mm复制出另一张椅子。

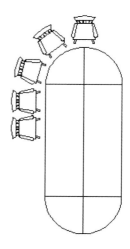

9 最后再分别沿水平中线和垂直中线分两次镜像，即可得到完整的大会议桌图例。

实例 52　单人沙发

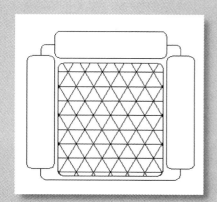

■ **案例说明**：本案例将通过对单人沙发平面图的绘制来提高我们对圆角矩形、图案填充、修剪等命令的熟练程度。

■ **学习要点**：掌握"圆角"、"矩形"、"修剪"和"图案填充"等命令的使用。

■ **光盘文件**：实例文件\实例52.dwg

■ **视频教程**：视频文件\实例52.avi

操作步骤

1 启动AutoCAD 2013中文版，新建空白文件，绘制一个600mm×600mm的圆角矩形，圆角半径设置为25。命令行提示如下：

```
命令：_rectang
指定第一个角点或  [倒角(C)/标高(E)/圆角
(F)/厚度(T)/宽度(W)]：F↙
指定矩形的圆角半径 <0.0000>:25↙
指定第一个角点或  [倒角(C)/标高(E)/圆角
(F)/厚度(T)/宽度(W)]：
指定另一个角点或  [面积(A)/尺寸(D)/旋转
(R)]：@600,600↙
```

🔒 提示

使用"矩形"命令时，在各提示选项下，可绘制出不同效果的矩形。

2 重复使用"矩形"命令，设置圆角半径为25，绘制一个尺寸为480mm×120mm的圆角矩形，并将其移至合适位置。命令行提示如下：

```
命令：_rectang
指定第一个角点或  [倒角(C)/标高(E)/圆角
(F)/厚度(T)/宽度(W)]：F↙
指定矩形的圆角半径 <0.0000>:25↙
指定第一个角点或  [倒角(C)/标高(E)/圆角
(F)/厚度(T)/宽度(W)]：
指定另一个角点或  [面积(A)/尺寸(D)/旋转
(R)]：@480,120↙
```

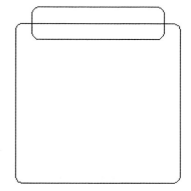

3 重复使用"矩形"命令，设置圆角半径为25，绘制两个尺寸为120mm×500mm的圆角矩形，并将其移至合适位置。

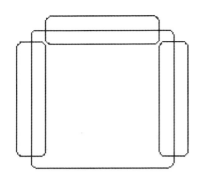

![提示]

> 在使用"移动"命令时，要将图形中的圆角矩形移动到中间，可以按住Ctrl+鼠标右键选择两点之间的中点，然后矩形上分别选择两侧边的中点，系统会自动捕捉到矩形中点，再移动图形，保证图形的精确性。

4 再次使用"矩形"命令，设置圆角半径为25mm，绘制一个尺寸为450mm×500mm的圆角矩形，并将其移至合适位置。命令行提示如下：

```
命令：_rectang
指定第一个角点或  [倒角(C)/标高(E)/圆角(F)/厚度(T)/宽度(W)]：
指定另一个角点或  [面积(A)/尺寸(D)/旋转(R)]：d
指定矩形的长度 <120.0000>：450
指定矩形的宽度 <500.0000>：500
指定另一个角点或  [面积(A)/尺寸(D)/旋转(R)]：D：
```

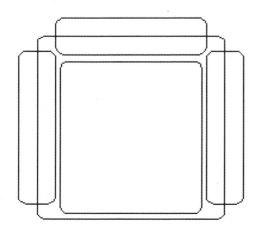

5 使用"修剪"命令，对图形进行修剪操作。

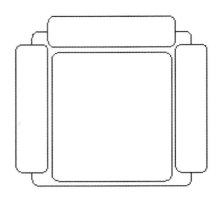

6 切换到"常用"选项卡，在"绘图"面板中，单击"图案填充"按钮 ⊞，选择合适的图案和比例，对图形进行图案填充。

7 单击"确定"按钮，填充坐垫，将文件保存。

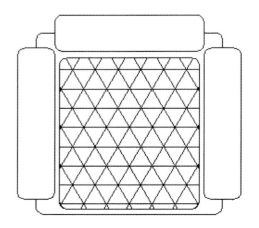

铝合金窗

案例说明：本案例将通过对铝合金窗平面图的绘制来提高我们对多线、修剪、复制、分解等命令的熟练程度。

学习要点：掌握"矩形"、"修剪"、"多线"和"分解"等命令的使用方法。

光盘文件：实例文件\实例53.dwg

视频教程：视频文件\实例53.avi

操作步骤

1️⃣ 启动AutoCAD 2013中文版，新建空白文件，绘制一个2000mm×1900mm的矩形。命令行提示如下：

```
命令：_rectang
指定第一个角点或 [倒角(C)/标高(E)/圆角(F)/厚度(T)/宽度(W)]：
指定另一个角点或 [面积(A)/尺寸(D)/旋转(R)]：@2000,1900↙
```

2️⃣ 使用"偏移"命令，将矩形向内偏移80mm。

3️⃣ 使用"多线"命令，绘制一条水平多线。命令行提示如下：

```
命令：_mline
当前设置：对正 = 上，比例 = 80.00，样式 = STANDARD
指定起点或 [对正(J)/比例(S)/样式(ST)]：S↙
输入多线比例 <80.00>：80↙
当前设置：对正 = 上，比例 = 80.00，样式 = STANDARD
指定起点或 [对正(J)/比例(S)/样式(ST)]：_from 基点：
    //单击"对象捕捉"工具栏中的"捕捉自"
按钮，在绘图区域中捕捉里面矩形的左上角点
    <偏移>：@0,-450↙
指定下一点：@1840,0
指定下一点或 [放弃(U)]：
```

4 再次使用"多线"命令，绘制一条垂直多线。命令行提示如下：

命令：_mline

当前设置：对正 = 上，比例 = 80.00，样式 = STANDARD

指定起点或 [对正(J)/比例(S)/样式(ST)]：j↙

输入对正类型 [上(T)/无(Z)/下(B)] <上>：z↙

当前设置：对正 = 无，比例 = 80.00，样式 = STANDARD

指定起点或 [对正(J)/比例(S)/样式(ST)]：

//捕捉内矩形的上边中点

指定下一点：

//捕捉内矩形的下边中点

指定下一点或 [放弃(U)]：

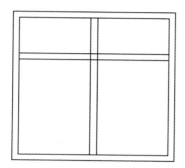

5 使用"复制"命令，将刚绘制的垂直多线向左、右进行复制。命令提示行如下：

命令：_copy 找到 1 个

当前设置： 复制模式 = 多个

指定基点或 [位移(D)/模式(O)] <位移>：

//选择垂直多线左侧的角点

指定第二个点或 [阵列(A)] <使用第一个点作为位移>：@440,0↙

指定第二个点或 [阵列(A)/退出(E)/放弃(U)] <退出>：@-440,0↙

指定第二个点或 [阵列(A)/退出(E)/放弃(U)] <退出>：↙

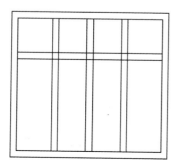

6 使用"修改"→"对象"→"多线"命令，在弹出的"多线编辑工具"对话框中，选择"十字闭合"按钮，依次对相交的多线进行编辑。

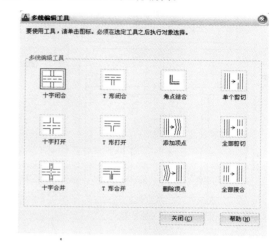

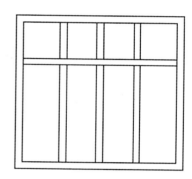

7 使用"分解"命令，将垂直多线分解，删除多余的线条，将文件保存。

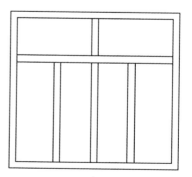

> **提示**
>
> 在使用"修剪"命令对"多线"图形进行修剪时，首先要使用"分解"命令对整体的多线进行分解，然后再逐一对其进行修剪。

实例 54　衣柜

📽 案例说明：本案例将通过对衣柜平面图的绘制来提高我们对矩
形、偏移、镜像、拉伸、分解等命令的熟练程度。

✍ 学习要点：掌握"矩形"、"修剪"、"直线"和"分解"等命
令的使用方法。

💿 光盘文件：实例文件\实例54.dwg

📹 视频教程：视频文件\实例54.avi

操作步骤

1 启动AutoCAD 2013中文版，新建空白文件，绘
制一个160mm×220mm的矩形。命令行提示如下：

命令：_rectang

指定第一个角点或　[倒角(C)/标高(E)/圆角
(F)/厚度(T)/宽度(W)]：

指定另一个角点或　[面积(A)/尺寸(D)/旋转
(R)]：@160,220↙

2 使用"分解"命令，将矩形分解，使用"偏移"
命令，将矩形上边框线向上偏移5mm，向下依次偏移
155mm、5mm。

3 将左、右边框线向中偏移78mm，并修剪图形。

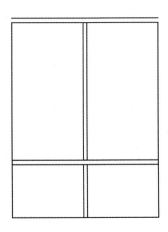

4 使用"修改"→"拉伸"命令，将第一、二条水平线的两端向外拉伸5mm，并连接两直线的端点。

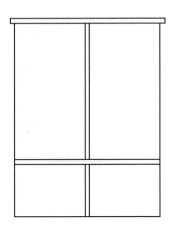

5 使用"矩形"命令，绘制一个60mm×140mm的矩形，将矩形移至合适位置。

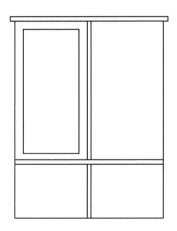

6 使用"圆"命令，绘制一个直径为8mm的圆。

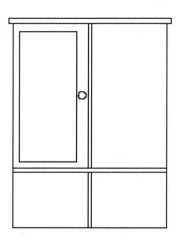

7 选中绘制的矩形和圆，使用"镜像"命令，以衣柜的中点为镜像轴进行镜像。

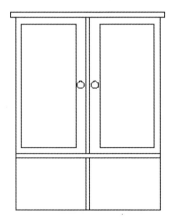

8 使用"偏移"命令，将底边向上偏移5mm、20mm和40mm。

9 使用"矩形"命令、"复制"命令和"镜像"命令绘制抽屉拉手，将文件保存。

08章 建筑工程图实例

- 两室一厅平面图
- 绘制建筑立面图

实例 55 两室一厅平面图

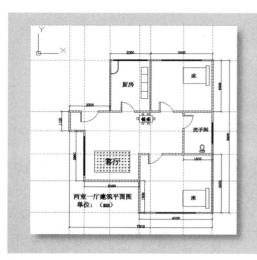

📽 **案例说明**：本例将学习使用绘制两室一厅建筑平面图。

🖊 **学习要点**：掌握使用"多线"命令和"偏移"命令绘制
建筑外墙轮廓。

💿 **光盘文件**：实例文件\实例55.dwg

📼 **视频教程**：视频文件\实例55.avi

操作步骤

1 启动AutoCAD 2013中文版，单击"快速访问
工具栏"中的"新建"按钮 📄，弹出"选择样板"
对话框。

2 在对话框中"名称"列表框中选择"acad.dwt"
样板文件，然后单击"打开"按钮，新建图形文件。

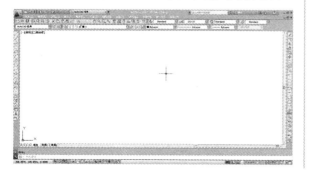

3 切换到工具栏中的"格式"选项卡，单击"图层"按
钮 📑，弹出"图层特性管理器"对话框。

4 单击"新建图层"按钮 🗐 或按【Alt+N】组合键，
列表框内增加一个新的图层，自动被命名为"图层1"
并处于亮显状态。

5 在"名称"栏中输入"轮廓线",然后按【Enter】键,将图层进行重新命名。

6 单击"线宽"列表,弹出"线宽"对话框,从列表框中选择"0.20mm",单击"确定"按钮关闭对话框。

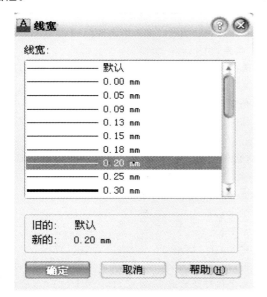

7 设置"颜色"为"白"。

8 单击"新建"按钮,新建一个名为"构造线"的图层。

9 单击"线型"列表中的"Continuous"英文,弹出"线型"列表框,可以看到,在列表框中仅有"Continuous"(实线)线型。

10 单击"加载"按钮,选择"DASHEDX2"线型。

11 设置"颜色"为"洋红"。

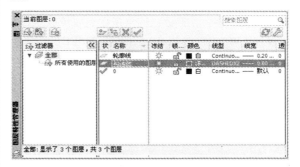

12 单击"新建"按钮，新建一个名为"绘制家具"的图层。

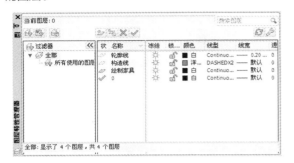

13 设置颜色、线型和线宽都为默认。

14 关闭"图层特性管理器"对话框，将"构造线"图层设为当前图层。

15 切换到工具栏中的"绘图"选项卡，单击"多线"按钮，在图形区分别绘制一条水平和垂直的"构造线"。命令行提示如下：

命令：_xline
指定点或 [水平(H)/垂直(V)/角度(A)/二等分(B)/偏移(O)]：
指定通过点：
指定通过点：
指定通过点：

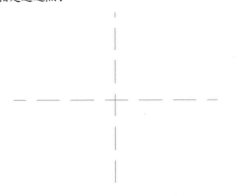

16 切换到工具栏中的"修改"选项卡，单击"偏移"按钮，将垂直的一条构造线依次从左至右偏移距离为800、2200、3800、4400、6200、7800（单位：mm）。再将水平的一条构造线从上到下依次偏移距离为1100、2900、5300、6800和8600（单位：mm）。命令行提示如下：

指定要偏移的那一侧上的点，或 [退出(E)/多个(M)/放弃(U)] <退出>：
选择要偏移的对象，或 [退出(E)/放弃(U)] <

退出>：
命令：_offset
当前设置：删除源=否 图层=源 OFFSETGAPTYPE=0
指定偏移距离或 [通过(T)/删除(E)/图层(L)] <2900.0000>：5300
选择要偏移的对象，或 [退出(E)/放弃(U)] <退出>：
指定要偏移的那一侧上的点，或 [退出(E)/多个(M)/放弃(U)] <退出>：
选择要偏移的对象，或 [退出(E)/放弃(U)] <退出>：
命令：OFFSET
当前设置：删除源=否 图层=源 OFFSETGAPTYPE=0
指定偏移距离或 [通过(T)/删除(E)/图层(L)] <5300.0000>：6800
选择要偏移的对象，或 [退出(E)/放弃(U)] <退出>：
指定要偏移的那一侧上的点，或 [退出(E)/多个(M)/放弃(U)] <退出>：
选择要偏移的对象，或 [退出(E)/放弃(U)] <退出>：
命令：'_zoom
指定窗口的角点，输入比例因子 (nX 或 nXP)，或者
[全部(A)/中心(C)/动态(D)/范围(E)/上一个(P)/比例(S)/窗口(W)/对象(O)] <实时>：.5x
正在重生成模型。
命令：
命令：
命令：_offset
当前设置：删除源=否 图层=源 OFFSETGAPTYPE=0
指定偏移距离或 [通过(T)/删除(E)/图层(L)] <6800.0000>：8600
选择要偏移的对象，或 [退出(E)/放弃(U)] <退出>：
指定要偏移的那一侧上的点，或 [退出(E)/多个(M)/放弃(U)] <退出>：
选择要偏移的对象，或 [退出(E)/放弃(U)] <退出>：
命令：_mlstyle
命令：_mlstyle
命令：
命令：
命令：_line
指定第一个点：*取消*

命令：

命令：_mline

当前设置：对正 = 上，比例 = 20.00，样式 = 墙

指定起点或 [对正(J)/比例(S)/样式(ST)]： j

输入对正类型 [上(T)/无(Z)/下(B)] <上>： z

当前设置：对正 = 无，比例 = 20.00，样式 = 墙

指定起点或 [对正(J)/比例(S)/样式(ST)]：

指定下一点：

指定下一点或 [放弃(U)]： 2900

指定下一点或 [闭合(C)/放弃(U)]： 5600

指定下一点或 [闭合(C)/放弃(U)]： *取消*

命令： 指定对角点或 [栏选(F)/圈围(WP)/圈交(CP)]：

命令：_u INTELLIZOOM INTELLIZOOM

命令：_u MLINE GROUP

命令：

命令：

命令：_offset

当前设置:删除源=否 图层=源 OFFSETGAPTYPE=0

指定偏移距离或 [通过(T)/删除(E)/图层(L)] <8600.0000>： 1100

选择要偏移的对象，或 [退出(E)/放弃(U)] <退出>：

指定要偏移的那一侧上的点，或 [退出(E)/多个(M)/放弃(U)] <退出>：

选择要偏移的对象，或 [退出(E)/放弃(U)] <退出>：

命令：_dimlinear

指定第一个尺寸界线原点或 <选择对象>：

指定第二条尺寸界线原点：

指定尺寸线位置或

[多行文字(M)/文字(T)/角度(A)/水平(H)/垂直(V)/旋转(R)]： *取消*

命令：

命令：_.erase 找到 1 个

命令：

命令：

命令：_mline

当前设置：对正 = 上，比例 = 20.00，样式 = 墙

指定起点或 [对正(J)/比例(S)/样式(ST)]：

指定下一点：

自动保存到 C:\Documents and Settings\Administrator\local settings\temp\Drawing1_1_1_4069.sv$ ...

命令：_mline

当前设置：对正 = 上，比例 = 20.00，样式 = 墙

指定起点或 [对正(J)/比例(S)/样式(ST)]： j

输入对正类型 [上(T)/无(Z)/下(B)] <上>： z

当前设置：对正 = 无，比例 = 20.00，样式 = 墙

指定起点或 [对正(J)/比例(S)/样式(ST)]：

指定下一点： 2200

指定下一点或 [放弃(U)]： 2900

指定下一点或 [闭合(C)/放弃(U)]： *取消*

命令：_.erase 找到 10 个

命令：_.erase 找到 3 个

命令：

命令：

命令：_xline

指定点或 [水平(H)/垂直(V)/角度(A)/二等分(B)/偏移(O)]： *取消*

命令：

命令：_.erase 找到 1 个

命令：_xline

指定点或 [水平(H)/垂直(V)/角度(A)/二等分(B)/偏移(O)]：

指定通过点：

指定通过点：

指定通过点：

命令：_offset

当前设置:删除源=否 图层=源 OFFSETGAPTYPE=0

指定偏移距离或 [通过(T)/删除(E)/图层(L)] <1100.0000>： 800

选择要偏移的对象，或 [退出(E)/放弃(U)] <退出>：

指定要偏移的那一侧上的点，或 [退出(E)/多个(M)/放弃(U)] <退出>：

选择要偏移的对象，或 [退出(E)/放弃(U)] <退出>：

命令：

命令：

命令：_offset

当前设置:删除源=否 图层=源 OFFSETGAPTYPE=0

指定偏移距离或 [通过(T)/删除(E)/图层(L)] <800.0000>： 2200

选择要偏移的对象，或 [退出(E)/放弃(U)] <退出>：

指定要偏移的那一侧上的点，或 [退出(E)/多个(M)/放弃(U)] <退出>：

选择要偏移的对象，或 [退出(E)/放弃(U)] <退出>： 3800

选择要偏移的对象，或 [退出(E)/放弃(U)] <
退出>：

指定要偏移的那一侧上的点，或 [退出(E)/多个
(M)/放弃(U)] <退出>：

选择要偏移的对象，或 [退出(E)/放弃(U)] <
退出>： *取消*

命令：

命令：

命令：_offset

当前设置:删除源=否 图层=源 OFFSETGAPTYPE=0

指定偏移距离或 [通过(T)/删除(E)/图层(L)]
<2200.0000>： 3800

选择要偏移的对象，或 [退出(E)/放弃(U)] <
退出>：

指定要偏移的那一侧上的点，或 [退出(E)/多个
(M)/放弃(U)] <退出>：

选择要偏移的对象，或 [退出(E)/放弃(U)] <
退出>：

命令：

命令：

命令：_offset

当前设置:删除源=否 图层=源 OFFSETGAPTYPE=0

指定偏移距离或 [通过(T)/删除(E)/图层(L)]
<3800.0000>： 4400

选择要偏移的对象，或 [退出(E)/放弃(U)] <
退出>：

指定要偏移的那一侧上的点，或 [退出(E)/多个
(M)/放弃(U)] <退出>：

选择要偏移的对象，或 [退出(E)/放弃(U)] <
退出>：

命令：

命令：

命令：_offset

当前设置:删除源=否 图层=源 OFFSETGAPTYPE=0

指定偏移距离或 [通过(T)/删除(E)/图层(L)]
<4400.0000>： 6200

选择要偏移的对象，或 [退出(E)/放弃(U)] <
退出>：

指定要偏移的那一侧上的点，或 [退出(E)/多个
(M)/放弃(U)] <退出>：

选择要偏移的对象，或 [退出(E)/放弃(U)] <
退出>：

命令：_offset

当前设置:删除源=否 图层=源 OFFSETGAPTYPE=0

指定偏移距离或 [通过(T)/删除(E)/图层(L)]

<6200.0000>： 7800

选择要偏移的对象，或 [退出(E)/放弃(U)] <
退出>：

指定要偏移的那一侧上的点，或 [退出(E)/多个
(M)/放弃(U)] <退出>：

选择要偏移的对象，或 [退出(E)/放弃(U)] <
退出>：

命令：

命令：

命令：_offset

当前设置:删除源=否 图层=源 OFFSETGAPTYPE=0

指定偏移距离或 [通过(T)/删除(E)/图层(L)]
<7800.0000>： 1100

选择要偏移的对象，或 [退出(E)/放弃(U)] <
退出>：

指定要偏移的那一侧上的点，或 [退出(E)/多个
(M)/放弃(U)] <退出>：

选择要偏移的对象，或 [退出(E)/放弃(U)] <
退出>：

命令：_offset

当前设置:删除源=否 图层=源 OFFSETGAPTYPE=0

指定偏移距离或 [通过(T)/删除(E)/图层(L)]
<1100.0000>： 2900

选择要偏移的对象，或 [退出(E)/放弃(U)] <
退出>：

指定要偏移的那一侧上的点，或 [退出(E)/多个
(M)/放弃(U)] <退出>：

选择要偏移的对象，或 [退出(E)/放弃(U)] <
退出>：

命令：

命令：

命令：_offset

当前设置:删除源=否 图层=源 OFFSETGAPTYPE=0

指定偏移距离或 [通过(T)/删除(E)/图层(L)]
<2900.0000>： 5300

选择要偏移的对象，或 [退出(E)/放弃(U)] <
退出>：

指定要偏移的那一侧上的点，或 [退出(E)/多个
(M)/放弃(U)] <退出>：

选择要偏移的对象，或 [退出(E)/放弃(U)] <
退出>：

命令：

命令：

命令：_offset

当前设置:删除源=否 图层=源 OFFSETGAPTYPE=0

指定偏移距离或　[通过(T)/删除(E)/图层(L)]
<5300.0000>：　6800
　　选择要偏移的对象，或　[退出(E)/放弃(U)]　<
退出>：
　　指定要偏移的那一侧上的点，或　[退出(E)/多个
(M)/放弃(U)]　<退出>：
　　选择要偏移的对象，或　[退出(E)/放弃(U)]　<
退出>：
　　命令：_offset
　　当前设置：删除源=否　图层=源　OFFSETGAPTYPE=0
　　指定偏移距离或　[通过(T)/删除(E)/图层(L)]
<6800.0000>：　8600
　　选择要偏移的对象，或　[退出(E)/放弃(U)]　<
退出>：
　　指定要偏移的那一侧上的点，或　[退出(E)/多个
(M)/放弃(U)]　<退出>：
　　选择要偏移的对象，或　[退出(E)/放弃(U)]　<
退出>：
　　命令：_mline
　　当前设置：对正 = 无，比例 = 20.00，样式 = 墙
　　指定起点或 [对正(J)/比例(S)/样式(ST)]：　j
　　输入对正类型 [上(T)/无(Z)/下(B)] <无>：　z
　　当前设置：对正 = 无，比例 = 20.00，样式 = 墙
　　指定起点或 [对正(J)/比例(S)/样式(ST)]：
　　指定下一点：
　　命令：
　　命令：
　　命令：_open
　　命令：
　　命令：　指定对角点或　[栏选(F)/圈围(WP)/圈
交(CP)]：
　　命令：_.erase 找到 10 个
　　命令：
　　命令：
　　命令：_.erase 找到 2 个
　　命令：_offset
　　当前设置：删除源=否　图层=源　OFFSETGAPTYPE=0
　　指定偏移距离或　[通过(T)/删除(E)/图层(L)]
<8600.0000>：　指定第二点：
　　选择要偏移的对象，或　[退出(E)/放弃(U)]　<
退出>：　*取消*
　　自动保存到 C:\Documents and Settings\
Administrator\local settings\temp\
Drawing1_1_1_4069.sv$ ...
　　命令：

　　命令：　指定对角点或　[栏选(F)/圈围(WP)/圈
交(CP)]：
　　命令：　指定对角点或　[栏选(F)/圈围(WP)/圈
交(CP)]：
　　命令：
　　命令：
　　命令：_offset
　　当前设置：删除源=否　图层=源　OFFSETGAPTYPE=0
　　指定偏移距离或　[通过(T)/删除(E)/图层(L)]
<1325.9782>：　*取消*
　　命令：_.erase 找到 2 个
　　命令：_xline
　　指定点或　[水平(H)/垂直(V)/角度(A)/二等分
(B)/偏移(O)]：
　　指定通过点：
　　指定通过点：
　　指定通过点：
　　命令：_offset
　　当前设置：删除源=否　图层=源　OFFSETGAPTYPE=0
　　指定偏移距离或　[通过(T)/删除(E)/图层(L)]
<1325.9782>：　800
　　选择要偏移的对象，或　[退出(E)/放弃(U)]　<
退出>：
　　指定要偏移的那一侧上的点，或　[退出(E)/多个
(M)/放弃(U)]　<退出>：
　　选择要偏移的对象，或　[退出(E)/放弃(U)]　<
退出>：
　　命令：_offset
　　当前设置：删除源=否　图层=源　OFFSETGAPTYPE=0
　　指定偏移距离或　[通过(T)/删除(E)/图层(L)]
<800.0000>：　2200
　　选择要偏移的对象，或　[退出(E)/放弃(U)]　<
退出>：
　　指定要偏移的那一侧上的点，或　[退出(E)/多个
(M)/放弃(U)]　<退出>：
　　选择要偏移的对象，或　[退出(E)/放弃(U)]　<
退出>：
　　命令：
　　命令：
　　命令：_offset
　　当前设置：删除源=否　图层=源　OFFSETGAPTYPE=0
　　指定偏移距离或　[通过(T)/删除(E)/图层(L)]
<2200.0000>：　3800
　　选择要偏移的对象，或　[退出(E)/放弃(U)]　<
退出>：

指定要偏移的那一侧上的点，或 [退出(E)/多个(M)/放弃(U)] <退出>：

选择要偏移的对象，或 [退出(E)/放弃(U)] <退出>：

命令：_offset

当前设置:删除源=否 图层=源 OFFSETGAPTYPE=0

指定偏移距离或 [通过(T)/删除(E)/图层(L)] <3800.0000>： 4400

选择要偏移的对象，或 [退出(E)/放弃(U)] <退出>：

指定要偏移的那一侧上的点，或 [退出(E)/多个(M)/放弃(U)] <退出>：

选择要偏移的对象，或 [退出(E)/放弃(U)] <退出>：

命令：

命令：

命令：_offset

当前设置:删除源=否 图层=源 OFFSETGAPTYPE=0

指定偏移距离或 [通过(T)/删除(E)/图层(L)] <4400.0000>： 6200

选择要偏移的对象，或 [退出(E)/放弃(U)] <退出>：

指定要偏移的那一侧上的点，或 [退出(E)/多个(M)/放弃(U)] <退出>：

选择要偏移的对象，或 [退出(E)/放弃(U)] <退出>：

命令：

命令：

命令：_offset

当前设置:删除源=否 图层=源 OFFSETGAPTYPE=0

指定偏移距离或 [通过(T)/删除(E)/图层(L)] <6200.0000>： 7800

选择要偏移的对象，或 [退出(E)/放弃(U)] <退出>：

指定要偏移的那一侧上的点，或 [退出(E)/多个(M)/放弃(U)] <退出>：

选择要偏移的对象，或 [退出(E)/放弃(U)] <退出>：

命令：

命令：

命令：_offset

当 前 设 置： 删 除 源 = 否 图 层 = 源 OFFSETGAPTYPE=0

指定偏移距离或 [通过(T)/删除(E)/图层(L)]

<7800.0000>： 2900

选择要偏移的对象，或 [退出(E)/放弃(U)] <退出>：

指定要偏移的那一侧上的点，或 [退出(E)/多个(M)/放弃(U)] <退出>：

选择要偏移的对象，或 [退出(E)/放弃(U)] <退出>：

命令：

命令：

命令：_offset

当前设置:删除源=否 图层=源 OFFSETGAPTYPE=0

指定偏移距离或 [通过(T)/删除(E)/图层(L)] <2900.0000>： 400

选择要偏移的对象，或 [退出(E)/放弃(U)] <退出>：

指定要偏移的那一侧上的点，或 [退出(E)/多个(M)/放弃(U)] <退出>：

选择要偏移的对象，或 [退出(E)/放弃(U)] <退出>：

命令：_u 偏移 GROUP

命令：

命令：

命令：_offset

当前设置:删除源=否 图层=源 OFFSETGAPTYPE=0

指定偏移距离或 [通过(T)/删除(E)/图层(L)] <2900.0000>： 4000

选择要偏移的对象，或 [退出(E)/放弃(U)] <退出>：

指定要偏移的那一侧上的点，或 [退出(E)/多个(M)/放弃(U)] <退出>：

选择要偏移的对象，或 [退出(E)/放弃(U)] <退出>：

命令：

命令：

命令：_offset

当前设置:删除源=否 图层=源 OFFSETGAPTYPE=0

指定偏移距离或 [通过(T)/删除(E)/图层(L)] <4000.0000>： 5300

选择要偏移的对象，或 [退出(E)/放弃(U)] <退出>：

指定要偏移的那一侧上的点，或 [退出(E)/多个(M)/放弃(U)] <退出>：

选择要偏移的对象，或 [退出(E)/放弃(U)] <退出>：

命令:
命令:
命令: _offset
当前设置:删除源=否 图层=源 OFFSETGAPTYPE=0
指定偏移距离或 [通过(T)/删除(E)/图层(L)]
<5300.0000>: 6800
选择要偏移的对象,或 [退出(E)/放弃(U)] <
退出>:
指定要偏移的那一侧上的点,或 [退出(E)/多个
(M)/放弃(U)] <退出>:
选择要偏移的对象,或 [退出(E)/放弃(U)] <
退出>:
命令:
命令:
命令: _offset
当前设置:删除源=否 图层=源 OFFSETGAPTYPE=0
指定偏移距离或 [通过(T)/删除(E)/图层(L)]
<6800.0000>: 8600
选择要偏移的对象,或 [退出(E)/放弃(U)] <
退出>:
指定要偏移的那一侧上的点,或 [退出(E)/多个
(M)/放弃(U)] <退出>:
选择要偏移的对象,或 [退出(E)/放弃(U)] <
退出>:

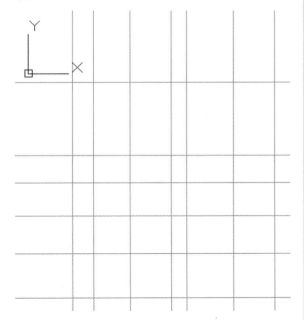

17 切换到工具栏中的"格式"选项卡,单击"多线样式"按钮 多线样式(M)。

18 单击"新建"按钮,弹出"创建新的多线样式"对话框,在"新样式名"文本框内输入"墙"。

19 单击"继续"按钮,弹出"新建多线样式墙"对话框,设置相应的参数如下图,单击"确定"按钮。

20 单击"新建"按钮,弹出"创建新的多线样式"对话框,在"新样式名"文本框内输入"窗户"。

21 单击"继续"按钮,弹出"新建多线样式窗户"对话框,设置相应的参数如下图,单击"确定"按钮。

22 将"多线样式墙"置为当前,单击"确定"按钮。

23 切换到工具栏中的"绘图"选项卡,单击"多线"按钮 多线(U),绘制建筑墙外轮廓。命令行提示如下:

```
命令: _mline
当前设置: 对正 = 无, 比例 = 20.00, 样式 = 墙
命令:
命令: _mlstyle
命令: _mline
当前设置: 对正 = 无, 比例 = 20.00, 样式 = 墙
指定起点或 [对正(J)/比例(S)/样式(ST)]:
指定下一点:  2200
指定下一点或 [放弃(U)]:  2900
指定下一点或 [闭合(C)/放弃(U)]:  5600
指定下一点或 [闭合(C)/放弃(U)]:  8600
指定下一点或 [闭合(C)/放弃(U)]:  _u
指定下一点或 [闭合(C)/放弃(U)]:  _u
指定下一点或 [闭合(C)/放弃(U)]:  _u
指定下一点或 [放弃(U)]:  _u
指定下一点:  _u
指定下一点:  _u
指定下一点:
命令:
命令:
命令: _mlstyle
命令:
命令:
命令: _mline
当前设置: 对正 = 无, 比例 = 20.00, 样式 = 墙
指定起点或 [对正(J)/比例(S)/样式(ST)]:
指定下一点:
命令: _mlstyle
```

```
命令: _mline
当前设置: 对正 = 无, 比例 = 20.00, 样式 = 墙
指定起点或 [对正(J)/比例(S)/样式(ST)]:
指定下一点:
命令: _mline
当前设置: 对正 = 无, 比例 = 20.00, 样式 = 墙
指定起点或 [对正(J)/比例(S)/样式(ST)]:
*取消*
命令:
命令: _.erase 找到 1 个
命令: _mline
当前设置: 对正 = 无, 比例 = 20.00, 样式 = 墙
指定起点或 [对正(J)/比例(S)/样式(ST)]:
命令:  MLINE
当前设置: 对正 = 无, 比例 = 20.00, 样式 = 墙
指定起点或 [对正(J)/比例(S)/样式(ST)]:
指定下一点:  2200
指定下一点或 [放弃(U)]:  2900
指定下一点或 [闭合(C)/放弃(U)]:  5600
指定下一点或 [闭合(C)/放弃(U)]:  8600
指定下一点或 [闭合(C)/放弃(U)]:  4000
指定下一点或 [闭合(C)/放弃(U)]:  1800
指定下一点或 [闭合(C)/放弃(U)]:  3000
指定下一点或 [闭合(C)/放弃(U)]:  2800
指定下一点或 [闭合(C)/放弃(U)]:  800
指定下一点或 [闭合(C)/放弃(U)]:  1100
```

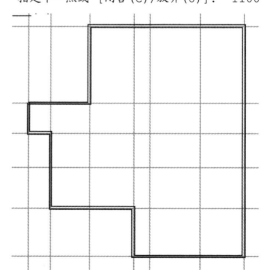

24 切换到工具栏中的"修改"选项组下的"对象"选项卡,单击"多线"按钮 多线(M)。弹出"多线编辑工具"对话框,选择"角点结合"选项,对墙的外轮廓、结合点进行修改。

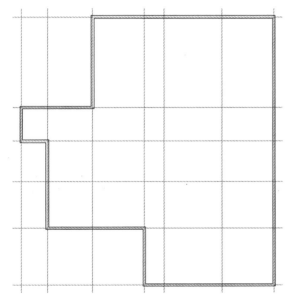

25 绘制内部墙结构。切换到工具栏中的"绘图"选项卡，单击"多线"按钮 多线(M)。命令行提示如下：

```
指定下一点或 [放弃(U)]:
命令: MLINE
当前设置:对正 = 无, 比例 = 20.00, 样式 = 墙
指定起点或 [对正(J)/比例(S)/样式(ST)]: j
输入对正类型 [上(T)/无(Z)/下(B)] <无>: z
当前设置:对正 = 无, 比例 = 20.00, 样式 = 墙
指定起点或 [对正(J)/比例(S)/样式(ST)]:
_from 基点: <偏移>: 2200
指定下一点:
指定下一点或 [放弃(U)]:
命令:
命令:
命令: _mline
当前设置:对正 = 无, 比例 = 20.00, 样式 = 墙
```

指定起点或 [对正(J)/比例(S)/样式(ST)]:
_from 基点: <偏移>: 2400

```
指定下一点:
命令:
命令:
命令: _mline
当前设置:对正 = 无, 比例 = 20.00, 样式 = 墙
指定起点或 [对正(J)/比例(S)/样式(ST)]: j
输入对正类型 [上(T)/无(Z)/下(B)] <无>: z
当前设置:对正 = 无, 比例 = 20.00, 样式 = 墙
指定起点或 [对正(J)/比例(S)/样式(ST)]:
_from 基点: <偏移>: 2400
指定下一点:
命令:
命令:
命令: _mline
当前设置:对正 = 无, 比例 = 20.00, 样式 = 墙
指定起点或 [对正(J)/比例(S)/样式(ST)]: j
输入对正类型 [上(T)/无(Z)/下(B)] <无>: z
当前设置:对正 = 无, 比例 = 20.00, 样式 = 墙
指定起点或 [对正(J)/比例(S)/样式(ST)]:
_from 基点: <偏移>: 2400
指定下一点:
指定下一点或 [放弃(U)]:
指定下一点或 [闭合(C)/放弃(U)]:
```

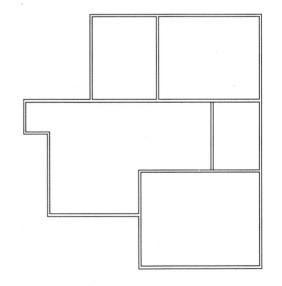

26 切换到工具栏中的"修改"选项组下的"对象"选项卡，单击"多线"按钮 多线(M)。弹出"多线编辑工具"对话框，选择"T形打开"或"单个剪切"选项，对墙的外轮廓、接合点进行修改。命令行提示如下：

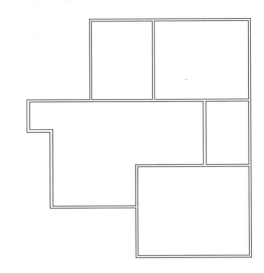

命令：_mledit

选择第一条多线：

选择第二条多线：

选择第一条多线 或 [放弃(U)]：

选择第二条多线：

选择第一条多线 或 [放弃(U)]：

选择第二条多线：

选择第一条多线 或 [放弃(U)]：

选择第二条多线：

选择第一条多线 或 [放弃(U)]：

选择第二条多线：

选择第一条多线 或 [放弃(U)]： _u

选择第一条多线：

命令： 指定对角点或 [栏选(F)/圈围(WP)/圈交(CP)]：

命令：

命令：

命令：_mledit

选择多线：

选择第二个点：

选择多线 或 [放弃(U)]：

选择第二个点：

选择多线 或 [放弃(U)]：

选择第二个点：

选择多线 或 [放弃(U)]：

选择第二个点：

选择多线 或 [放弃(U)]：

选择第二个点：

选择多线 或 [放弃(U)]：

选择第二个点：

选择多线 或 [放弃(U)]：

27 将"多线样式窗户"置为当前，单击"确定"按钮。

28 切换到工具栏中的"绘图"选项卡，单击"多线"按钮 ﹀ 多线(U)，绘制房子窗户结构。命令行提示如下：

命令：_mline

当前设置：对正 = 无，比例 = 20.00，样式 = 窗户

指定起点或 [对正(J)/比例(S)/样式(ST)]：_from 基点：<偏移>：200

指定下一点： 1800

指定下一点或 [放弃(U)]：

命令：

命令：

命令：_mline

当前设置：对正 = 无，比例 = 20.00，样式 = 窗户

指定起点或 [对正(J)/比例(S)/样式(ST)]：_from 基点：<偏移>：200

指定下一点： 2200

指定下一点或 [放弃(U)]： _u

指定下一点： _u

指定下一点：

命令：_mline

当前设置：对正 = 无，比例 = 20.00，样式 = 窗户

指定起点或 [对正(J)/比例(S)/样式(ST)]：_from 基点：<偏移>：600

指定下一点： .2200

指定下一点或 [放弃(U)]： *取消*

命令: _mline

当前设置: 对正 = 无, 比例 = 20.00, 样式 = 窗户

指定起点或 [对正(J)/比例(S)/样式(ST)]:
取消

命令: _.erase 找到 1 个

命令: _mline

当前设置: 对正 = 无, 比例 = 20.00, 样式 = 窗户

指定起点或 [对正(J)/比例(S)/样式(ST)]:

指定下一点:

命令: _mline

当前设置: 对正 = 无, 比例 = 20.00, 样式 = 窗户

指定起点或 [对正(J)/比例(S)/样式(ST)]:
_from 基点: <偏移>: 600

指定下一点: 2200

指定下一点或 [放弃(U)]:

命令: _mline

当前设置: 对正 = 无, 比例 = 20.00, 样式 = 窗户

指定起点或 [对正(J)/比例(S)/样式(ST)]:
_from 基点: <偏移>: 600

指定下一点: 1200

指定下一点或 [放弃(U)]:

命令: _mline

当前设置: 对正 = 无, 比例 = 20.00, 样式 = 窗户

指定起点或 [对正(J)/比例(S)/样式(ST)]:
_from 基点: <偏移>: 900

指定下一点: 2200

指定下一点或 [放弃(U)]:

命令: _mline

当前设置: 对正 = 无, 比例 = 20.00, 样式 = 窗户

指定起点或 [对正(J)/比例(S)/样式(ST)]:
_from 基点: <偏移>: 200

指定下一点: 2200

指定下一点或 [放弃(U)]: *取消*

命令: _u 多线 GROUP

命令: _mline

当前设置: 对正 = 无, 比例 = 20.00, 样式 = 窗户

指定起点或 [对正(J)/比例(S)/样式(ST)]:
_from 基点: <偏移>: 300

指定下一点: 2200

指定下一点或 [放弃(U)]:

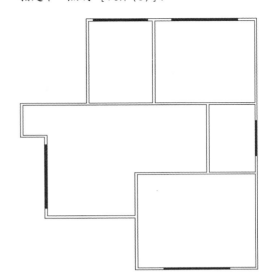

29 切换到工具栏中的"绘图"选项卡, 单击"直线"按钮 直线(L)、"矩形"按钮 矩形(G) 和"三点圆弧"按钮 三点(P), 绘制图形中的门。命令行提示如下:

命令: _line

指定第一个点: _from 基点:
没有直线或圆弧可连续。

指定第一个点:
没有直线或圆弧可连续。

指定第一个点:
没有直线或圆弧可连续。

指定第一个点:

指定下一点或 [放弃(U)]: *取消*

:

命令: _line

指定第一个点: _from 基点: _from 基点: <偏移>: 650

指定下一点或 [放弃(U)]:

指定下一点或 [放弃(U)]:

** 拉伸 **

指定拉伸点或 [基点(B)/复制(C)/放弃(U)/退出(X)]:

命令: 指定对角点或 [栏选(F)/圈围(WP)/圈交(CP)]:

命令: _line

指定第一个点:

指定下一点或 [放弃(U)]: *取消*

命令: _offset

173

当前设置:删除源=否 图层=源 OFFSETGAPTYPE=0

指定偏移距离或 [通过(T)/删除(E)/图层(L)] <通过>： 900

选择要偏移的对象，或 [退出(E)/放弃(U)] <退出>：

指定要偏移的那一侧上的点，或 [退出(E)/多个(M)/放弃(U)] <退出>：

选择要偏移的对象，或 [退出(E)/放弃(U)] <退出>：

命令： _trim

当前设置:投影=UCS，边=无

选择剪切边...

选择对象或 <全部选择>：

选择要修剪的对象，或按住 Shift 键选择要延伸的对象，或

[栏选(F)/窗交(C)/投影(P)/边(E)/删除(R)/放弃(U)]：

命令： _line

指定第一个点： _from 基点： <偏移>： 750

指定下一点或 [放弃(U)]： *取消*：

命令： _line

指定第一个点： _from 基点： <偏移>： 600

指定下一点或 [放弃(U)]：

指定下一点或 [放弃(U)]：

命令：

命令：

命令： _offset

当前设置:删除源=否 图层=源 OFFSETGAPTYPE=0

指定偏移距离或 [通过(T)/删除(E)/图层(L)] <900.0000>： 700

选择要偏移的对象，或 [退出(E)/放弃(U)] <退出>：

指定要偏移的那一侧上的点，或 [退出(E)/多个(M)/放弃(U)] <退出>：

选择要偏移的对象，或 [退出(E)/放弃(U)] <退出>：

命令： _trim

当前设置:投影=UCS，边=无

选择剪切边...

选择对象或 <全部选择>：

选择要修剪的对象，或按住 Shift 键选择要延伸的对象，或

[栏选(F)/窗交(C)/投影(P)/边(E)/删除(R)/放弃(U)]：

选择要修剪的对象，或按住 Shift 键选择要延伸的对象，或

[栏选(F)/窗交(C)/投影(P)/边(E)/删除(R)/放弃(U)]：

命令： _line

指定第一个点： _from 基点： <偏移>： 400

指定下一点或 [放弃(U)]： *取消*

命令： _line

指定第一个点： _from 基点： <偏移>： 500

指定下一点或 [放弃(U)]：

指定下一点或 [放弃(U)]：

命令： _offset

当前设置:删除源=否 图层=源 OFFSETGAPTYPE=0

指定偏移距离或 [通过(T)/删除(E)/图层(L)] <700.0000>： 700

选择要偏移的对象，或 [退出(E)/放弃(U)] <退出>：

指定要偏移的那一侧上的点，或 [退出(E)/多个(M)/放弃(U)] <退出>：

选择要偏移的对象，或 [退出(E)/放弃(U)] <退出>：

命令： _trim

当前设置:投影=UCS，边=无

选择剪切边...

选择对象或 <全部选择>：

选择要修剪的对象，或按住 Shift 键选择要延伸的对象，或

[栏选(F)/窗交(C)/投影(P)/边(E)/删除(R)/放弃(U)]：

选择要修剪的对象，或按住 Shift 键选择要延伸的对象，或

[栏选(F)/窗交(C)/投影(P)/边(E)/删除(R)/放弃(U)]：

命令： _line

指定第一个点： _from 基点： <偏移>： 400

指定下一点或 [放弃(U)]： *取消*

命令： _line

指定第一个点： _from 基点： <偏移>： 200

指定下一点或 [放弃(U)]：

指定下一点或 [放弃(U)]：

命令：

命令：

命令： _offset

当前设置:删除源=否 图层=源 OFFSETGAPTYPE=0

指定偏移距离或　[通过(T)/删除(E)/图层(L)]
<700.0000>：　700

选择要偏移的对象，或　[退出(E)/放弃(U)]　<
退出>：

指定要偏移的那一侧上的点，或　[退出(E)/多个
(M)/放弃(U)]　<退出>：　*取消*

命令：_offset

当前设置:删除源=否　图层=源　OFFSETGAPTYPE=0

指定偏移距离或　[通过(T)/删除(E)/图层(L)]
<700.0000>：　700

选择要偏移的对象，或　[退出(E)/放弃(U)]　<
退出>：

指定要偏移的那一侧上的点，或　[退出(E)/多个
(M)/放弃(U)]　<退出>：

选择要偏移的对象，或　[退出(E)/放弃(U)]　<
退出>：

命令：_trim

当前设置:投影=UCS，边=无

选择剪切边...

选择对象或　<全部选择>：

选择要修剪的对象，或按住　Shift　键选择要延
伸的对象，或

[栏选(F)/窗交(C)/投影(P)/边(E)/删除(R)/
放弃(U)]：

选择要修剪的对象，或按住　Shift　键选择要延
伸的对象，或

[栏选(F)/窗交(C)/投影(P)/边(E)/删除(R)/
放弃(U)]：

命令：_line

指定第一个点：_from　基点：<偏移>：

指定下一点或　[放弃(U)]：*取消*

命令：_line

指定第一个点：_from　基点：<偏移>：200

指定下一点或　[放弃(U)]：*取消*：

命令：_line

指定第一个点：_from　基点：<偏移>：300

指定下一点或　[放弃(U)]：*取消*

命令：_line

指定第一个点：_from　基点：<偏移>：500

指定下一点或　[放弃(U)]：

指定下一点或　[放弃(U)]：

命令：_offset

当前设置:删除源=否　图层=源　OFFSETGAPTYPE=0

指定偏移距离或　[通过(T)/删除(E)/图层(L)]

<700.0000>：　700

选择要偏移的对象，或　[退出(E)/放弃(U)]　<
退出>：

指定要偏移的那一侧上的点，或　[退出(E)/多个
(M)/放弃(U)]　<退出>：

选择要偏移的对象，或　[退出(E)/放弃(U)]　<
退出>：

命令：_trim

当前设置:投影=UCS，边=无

选择剪切边...

选择对象或　<全部选择>：

选择要修剪的对象，或按住　Shift　键选择要延
伸的对象，或

[栏选(F)/窗交(C)/投影(P)/边(E)/删除(R)/
放弃(U)]：

选择要修剪的对象，或按住　Shift　键选择要延
伸的对象，或

[栏选(F)/窗交(C)/投影(P)/边(E)/删除(R)/
放弃(U)]：

选择要修剪的对象，或按住　Shift　键选择要延
伸的对象，或

[栏选(F)/窗交(C)/投影(P)/边(E)/删除(R)/
放弃(U)]：

命令：

自动保存到　C:\Documents and Settings\
Administrator\local settings\temp\墙轮廓
_1_1_6540.sv$ ...

命令：_rectang

指定第一个角点或　[倒角(C)/标高(E)/圆角
(F)/厚度(T)/宽度(W)]：

指定另一个角点或　[面积(A)/尺寸(D)/旋转
(R)]：d

指定矩形的长度　<10.0000>：550

指定矩形的宽度　<10.0000>：60

命令：

命令：_rotate

UCS　当前的正角方向：ANGDIR=逆时针
ANGBASE=0

选择对象：

命令：_u ROTATE

命令：_u GROUP

命令：

命令：

命令：_rectang

指定第一个角点或　［倒角（C）/标高（E）/圆角
（F）/厚度（T）/宽度（W）]：

指定另一个角点或　［面积（A）/尺寸（D）/旋转
（R）]：d

指定矩形的长度 <550.0000>：

指定矩形的宽度 <60.0000>：

指定另一个角点或　［面积（A）/尺寸（D）/旋转
（R）]：

命令：指定对角点或　［栏选（F）/圈围（WP）/圈
交（CP）]：

命令：

命令：_rotate

ＵＣＳ　当前的正角方向：　ＡＮＧＤＩＲ＝逆时针
ANGBASE=0

选择对象：找到 1 个

选择对象：

指定基点：

指定旋转角度，或　［复制（C）/参照（R）] <0>：

命令：

命令：

命令：_arc

指定圆弧的起点或　［圆心（C）]：

指定圆弧的第二个点或　［圆心（C）/端点（E）]：

指定圆弧的端点：

命令：指定对角点或　［栏选（F）/圈围（WP）/圈
交（CP）]：

命令：

命令：

命令：_rectang

指定第一个角点或　［倒角（C）/标高（E）/圆角
（F）/厚度（T）/宽度（W）]：

指定另一个角点或　［面积（A）/尺寸（D）/旋转
（R）]：d

指定矩形的长度 <550.0000>：500

指定矩形的宽度 <60.0000>：50

指定另一个角点或　［面积（A）/尺寸（D）/旋转
（R）]：

命令：指定对角点或　［栏选（F）/圈围（WP）/圈
交（CP）]：

命令：

命令：_rotate

ＵＣＳ　当前的正角方向：　ＡＮＧＤＩＲ＝逆时针
ANGBASE=0

选择对象：找到 1 个

选择对象：

指定基点：

指定旋转角度，或　［复制（C）/参照（R）]
<270>：

命令：

命令：

命令：_arc

指定圆弧的起点或　［圆心（C）]：

指定圆弧的第二个点或　［圆心（C）/端点（E）]：

指定圆弧的端点：

命令：指定对角点或　［栏选（F）/圈围（WP）/圈
交（CP）]：

命令：_copy 找到 2 个

当前设置：　复制模式 = 多个

指定基点或 ［位移（D）/模式（O）] <位移>：

指定第二个点或　［阵列（A）] <使用第一个点作
为位移>：

指定第二个点或　［阵列（A）/退出（E）/放弃（U）]
<退出>：

命令：_copy 找到 1 个

当前设置：　复制模式 = 多个

指定基点或 ［位移（D）/模式（O）] <位移>：

指定第二个点或　［阵列（A）] <使用第一个点作
为位移>：

指定第二个点或　［阵列（A）/退出（E）/放弃（U）]
<退出>：*取消*

命令：_copy 找到 1 个

当前设置：　复制模式 = 多个

指定基点或 ［位移（D）/模式（O）] <位移>：

指定第二个点或　［阵列（A）] <使用第一个点作
为位移>：

指定第二个点或　［阵列（A）/退出（E）/放弃（U）]
<退出>：

命令：

命令：_rotate

ＵＣＳ　当前的正角方向：　ＡＮＧＤＩＲ＝逆时针
ANGBASE=0

选择对象：找到 1 个

选择对象：

指定基点：

指定旋转角度，或 ［复制（C）/参照（R）] <90>：

命令：_rotate

ＵＣＳ　当前的正角方向：　ＡＮＧＤＩＲ＝逆时针
ANGBASE=0

选择对象: 找到 1 个

选择对象:

指定基点:

指定旋转角度, 或 [复制(C)/参照(R)] <270>: *取消*

命令: _.erase 找到 1 个

命令: _copy 找到 1 个

当前设置: 复制模式 = 多个

指定基点或 [位移(D)/模式(O)] <位移>:

指定第二个点或 [阵列(A)] <使用第一个点作为位移>:

指定第二个点或 [阵列(A)/退出(E)/放弃(U)] <退出>:

命令: _arc

指定圆弧的起点或 [圆心(C)]:

指定圆弧的第二个点或 [圆心(C)/端点(E)]:

指定圆弧的端点:

命令: 指定对角点或 [栏选(F)/圈围(WP)/圈交(CP)]:

命令: _arc

指定圆弧的起点或 [圆心(C)]: *取消*

命令:

命令: _.erase 找到 1 个

命令: _rectang

指定第一个角点或 [倒角(C)/标高(E)/圆角(F)/厚度(T)/宽度(W)]: *取消*

命令: _copy 找到 1 个

当前设置: 复制模式 = 多个

指定基点或 [位移(D)/模式(O)] <位移>:

指定第二个点或 [阵列(A)] <使用第一个点作为位移>:

指定第二个点或 [阵列(A)/退出(E)/放弃(U)] <退出>:

命令: _rotate

UCS 当前的正角方向: ANGDIR=逆时针 ANGBASE=0

选择对象: 找到 1 个

选择对象:

指定基点:

指定旋转角度, 或 [复制(C)/参照(R)] <270>:

命令: _arc

指定圆弧的起点或 [圆心(C)]:

指定圆弧的第二个点或 [圆心(C)/端点(E)]:

指定圆弧的端点:

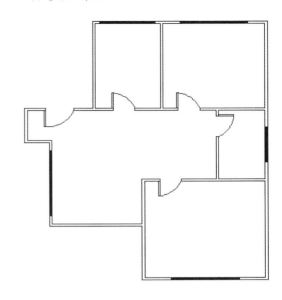

30 将图层设置为"绘制家具"。

31 切换到工具栏中的"工具"选项组中"选项板"选项卡,单击"工具选项板"按钮。选择"盥洗室-公制"选项。命令行提示如下:

命令: '_ToolPalettes

命令: 指定插入点或 [基点(B)/比例(S)/X/Y/Z/旋转(R)]:

命令: 指定对角点或 [栏选(F)/圈围(WP)/圈交(CP)]:

命令: 指定对角点或 [栏选(F)/圈围(WP)/圈交(CP)]:

命令: 指定对角点或 [栏选(F)/圈围(WP)/圈交(CP)]:

命令: _rotate

UCS 当前的正角方向: ANGDIR=逆时针 ANGBASE=0

找到 1 个

指定基点:

指定旋转角度, 或 [复制(C)/参照(R)] <90>:

命令: _scale

选择对象: 指定对角点: 找到 1 个

选择对象:

指定基点:

指定比例因子或 [复制(C)/参照(R)]:

命令: _u 缩放 GROUP

命令: _scale

选择对象: 指定对角点: 找到 1 个

选择对象:

指定基点:

指定比例因子或 [复制(C)/参照(R)]: r

指定参照长度 <1.0000>: 指定第二点:

指定新的长度或 [点(P)] <1.0000>:

命令: _move 找到 1 个

指定基点或 [位移(D)] <位移>:

指定第二个点或 <使用第一个点作为位移>:

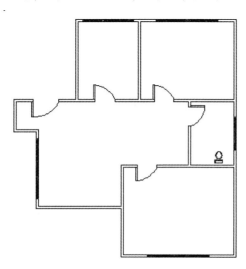

32 切换到工具栏中的"绘图"选项卡, 单击"矩形"按钮 矩形(G), 绘制建筑平面图中的"床"、"餐桌"和"地毯"等。命令行提示如下:

命令: _rectang

指定第一个角点或 [倒角(C)/标高(E)/圆角(F)/厚度(T)/宽度(W)]:

指定另一个角点或 [面积(A)/尺寸(D)/旋转(R)]:

命令: _rectang

指定第一个角点或 [倒角(C)/标高(E)/圆角(F)/厚度(T)/宽度(W)]:

指定另一个角点或 [面积(A)/尺寸(D)/旋转(R)]:

命令: 指定对角点或 [栏选(F)/圈围(WP)/圈交(CP)]:

命令: _copy 找到 2 个

当前设置: 复制模式 = 多个

指定基点或 [位移(D)/模式(O)] <位移>:

指定第二个点或 [阵列(A)] <使用第一个点作为位移>:

指定第二个点或 [阵列(A)/退出(E)/放弃(U)] <退出>:

命令:

命令:

命令: _rectang

指定第一个角点或 [倒角(C)/标高(E)/圆角(F)/厚度(T)/宽度(W)]:

指定另一个角点或 [面积(A)/尺寸(D)/旋转(R)]:

命令: _rectang

指定第一个角点或 [倒角(C)/标高(E)/圆角(F)/厚度(T)/宽度(W)]:

指定另一个角点或 [面积(A)/尺寸(D)/旋转(R)]:

命令: _move 找到 1 个

指定基点或 [位移(D)] <位移>:

指定第二个点或 <使用第一个点作为位移>:

命令: _copy 找到 1 个

当前设置: 复制模式 = 多个

指定基点或 [位移(D)/模式(O)] <位移>:

指定第二个点或 [阵列(A)] <使用第一个点作为位移>:

指定第二个点或 [阵列(A)/退出(E)/放弃(U)] <退出>:

指定第二个点或 [阵列(A)/退出(E)/放弃(U)]

<退出>:
　　指定第二个点或　[阵列(A)/退出(E)/放弃(U)]
<退出>:
　　命令：_rectang
　　指定第一个角点或　[倒角(C)/标高(E)/圆角
(F)/厚度(T)/宽度(W)]:
　　指定另一个角点或　[面积(A)/尺寸(D)/旋转
(R)]:
　　命令：_copy 找到 1 个
　　当前设置：复制模式 = 多个
　　指定基点或　[位移(D)/模式(O)]　<位移>:
　　指定第二个点或　[阵列(A)]　<使用第一个点作
为位移>:
　　指定第二个点或　[阵列(A)/退出(E)/放弃(U)]
<退出>:
　　命令：_move 找到 1 个
　　指定基点或　[位移(D)]　<位移>:
　　指定第二个点或　<使用第一个点作为位移>:
　　命令：_rectang
　　指定第一个角点或　[倒角(C)/标高(E)/圆角
(F)/厚度(T)/宽度(W)]:
　　指定另一个角点或　[面积(A)/尺寸(D)/旋转
(R)]:
　　命令：
　　命令：
　　命令：_hatch
　　拾取内部点或　[选择对象(S)/删除边界(B)]:
正在选择所有对象...
　　正在选择所有可见对象...
　　正在分析所选数据...
　　正在分析内部孤岛...
　　拾取内部点或　[选择对象(S)/删除边界(B)]:
　　拾取或按 Esc 键返回到对话框或　<单击右键接
受图案填充>:
　　拾取或按 Esc 键返回到对话框或　<单击右键接
受图案填充>:
　　命令：指定对角点或　[栏选(F)/圈围(WP)/圈
交(CP)]:
　　命令：_rectang
　　指定第一个角点或　[倒角(C)/标高(E)/圆角
(F)/厚度(T)/宽度(W)]:
　　指定另一个角点或　[面积(A)/尺寸(D)/旋转
(R)]:
　　命令：_u 矩形 GROUP
　　命令：_rectang

　　指定第一个角点或　[倒角(C)/标高(E)/圆角
(F)/厚度(T)/宽度(W)]:
　　指定另一个角点或　[面积(A)/尺寸(D)/旋转
(R)]:
　　命令：_u 矩形 GROUP
　　命令：_rectang
　　指定第一个角点或　[倒角(C)/标高(E)/圆角
(F)/厚度(T)/宽度(W)]:
　　指定另一个角点或　[面积(A)/尺寸(D)/旋转
(R)]:
　　命令：_line
　　指定第一个点：
　　指定下一点或　[放弃(U)]:
　　指定下一点或　[放弃(U)]:
　　命令：_line
　　指定第一个点：
　　指定下一点或　[放弃(U)]:
　　指定下一点或　[放弃(U)]:
　　命令：_mirror
　　选择对象：找到 1 个
　　选择对象：
　　指定镜像线的第一点：指定镜像线的第二点：
　　要删除源对象吗？[是(Y)/否(N)]　<N>:
　　命令：_spline
　　当前设置：方式=拟合　节点=弦
　　指定第一个点或　[方式(M)/节点(K)/对象
(O)]:
　　输入下一个点或　[起点切向(T)/公差(L)]:
　　输入下一个点或　[端点相切(T)/公差(L)/放弃
(U)]:
　　输入下一个点或　[端点相切(T)/公差(L)/放弃
(U)/闭合(C)]:
　　输入下一个点或　[端点相切(T)/公差(L)/放弃
(U)/闭合(C)]:
　　输入下一个点或　[端点相切(T)/公差(L)/放弃
(U)/闭合(C)]:
　　输入下一个点或　[端点相切(T)/公差(L)/放弃
(U)/闭合(C)]:
　　输入下一个点或　[端点相切(T)/公差(L)/放弃
(U)/闭合(C)]:
　　** 拉伸 **
　　指定拉伸点或　[基点(B)/复制(C)/放弃(U)/退
出(X)]:
　　命令：
　　** 拉伸 **

指定拉伸点或 [基点(B)/复制(C)/放弃(U)/退出(X)]:

命令:

** 拉伸 **

指定拉伸点或 [基点(B)/复制(C)/放弃(U)/退出(X)]:

命令: *取消*

命令: _offset

当前设置:删除源=否 图层=源 OFFSETGAPTYPE=0

指定偏移距离或 [通过(T)/删除(E)/图层(L)] <700.0000>: 10

选择要偏移的对象,或 [退出(E)/放弃(U)] <退出>:

指定要偏移的那一侧上的点,或 [退出(E)/多个(M)/放弃(U)] <退出>:

选择要偏移的对象,或 [退出(E)/放弃(U)] <退出>:

命令:

命令: _.erase 找到 1 个

命令:

命令:

命令: _offset

当前设置:删除源=否 图层=源 OFFSETGAPTYPE=0

指定偏移距离或 [通过(T)/删除(E)/图层(L)] <10.0000>: 20

选择要偏移的对象,或 [退出(E)/放弃(U)] <退出>:

指定要偏移的那一侧上的点,或 [退出(E)/多个(M)/放弃(U)] <退出>:

选择要偏移的对象,或 [退出(E)/放弃(U)] <退出>:

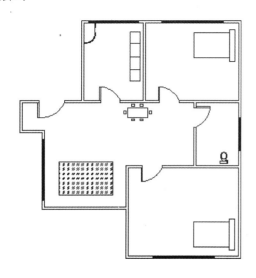

33 切换到"绘图"选项组中"文字"选项卡,单击"多行文字"按钮 A 多行文字(M)或"单行文字"按钮 AI 单行文字(S),输入相应的文字。命令行提示如下:

命令: _text

当前文字样式:"Standard" 文字高度: 2.5000 注释性: 否

指定文字的起点或 [对正(J)/样式(S)]:

指定高度 <2.5000>:

指定文字的旋转角度 <0>:

命令: TEXT

当前文字样式:"Standard" 文字高度: 335.3488 注释性: 否

指定文字的起点或 [对正(J)/样式(S)]:

指定高度 <335.3488>:

指定文字的旋转角度 <270>:

命令: _u TEXT

命令: _u 单行文字 GROUP

命令: _text

当前文字样式:"Standard" 文字高度: 2.5000 注释性: 否

指定文字的起点或 [对正(J)/样式(S)]:

指定高度 <2.5000>:

指定文字的旋转角度 <0>:

命令:

命令:

命令: _move 找到 1 个

指定基点或 [位移(D)] <位移>:

指定第二个点或 <使用第一个点作为位移>:

命令: _scale

选择对象: 找到 1 个

选择对象:

指定基点:

指定比例因子或 [复制(C)/参照(R)]:

忽略极小的比例因子。

命令: _scale

选择对象: 指定对角点: 找到 0 个

选择对象: 找到 1 个

选择对象:

指定基点:

指定比例因子或 [复制(C)/参照(R)]: r

指定参照长度 <838.1992>: 指定第二点:

指定新的长度或 [点(P)] <427.5043>:

命令: _move 找到 1 个

指定基点或 [位移(D)] <位移>:

指定第二个点或 <使用第一个点作为位移>:

命令：_mtext
当前文字样式："Standard"文字高度:938.432
注释性：否
指定第一角点：
指定对角点或 [高度(H)/对正(J)/行距(L)/旋转(R)/样式(S)/宽度(W)/栏(C)]：*取消*
命令：_text
当前文字样式："Standard"文字高度:938.4320
注释性：否
命令：_mtext
当前文字样式："Standard"文字高度:938.432
注释性：否
指定第一角点：
指定对角点或 [高度(H)/对正(J)/行距(L)/旋转(R)/样式(S)/宽度(W)/栏(C)]：
** 拉伸 **
指定拉伸点或 [基点(B)/复制(C)/放弃(U)/退出(X)]：
命令：_mtedit
命令：_copy 找到 1 个
当前设置： 复制模式 = 多个
指定基点或 [位移(D)/模式(O)] <位移>：
指定第二个点或 [阵列(A)] <使用第一个点作为位移>：
指定第二个点或 [阵列(A)/退出(E)/放弃(U)] <退出>：
命令：_text
当前文字样式："Standard"文字高度:938.4320
注释性：否
指定文字的起点或 [对正(J)/样式(S)]：
指定高度 <938.4320>：
指定文字的旋转角度 <0>：
命令： 指定对角点或 [栏选(F)/圈围(WP)/圈交(CP)]：
命令：_mtext
当前文字样式："Standard" 文字高度: 938.432
注释性：否
指定第一角点：
指定对角点或 [高度(H)/对正(J)/行距(L)/旋转(R)/样式(S)/宽度(W)/栏(C)]：
命令：_scale 找到 1 个
指定基点：
指定比例因子或 [复制(C)/参照(R)]：r
指定参照长度 <2274.3167>： 指定第二点：
指定新的长度或 [点(P)] <557.2843>：

命令： 指定对角点或 [栏选(F)/圈围(WP)/圈交(CP)]：
命令：_mtedit
命令：_text
当前文字样式："Standard"文字高度:938.4320
注释性：否
指定文字的起点或 [对正(J)/样式(S)]：
指定高度 <938.4320>：
指定文字的旋转角度 <0>：
命令： 指定对角点或 [栏选(F)/圈围(WP)/圈交(CP)]：
命令：_scale
选择对象：指定对角点： 找到 1 个
选择对象：找到 1 个 (1 个重复)，总计 1 个
选择对象：
指定基点：
点无效。
指定基点：*取消*
命令：_scale
选择对象：找到 1 个
指定基点：
指定比例因子或 [复制(C)/参照(R)]：r
指定参照长度 <4660.7443>： 指定第二点：
指定新的长度或 [点(P)] <984.2273>：
命令：_move 找到 1 个
指定基点或 [位移(D)] <位移>：
指定第二个点或 <使用第一个点作为位移>：
命令：*取消*
命令：_mtext
当前文字样式："Standard"文字高度:533.9265
注释性：否
指定第一角点：
指定对角点或 [高度(H)/对正(J)/行距(L)/旋转(R)/样式(S)/宽度(W)/栏(C)]：

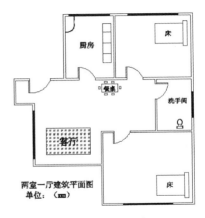

两室一厅建筑平面图
单位： (㎜)

34 切换到"格式"选项卡，单击"标注样式" 标注样式(D)按钮，弹出"标注样式管理器"对话框。

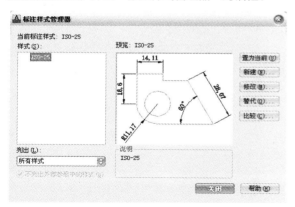

35 单击"新建"按钮，在"新样式名"文本框内输入"建筑标注"。

36 单击"继续"按钮，弹出"新建标注样式-建筑标注"对话框，设置对话框中"符号和箭头"和"文字"选项。

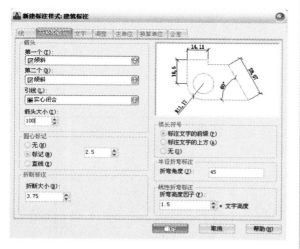

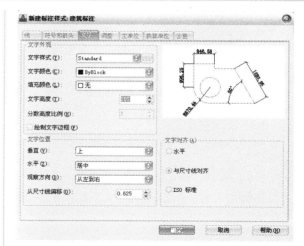

37 将"建筑标注"置为当前，单击"确定"按钮。

38 切换到"标注"选项卡，单击"线性标注"按钮 线性(L)，对建筑平面图进行相应地标注。命令行提示如下：

```
命令：_dimlinear
指定第一个尺寸界线原点或 <选择对象>：
指定第二条尺寸界线原点：
指定尺寸线位置或
[多行文字(M)/文字(T)/角度(A)/水平(H)/垂
直(V)/旋转(R)]：
标注文字 = 2200
命令：DIMLINEAR
指定第一个尺寸界线原点或 <选择对象>：
指定第二条尺寸界线原点：
指定尺寸线位置或
[多行文字(M)/文字(T)/角度(A)/水平(H)/垂
直(V)/旋转(R)]：
标注文字 = 3400
命令：DIMLINEAR
指定第一个尺寸界线原点或 <选择对象>：
指定第二条尺寸界线原点：
指定尺寸线位置或
[多行文字(M)/文字(T)/角度(A)/水平(H)/垂
直(V)/旋转(R)]：*取消*
命令：DIMLINEAR
命令：
命令：_dimlinear
指定第一个尺寸界线原点或 <选择对象>：
指定第二条尺寸界线原点：
指定尺寸线位置或
[多行文字(M)/文字(T)/角度(A)/水平(H)/垂
直(V)/旋转(R)]：
标注文字 = 2900
命令：DIMLINEAR
```

指定第一个尺寸界线原点或 <选择对象>:
指定第二条尺寸界线原点:
指定尺寸线位置或
[多行文字(M)/文字(T)/角度(A)/水平(H)/垂直(V)/旋转(R)]:
　标注文字 = 8600
　命令: DIMLINEAR
指定第一个尺寸界线原点或 <选择对象>:
指定第二条尺寸界线原点:
指定尺寸线位置或
[多行文字(M)/文字(T)/角度(A)/水平(H)/垂直(V)/旋转(R)]:
　标注文字 = 3300
　命令: DIMLINEAR
指定第一个尺寸界线原点或 <选择对象>:
指定第二条尺寸界线原点:
指定尺寸线位置或
[多行文字(M)/文字(T)/角度(A)/水平(H)/垂直(V)/旋转(R)]: *取消*
　命令:
　命令:
　命令: _dimlinear
指定第一个尺寸界线原点或 <选择对象>:
指定第二条尺寸界线原点:
指定尺寸线位置或
[多行文字(M)/文字(T)/角度(A)/水平(H)/垂直(V)/旋转(R)]:
　标注文字 = 4000
　命令: DIMLINEAR
指定第一个尺寸界线原点或 <选择对象>:
指定第二条尺寸界线原点:
指定尺寸线位置或
[多行文字(M)/文字(T)/角度(A)/水平(H)/垂直(V)/旋转(R)]:
　标注文字 = 1800
　命令: DIMLINEAR
指定第一个尺寸界线原点或 <选择对象>:
指定第二条尺寸界线原点:
指定尺寸线位置或
[多行文字(M)/文字(T)/角度(A)/水平(H)/垂直(V)/旋转(R)]:
　标注文字 = 3000
　命令: DIMLINEAR
指定第一个尺寸界线原点或 <选择对象>:
指定第二条尺寸界线原点:
指定尺寸线位置或
[多行文字(M)/文字(T)/角度(A)/水平(H)/垂直(V)/旋转(R)]:
　标注文字 = 2800

　命令: DIMLINEAR
指定第一个尺寸界线原点或 <选择对象>:
指定第二条尺寸界线原点:
指定尺寸线位置或
[多行文字(M)/文字(T)/角度(A)/水平(H)/垂直(V)/旋转(R)]:
　标注文字 = 800
　命令: DIMLINEAR
指定第一个尺寸界线原点或 <选择对象>:
指定第二条尺寸界线原点:
创建了无关联的标注。
指定尺寸线位置或
[多行文字(M)/文字(T)/角度(A)/水平(H)/垂直(V)/旋转(R)]:
　标注文字 = 1100
　命令:
　命令:
　命令: _dimlinear
指定第一个尺寸界线原点或 <选择对象>:
指定第二条尺寸界线原点:
指定尺寸线位置或
[多行文字(M)/文字(T)/角度(A)/水平(H)/垂直(V)/旋转(R)]: *取消*
　命令:
　命令:
　命令: _dimlinear
指定第一个尺寸界线原点或 <选择对象>:
指定第二条尺寸界线原点:
指定尺寸线位置或
[多行文字(M)/文字(T)/角度(A)/水平(H)/垂直(V)/旋转(R)]:
　标注文字 = 1600

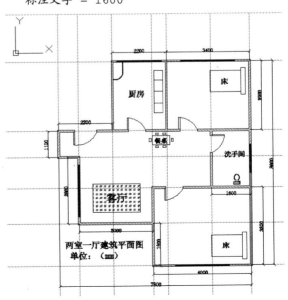

两室一厅建筑平面图
单位: (mm)

实例 **56** 绘制建筑立面图

案例说明：本例将学习绘制建筑立面图，在绘制本例
的过程中可以掌握绘制建筑立面图方法。

学习要点：建筑立面图的绘制方法。

光盘文件：实例文件\实例56.dwg

视频教程：视频文件\实例56.avi

操作步骤

1 启动AutoCAD 2013中文版，单击"快速访问工具
栏"中的"新建"按钮，弹出"选择样板"对话框。

2 在对话框中"名称"列表框中选择"acadiso.
dwt"样板文件，然后单击"打开"按钮，新建图形
文件。

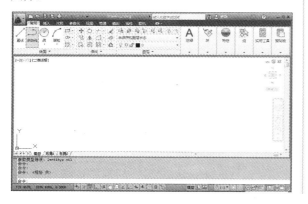

3 设置当前的工作空间为"AutoCAD经典"，并单
击状态栏中的"栅格"按钮使其显示为"栅格关"，
如下图所示。

4 单击工具栏中的"图层特性管理器"按钮，系
统弹出"图形特性管理器"对话框，在对话框中单击
"新建"按钮，新建图层"辅助线"，一般采用默认
值。然后双击新建的图层，使新建"辅助线"图层置
为当前图层，然后单击"确定"按钮，退出"图层管
理器"对话框。

5 按下【F8】键，打开"正交"模式，单击"构造线"按钮，绘制一条水平构造线和一条垂直构造线，组成"十"字构造线。命令行提示如下：

命令：XL
XLINE
指定点或 [水平(H)/垂直(V)/角度(A)/二等分(B)/偏移(O)]：0,0
指定通过点： <正交 开>
指定通过点：
指定通过点

6 单击"修改"面板中的"偏移"按钮，分别得到水平和垂直方向上的辅助线。命令行提示如下：

命令：_offset
当前设置:删除源=否 图层=源 OFFSETGAPTYPE=0
指定偏移距离或 [通过(T)/删除(E)/图层(L)] <3300.0000>：3300
　选择要偏移的对象，或 [退出(E)/放弃(U)] <退出>：
　指定要偏移的那一侧上的点，或 [退出(E)/多个(M)/放弃(U)] <退出>：
　选择要偏移的对象，或 [退出(E)/放弃(U)] <退出>：
　指定要偏移的那一侧上的点，或 [退出(E)/多个(M)/放弃(U)] <退出>：

　选择要偏移的对象，或 [退出(E)/放弃(U)] <退出>：
　指定要偏移的那一侧上的点，或 [退出(E)/多个(M)/放弃(U)] <退出>：2700
　选择要偏移的对象，或 [退出(E)/放弃(U)] <退出>：
　指定要偏移的那一侧上的点，或 [退出(E)/多个(M)/放弃(U)] <退出>：6000
　选择要偏移的对象，或 [退出(E)/放弃(U)] <退出>：
　指定要偏移的那一侧上的点，或 [退出(E)/多个(M)/放弃(U)] <退出>：3000

7 切换到"菜单栏"选项卡，在"修改"面板中，单击"修剪"按钮，对多余的元素进行修剪操作。命令行提示如下：

命令：_trim
当前设置:投影=UCS，边=无
选择剪切边...
选择对象或 <全部选择>：
选择要修剪的对象，或按住 Shift 键选择要延伸的对象，或
[栏选(F)/窗交(C)/投影(P)/边(E)/删除(R)/放弃(U)]：
选择要修剪的对象，或按住 Shift 键选择要延伸的对象，或
[栏选(F)/窗交(C)/投影(P)/边(E)/删除(R)/放弃(U)]：
选择要修剪的对象，或按住 Shift 键选择要延伸的对象，或
[栏选(F)/窗交(C)/投影(P)/边(E)/删除(R)/放弃(U)]：
选择要修剪的对象，或按住 Shift 键选择要延伸的对象，或
[栏选(F)/窗交(C)/投影(P)/边(E)/删除(R)/放弃(U)]：

选择要修剪的对象，或按住 Shift 键选择要延伸的对象，或

[栏选(F)/窗交(C)/投影(P)/边(E)/删除(R)/放弃(U)]：

选择要修剪的对象，或按住 Shift 键选择要延伸的对象，或

[栏选(F)/窗交(C)/投影(P)/边(E)/删除(R)/放弃(U)]：

选择要修剪的对象，或按住 Shift 键选择要延伸的对象，或

[栏选(F)/窗交(C)/投影(P)/边(E)/删除(R)/放弃(U)]：

选择要修剪的对象，或按住 Shift 键选择要延伸的对象，或

[栏选(F)/窗交(C)/投影(P)/边(E)/删除(R)/放弃(U)]： 指定对角点：

窗交窗口中未包括任何对象。

选择要修剪的对象，或按住 Shift 键选择要延伸的对象，或

[栏选(F)/窗交(C)/投影(P)/边(E)/删除(R)/放弃(U)]：

选择要修剪的对象，或按住 Shift 键选择要延伸的对象，或

[栏选(F)/窗交(C)/投影(P)/边(E)/删除(R)/放弃(U)]：

选择要修剪的对象，或按住 Shift 键选择要延伸的对象，或

[栏选(F)/窗交(C)/投影(P)/边(E)/删除(R)/放弃(U)]：

选择要修剪的对象，或按住 Shift 键选择要延伸的对象，或

[栏选(F)/窗交(C)/投影(P)/边(E)/删除(R)/放弃(U)]：

选择要修剪的对象，或按住 Shift 键选择要延伸的对象，或

[栏选(F)/窗交(C)/投影(P)/边(E)/删除(R)/放弃(U)]：

选择要修剪的对象，或按住 Shift 键选择要延伸的对象，或

[栏选(F)/窗交(C)/投影(P)/边(E)/删除(R)/放弃(U)]：

选择要修剪的对象，或按住 Shift 键选择要延伸的对象，或

[栏选(F)/窗交(C)/投影(P)/边(E)/删除(R)/放弃(U)]：

选择要修剪的对象，或按住 Shift 键选择要延伸的对象，或

[栏选(F)/窗交(C)/投影(P)/边(E)/删除(R)/放弃(U)]：

选择要修剪的对象，或按住 Shift 键选择要延伸的对象，或

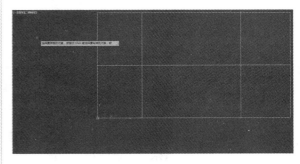

8 单击"修改"工具栏中的"缩放"按钮，对步骤7进行缩放。命令行提示如下：

命令：_scale
选择对象：指定对角点：找到 7 个
选择对象：
指定基点：
指定比例因子或 [复制(C)/参照(R)]：@0,0
值必须为 正且非零。
指定比例因子或 [复制(C)/参照(R)]：0.1

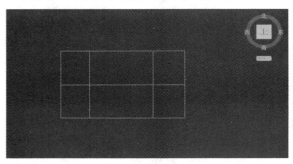

9 单击工具栏中的"图层特性管理器"按钮，系统弹出"图形特性管理器"对话框，在对话框中单击"新建"按钮，新建图层"墙线"，一般采用默认值。然后双击新建的图层，使新建的"墙线"图层置为当前图层，然后单击"确定"按钮，退出"图层管理器"对话框。并用直线根据轴网线绘制出一层的大致轮廓。

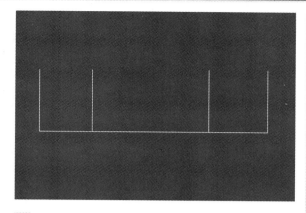

10 单击"修改"工具栏中的"偏移"按钮🖆，使得底面的直线往上偏移1200。单击"修剪"按钮，对中间的部分进行修剪。命令行提示如下：

命令：_offset
当前设置：删除源=否 图层=源 OFFSETGAPTYPE=0
指定偏移距离或 [通过(T)/删除(E)/图层(L)] <1200.0000>： 1200
选择要偏移的对象，或 [退出(E)/放弃(U)] <退出>：
指定要偏移的那一侧上的点，或 [退出(E)/多个(M)/放弃(U)] <退出>：
命令：
命令：_trim
当前设置：投影=UCS，边=无
选择剪切边...
选择对象或 <全部选择>：
选择要修剪的对象，或按住 Shift 键选择要延伸的对象，或
[栏选(F)/窗交(C)/投影(P)/边(E)/删除(R)/放弃(U)]：
选择要修剪的对象，或按住 Shift 键选择要延伸的对象，或

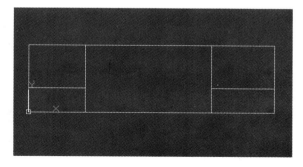

11 单击"修改"工具栏中"偏移"按钮🖆，使1200高的直线在向上偏移1200。单击"草绘"工具栏中的"直线"按钮，绘制直线，以连接偏移直线

的中点。命令行提示如下：

命令：_offset
当前设置：删除源=否 图层=源 OFFSETGAPTYPE=0
指定偏移距离或 [通过(T)/删除(E)/图层(L)] <1200.0000>： 1200
选择要偏移的对象，或 [退出(E)/放弃(U)] <退出>：
指定要偏移的那一侧上的点，或 [退出(E)/多个(M)/放弃(U)] <退出>：
选择要偏移的对象，或 [退出(E)/放弃(U)] <退出>：
指定要偏移的那一侧上的点，或 [退出(E)/多个(M)/放弃(U)] <退出>：
选择要偏移的对象，或 [退出(E)/放弃(U)] <退出>： 1*取消*
命令：_line
指定第一个点：_mid
指定下一点或 [放弃(U)]：_mid 于
指定下一点或 [放弃(U)]：
命令：LINE
指定第一个点：_mid 于
指定下一点或 [放弃(U)]：*取消*
命令：LINE
指定第一个点：_mid 于
指定下一点或 [放弃(U)]：_mid 于
>>输入 ORTHOMODE 的新值 <0>：
正在恢复执行 LINE 命令。
于
指定下一点或 [放弃(U)]：

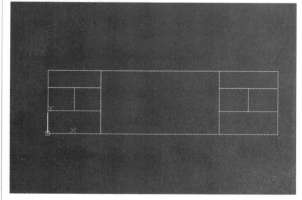

12 单击"修改"工具栏中的"偏移"按钮🖆，对步骤11中连接的中线向两边各偏移400，并单击"圆弧"按钮，在上面绘制半径为400的半圆。命令行提示如下：

命令：_offset

当前设置:删除源=否 图层=源 OFFSETGAPTYPE=0

指定偏移距离或 [通过(T)/删除(E)/图层(L)]
<1200.0000>: 400

选择要偏移的对象, 或 [退出(E)/放弃(U)] <
退出>:

指定要偏移的那一侧上的点, 或 [退出(E)/多个
(M)/放弃(U)] <退出>:

选择要偏移的对象, 或 [退出(E)/放弃(U)] <
退出>:

……

指定要偏移的那一侧上的点, 或 [退出(E)/多个
(M)/放弃(U)] <退出>:

选择要偏移的对象, 或 [退出(E)/放弃(U)] <
退出>:

命令: _arc

指定圆弧的起点或 [圆心(C)]:

指定圆弧的第二个点或 [圆心(C)/端点(E)]: _e

指定圆弧的端点:

指定圆弧的圆心或 [角度(A)/方向(D)/半径
(R)]: _r 指定圆弧的半径: 400

命令: ARC

指定圆弧的起点或 [圆心(C)]:

指定圆弧的第二个点或 [圆心(C)/端点(E)]: _e

指定圆弧的端点:

指定圆弧的圆心或 [角度(A)/方向(D)/半径
(R)]: _r 指定圆弧的半径: 400

<退出>:

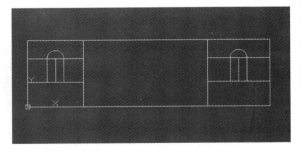

13 单击"修改"工具栏中的"修剪"按钮 ✂ 和"删
除"按钮 ✐, 对不需要的线段进行修剪和删除, 结果
就形成了一个窗户。命令行提示如下:

命令: _trim

当前设置:投影=UCS, 边=无

选择剪切边...

选择对象或 <全部选择>:

选择要修剪的对象, 或按住 Shift 键选择要延
伸的对象, 或

[栏选(F)/窗交(C)/投影(P)/边(E)/删除(R)/

放弃(U)]:

选择要修剪的对象, 或按住 Shift 键选择要延
伸的对象, 或

[栏选(F)/窗交(C)/投影(P)/边(E)/删除(R)/
放弃(U)]:

……

命令: _erase

选择对象: 找到 1 个

选择对象: 找到 1 个, 总计 2 个

选择对象: 找到 1 个, 总计 3 个

选择对象: 指定对角点: 找到 0 个

选择对象: 找到 1 个, 总计 4 个

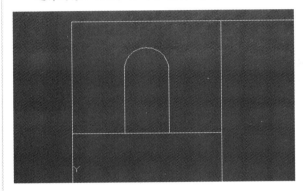

14 单击"绘图"工具栏中的"边界"按钮 ◻, 系统
自动弹出对话框, 单击"拾取点"前面的按钮 ⊡, 在
窗户框架内任意单击一点, 然后单击"确定"按钮,
把窗架制成一个多段线边界。

15 单击"修改"工具栏中的"偏移"按钮 ◱, 把多
段线的边界往里偏移25。命令行提示如下:

命令: _offset

指定偏移距离或 [通过(T)/删除(E)/图层(L)]
<400.0000>: 25

选择要偏移的对象, 或 [退出(E)/放弃(U)] <
退出>:

指定要偏移的那一侧上的点, 或 [退出(E)/多个
(M)/放弃(U)] <退出>:

选择要偏移的对象, 或 [退出(E)/放弃(U)] <

退出>:

  指定要偏移的那一侧上的点，或 [退出(E)/多个(M)/放弃(U)] <退出>:

  选择要偏移的对象，或 [退出(E)/放弃(U)] <退出>: *取消*

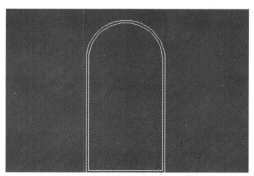

16 单击"绘图"工具栏中的"直线"按钮，绘制窗架对称轴和矩形的上边界。然后单击"偏移"按钮，让所得的直线分别向两边偏移15。命令行提示如下：

  命令：_line
  指定第一个点：_mid 于
  指定下一点或 [放弃(U)]：<正交 开> _int 于
  指定下一点或 [放弃(U)]：
  指定下一点或 [放弃(U)]：
  命令：LINE
  指定第一个点：_mid 于
  指定下一点或 [放弃(U)]：_mid 于
  指定下一点或 [放弃(U)]：
  命令：_offset
  当前设置:删除源=否 图层=源 OFFSETGAPTYPE=0
  指定偏移距离或 [通过(T)/删除(E)/图层(L)] <25.0000>: 15
  ……
  指定要偏移的那一侧上的点，或 [退出(E)/多个(M)/放弃(U)] <退出>:

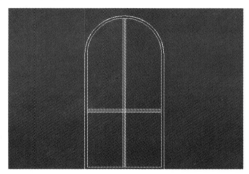

17 利用"点样式"快捷命令DDPTYPE，系统自动弹出"点样式"对话框，选择和下图一样的"点样式"，单击"确定"按钮，退出"点样式"对话框。

18 单击"修改"工具栏中的"分解"按钮，把外边的矩形分解。用"定等数"快捷命令DIV，根据提示把左边的直线分为4等分，等分后结果如下图。命令行提示如下：

  命令：DDPTYPE
  正在重生成模型。
  正在重生成模型。
  命令：_divide
  选择要定数等分的对象：
  输入线段数目或 [块(B)]: 4

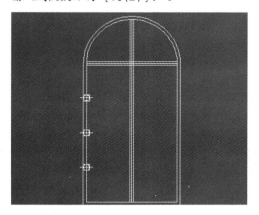

19 单击"修改"工具栏中的"复制"按钮，复制水平直线到各个等分点。命令行提示如下：

  命令：_copy
  选择对象：指定对角点：找到 3 个
  选择对象：
  当前设置：复制模式 = 多个
  指定基点或 [位移(D)/模式(O)] <位移>:
  正在检查 561 个交点...

指定第二个点或 [阵列 (A)] <使用第一个点作为位移>: _nod 于

指定第二个点或 [阵列 (A) /退出 (E) /放弃 (U)]
<退出>: _nod 于

指定第二个点或 [阵列 (A) /退出 (E) /放弃 (U)]
<退出>: _nod 于

指定第二个点或 [阵列 (A) /退出 (E) /放弃 (U)]
<退出>:

20 单击"修改"工具栏中的"镜像"按钮◢，把左边的窗架镜像到右边开间的正中间。命令行提示如下：

命令：_mirror

选择对象：指定对角点：找到 590 个

选择对象：

指定镜像线的第一点：指定镜像线的第二点：

要删除源对象吗？[是 (Y) /否 (N)] <N>:

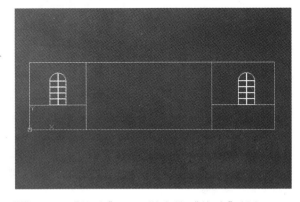

21 单击"修改"工具栏中的"偏移"按钮◢，把开间左边的直线向右边连续偏移700、1000、200、1000、200、1000、200、1000，再把开间底边的水平线向上连续偏移600、2000，结果如图。命令行提示如下：

命令：_offset

当前设置：删除源=否 图层=源 OFFSETGAPTYPE=0
指定偏移距离或 [通过 (T) /删除 (E) /图层 (L)]
<700.0000>:

选择要偏移的对象，或 [退出 (E) /放弃 (U)] <退出>:

指定要偏移的那一侧上的点，或 [退出 (E) /多个 (M) /放弃 (U)] <退出>:

选择要偏移的对象，或 [退出 (E) /放弃 (U)] <退出>:

指定要偏移的那一侧上的点，或 [退出 (E) /多个 (M) /放弃 (U)] <退出>: 1000

选择要偏移的对象，或 [退出 (E) /放弃 (U)] <退出>:

指定要偏移的那一侧上的点，或 [退出 (E) /多个 (M) /放弃 (U)] <退出>: 200

选择要偏移的对象，或 [退出 (E) /放弃 (U)] <退出>:

指定要偏移的那一侧上的点，或 [退出 (E) /多个 (M) /放弃 (U)] <退出>: 1000

选择要偏移的对象，或 [退出 (E) /放弃 (U)] <退出>:

指定要偏移的那一侧上的点，或 [退出 (E) /多个 (M) /放弃 (U)] <退出>: 200

选择要偏移的对象，或 [退出 (E) /放弃 (U)] <退出>:

正在恢复执行 OFFSET 命令。

选择要偏移的对象，或 [退出 (E) /放弃 (U)] <退出>:

指定要偏移的那一侧上的点，或 [退出 (E) /多个 (M) /放弃 (U)] <退出>: 1000

选择要偏移的对象，或 [退出 (E) /放弃 (U)] <退出>:

指定要偏移的那一侧上的点，或 [退出 (E) /多个 (M) /放弃 (U)] <退出>: 200

选择要偏移的对象，或 [退出 (E) /放弃 (U)] <退出>:

指定要偏移的那一侧上的点，或 [退出 (E) /多个 (M) /放弃 (U)] <退出>: 1000

选择要偏移的对象，或 [退出 (E) /放弃 (U)] <退出>:

指定要偏移的那一侧上的点，或 [退出 (E) /多个 (M) /放弃 (U)] <退出>: 600

选择要偏移的对象，或 [退出 (E) /放弃 (U)] <退出>:

指定要偏移的那一侧上的点，或 [退出 (E) /多个 (M) /放弃 (U)] <退出>: 2000

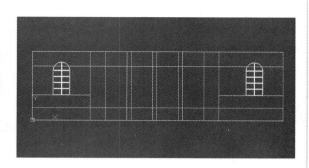 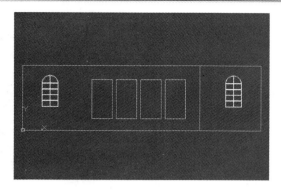

22 单击"绘图"工具栏中的"矩形"按钮□，根据辅助线绘制4个1000mm×2000mm的矩形，并单击"修改"工具栏中的"删除"按钮 ，删除多余的直线。命令行提示如下：

    命令：RECTANG
    指定第一个角点或 [倒角(C)/标高(E)/圆角(F)/厚度(T)/宽度(W)]
    命令：_rectang
    指定第一个角点或 [倒角(C)/标高(E)/圆角(F)/厚度(T)/宽度(W)]:
    指定另一个角点或 [面积(A)/尺寸(D)/旋转(R)]:
    命令：RECTANG
    指定第一个角点或 [倒角(C)/标高(E)/圆角(F)/厚度(T)/宽度(W)]:
    指定另一个角点或 [面积(A)/尺寸(D)/旋转(R)]:
    命令：RECTANG
    指定第一个角点或 [倒角(C)/标高(E)/圆角(F)/厚度(T)/宽度(W)]:
    指定另一个角点或 [面积(A)/尺寸(D)/旋转(R)]:
    命令：RECTANG
    指定第一个角点或 [倒角(C)/标高(E)/圆角(F)/厚度(T)/宽度(W)]:
    指定另一个角点或 [面积(A)/尺寸(D)/旋转(R)]:
    命令：_erase
    选择对象：找到 1 个
    选择对象：找到 1 个，总计 2 个
    ……
    选择对象：找到 1 个，总计 12 个
    选择对象：找到 1 个，总计 13 个
    选择对象：

23 单击"修改"工具栏中的"偏移"按钮 ，把4个矩形都往内侧偏移30，结果得到一层的所有窗户。命令行提示如下：

    命令：_offset
    当前设置:删除源=否 图层=源 OFFSETGAPTYPE=0
    指定偏移距离或 [通过(T)/删除(E)/图层(L)]<通过>： 30
    选择要偏移的对象，或 [退出(E)/放弃(U)] <退出>：
    指定要偏移的那一侧上的点，或 [退出(E)/多个(M)/放弃(U)] <退出>：
    选择要偏移的对象，或 [退出(E)/放弃(U)] <退出>：
    指定要偏移的那一侧上的点，或 [退出(E)/多个(M)/放弃(U)] <退出>：
    选择要偏移的对象，或 [退出(E)/放弃(U)] <退出>：
    指定要偏移的那一侧上的点，或 [退出(E)/多个(M)/放弃(U)] <退出>：
    选择要偏移的对象，或 [退出(E)/放弃(U)] <退出>：
    指定要偏移的那一侧上的点，或 [退出(E)/多个(M)/放弃(U)] <退出>：
    选择要偏移的对象，或 [退出(E)/放弃(U)] <退出>：
    指定要偏移的那一侧上的点，或 [退出(E)/多个(M)/放弃(U)] <退出>：

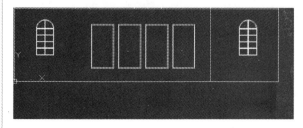

24 单击"修改"工具栏中的"偏移"按钮 ，将二层楼左边的垂直线向右连续偏移600、1800、600和600，把中间开间的底边向上连续偏移600和2000。命令行提示如下：

    命令：_offset

当前设置:删除源=否 图层=源 OFFSETGAPTYPE=0

指定偏移距离或 [通过(T)/删除(E)/图层(L)]
<3300.0000>: 600

选择要偏移的对象，或 [退出(E)/放弃(U)] <
退出>:

指定要偏移的那一侧上的点，或 [退出(E)/多个
(M)/放弃(U)] <退出>:

选择要偏移的对象，或 [退出(E)/放弃(U)] <
退出>:

指定要偏移的那一侧上的点，或 [退出(E)/多个
(M)/放弃(U)] <退出>: 2000

选择要偏移的对象，或 [退出(E)/放弃(U)] <
退出>:

指定要偏移的那一侧上的点，或 [退出(E)/多个
(M)/放弃(U)] <退出>: 600

选择要偏移的对象，或 [退出(E)/放弃(U)] <
退出>:

指定要偏移的那一侧上的点，或 [退出(E)/多个
(M)/放弃(U)] <退出>: 600

选择要偏移的对象，或 [退出(E)/放弃(U)] <
退出>:

指定要偏移的那一侧上的点，或 [退出(E)/多个
(M)/放弃(U)] <退出>: 600

选择要偏移的对象，或 [退出(E)/放弃(U)] <
退出>:

指定要偏移的那一侧上的点，或 [退出(E)/多个
(M)/放弃(U)] <退出>: 2000

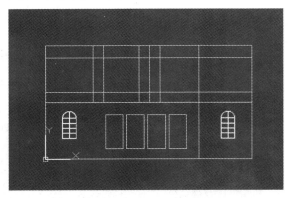

25 单击"绘图"工具栏中的"矩形"按钮□，根据
辅助线绘制一个1800mm×2000mm的矩形，然后用
"修改"工具栏中的"偏移"按钮≞，将矩形的两边
向内侧偏移30。命令行提示如下：

命令： RECTANG

指定第一个角点或 [倒角(C)/标高(E)/圆角
(F)/厚度(T)/宽度(W)]:

命令: _offset

当前设置:删除源=否 图层=源 OFFSETGAPTYPE=0

指定偏移距离或 [通过(T)/删除(E)/图层(L)]
<30.0000>: 30

选择要偏移的对象，或 [退出(E)/放弃(U)] <
退出>:

指定要偏移的那一侧上的点，或 [退出(E)/多个
(M)/放弃(U)] <退出>:

选择要偏移的对象，或 [退出(E)/放弃(U)] <
退出>: *取消*

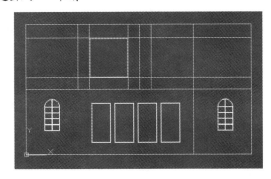

26 单击"修改"工具栏中的"修剪"按钮∕и"删
除"按钮∠，对多余的线段进行删除和修剪。命令行
提示如下：

命令:

命令: _erase

选择对象: 找到 1 个

选择对象: 找到 1 个,总计 2 个

选择对象: 找到 1 个,总计 3 个

选择对象: 找到 1 个,总计 4 个

选择对象: 找到 1 个,总计 5 个

选择对象: 找到 1 个,总计 6 个

选择对象:

命令: _trim

当前设置:投影=UCS,边=无

选择剪切边...

选择对象或 <全部选择>: 找到 1 个

选择对象: *取消*

命令:

命令: _trim

当前设置:投影=UCS,边=无

选择剪切边...

选择对象或 <全部选择>:

选择要修剪的对象，或按住 Shift 键选择要延
伸的对象，或

[栏选(F)/窗交(C)/投影(P)/边(E)/删除(R)/
放弃(U)]:

选择要修剪的对象，或按住 Shift 键选择要延伸的对象，或

[栏选(F)/窗交(C)/投影(P)/边(E)/删除(R)/放弃(U)]：

选择要修剪的对象，或按住 Shift 键选择要延伸的对象，或

[栏选(F)/窗交(C)/投影(P)/边(E)/删除(R)/放弃(U)]：

选择要修剪的对象，或按住 Shift 键选择要延伸的对象，或

[栏选(F)/窗交(C)/投影(P)/边(E)/删除(R)/放弃(U)]：

选择要修剪的对象，或按住 Shift 键选择要延伸的对象，或

[栏选(F)/窗交(C)/投影(P)/边(E)/删除(R)/放弃(U)]： *取消*

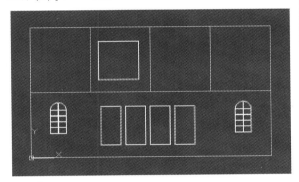

27 单击"绘图"工具栏中的"直线"按钮 /，连接二层窗户上、下边的中点，然后单击"修改"工具栏中的"偏移"按钮 ，将连接的中线向左、右偏移15。命令行提示如下：

命令：_line
指定第一个点：_mid 于
指定下一点或 [放弃(U)]：_per 到
指定下一点或 [放弃(U)]：
命令：_offset
当前设置：删除源=否 图层=源 OFFSETGAPTYPE=0
指定偏移距离或 [通过(T)/删除(E)/图层(L)] <30.0000>： 15
选择要偏移的对象，或 [退出(E)/放弃(U)] <退出>：
指定要偏移的那一侧上的点，或 [退出(E)/多个(M)/放弃(U)] <退出>：
选择要偏移的对象，或 [退出(E)/放弃(U)] <退出>：
指定要偏移的那一侧上的点，或 [退出(E)/多个

(M)/放弃(U)] <退出>：

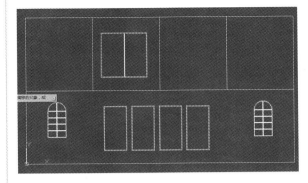

28 单击"修改"工具栏中的"镜像"按钮 ，以中间开间上、下边的中点的连线为镜像轴，将二层的窗户向两边镜像。命令行提示如下：

命令：_mirror
选择对象：指定对角点：找到 5 个
选择对象：
指定镜像线的第一点：指定镜像线的第二点：
要删除源对象吗？ [是(Y)/否(N)] <N>：
命令： MIRROR
选择对象：指定对角点：找到 5 个
选择对象：
指定镜像线的第一点：指定镜像线的第二点：
要删除源对象吗？ [是(Y)/否(N)] <N>：
命令： MIRROR
选择对象：指定对角点：找到 5 个
选择对象：
指定镜像线的第一点：指定镜像线的第二点：
要删除源对象吗？ [是(Y)/否(N)] <N>：

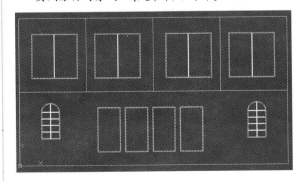

29 绘制二层的屋面板，用"修改"工具栏中的"偏移"按钮 ，把二层最外边的直线向外，偏移700。单击屋顶和屋底直线，把直线两边拉伸到偏移直线的端点。命令行提示如下：

命令：_offset
当前设置：删除源=否 图层=源 OFFSETGAPTYPE=0

指定偏移距离或 [通过(T)/删除(E)/图层(L)]
<15.0000>: 700

　选择要偏移的对象,或 [退出(E)/放弃(U)] <
退出>:

　指定要偏移的那一侧上的点,或 [退出(E)/多个
(M)/放弃(U)] <退出>:

　选择要偏移的对象,或 [退出(E)/放弃(U)] <
退出>:

　指定要偏移的那一侧上的点,或 [退出(E)/多个
(M)/放弃(U)] <退出>:

　命令: LINE
指定第一个点:
指定下一点或 [放弃(U)]: 1000
指定下一点或 [放弃(U)]: *取消*

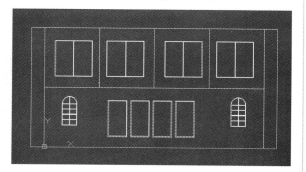

30 单击二层中点拉伸直线使其端点垂直拉伸到底
边。单击"修改"工具栏中的"偏移"按钮 ，将
所有的墙体向外偏移90,将一、二层屋顶面向下偏移
100。然后单击"修改"工具栏中的"修剪"按钮
和"删除"按钮 ，对多余的线段进行删除和修剪。
命令行提示如下:
　** 拉伸 **
　指定拉伸点或 [基点(B)/复制(C)/放弃(U)/退
出(X)]:_per 到
　** 拉伸 **
　指定拉伸点或 [基点(B)/复制(C)/放弃(U)/退
出(X)]:_per 到
　命令: *取消*
　命令: _offset
　当前设置:删除源=否 图层=源 OFFSETGAPTYPE=0
　指定偏移距离或 [通过(T)/删除(E)/图层(L)]
<600.0000>: 100

　选择要偏移的对象,或 [退出(E)/放弃(U)] <
退出>:

　选择要偏移的对象,或 [退出(E)/放弃(U)] <
退出>:

　指定要偏移的那一侧上的点,或 [退出(E)/多

(M)/放弃(U)] <退出>:

　选择要偏移的对象,或 [退出(E)/放弃(U)] <
退出>: _u
　选择要偏移的对象,或 [退出(E)/放弃(U)] <
退出>: *取消*
　命令: _offset
　当前设置:删除源=否 图层=源 OFFSETGAPTYPE=0
　指定偏移距离或 [通过(T)/删除(E)/图层(L)]
<100.0000>: 100

　选择要偏移的对象,或 [退出(E)/放弃(U)] <
退出>:

　指定要偏移的那一侧上的点,或 [退出(E)/多个
(M)/放弃(U)] <退出>:

　选择要偏移的对象,或 [退出(E)/放弃(U)] <
退出>:

　指定要偏移的那一侧上的点,或 [退出(E)/多个
(M)/放弃(U)] <退出>:

　选择要偏移的对象,或 [退出(E)/放弃(U)] <
退出>:

　指定要偏移的那一侧上的点,或 [退出(E)/多个
(M)/放弃(U)] <退出>: 90

　选择要偏移的对象,或 [退出(E)/放弃(U)] <
退出>:

　指定要偏移的那一侧上的点,或 [退出(E)/多个
(M)/放弃(U)] <退出>:

　选择要偏移的对象,或 [退出(E)/放弃(U)] <
退出>:

　指定要偏移的那一侧上的点,或 [退出(E)/多个
(M)/放弃(U)] <退出>:

　选择要偏移的对象,或 [退出(E)/放弃(U)] <
退出>:

　指定要偏移的那一侧上的点,或 [退出(E)/多个
(M)/放弃(U)] <退出>:

　命令: _erase
　选择对象: 找到 1 个
　选择对象: 找到 1 个,总计 2 个
　选择对象:
　命令: ERASE
　选择对象: 找到 1 个
　选择对象:
　命令: _trim
　当前设置:投影=UCS,边=延伸
　选择剪切边...
　选择对象或 <全部选择>: 找到 1 个
　选择对象: *取消*
　命令: _trim

当前设置:投影=UCS，边=延伸

选择剪切边...

选择对象或 <全部选择>:

选择要修剪的对象，或按住 Shift 键选择要延伸的对象，或

[栏选(F)/窗交(C)/投影(P)/边(E)/删除(R)/放弃(U)]:

选择要修剪的对象，或按住 Shift 键选择要延伸的对象，或

[栏选(F)/窗交(C)/投影(P)/边(E)/删除(R)/放弃(U)]:

选择要修剪的对象，或按住 Shift 键选择要延伸的对象，或

[栏选(F)/窗交(C)/投影(P)/边(E)/删除(R)/放弃(U)]:

选择要修剪的对象，或按住 Shift 键选择要延伸的对象，或

[栏选(F)/窗交(C)/投影(P)/边(E)/删除(R)/放弃(U)]:

选择要修剪的对象，或按住 Shift 键选择要延伸的对象，或

[栏选(F)/窗交(C)/投影(P)/边(E)/删除(R)/放弃(U)]:

选择要修剪的对象，或按住 Shift 键选择要延伸的对象，或

[栏选(F)/窗交(C)/投影(P)/边(E)/删除(R)/放弃(U)]:

选择要修剪的对象，或按住 Shift 键选择要延伸的对象，或

[栏选(F)/窗交(C)/投影(P)/边(E)/删除(R)/放弃(U)]:

……

[栏选(F)/窗交(C)/投影(P)/边(E)/删除(R)/放弃(U)]:

选择要修剪的对象，或按住 Shift 键选择要延伸的对象，或

31 单击"绘图"工具栏中的"矩形"按钮，给二层楼绘制阳台。命令行提示如下:

命令: _rectang

指定第一个角点或 [倒角(C)/标高(E)/圆角(F)/厚度(T)/宽度(W)]: _from 基点: <偏移>: 800

指定另一个角点或 [面积(A)/尺寸(D)/旋转(R)]: d

指定矩形的长度 <300.0000>: 1000

指定矩形的宽度 <3500.0000>: 100

指定另一个角点或 [面积(A)/尺寸(D)/旋转(R)]:

命令: RECTANG

指定第一个角点或 [倒角(C)/标高(E)/圆角(F)/厚度(T)/宽度(W)]:

指定另一个角点或 [面积(A)/尺寸(D)/旋转(R)]: d

指定矩形的长度 <1000.0000>: 100

指定矩形的宽度 <100.0000>: 1500

指定另一个角点或 [面积(A)/尺寸(D)/旋转(R)]:

命令: RECTANG

指定第一个角点或 [倒角(C)/标高(E)/圆角(F)/厚度(T)/宽度(W)]:

指定另一个角点或 [面积(A)/尺寸(D)/旋转(R)]: d

指定矩形的长度 <100.0000>: 1000

指定矩形的宽度 <1500.0000>: 100

指定另一个角点或 [面积(A)/尺寸(D)/旋转(R)]:

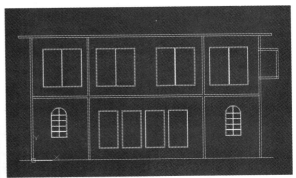

32 单击"修改"工具栏中的"修剪"按钮，对阳台多余的线条进行修剪和删除。命令行提示如下:

命令: _trim

当前设置:投影=UCS，边=延伸

选择剪切边...

选择对象或 <全部选择>：

选择要修剪的对象，或按住 Shift 键选择要延伸的对象，或

[栏选(F)/窗交(C)/投影(P)/边(E)/删除(R)/放弃(U)]：

选择要修剪的对象，或按住 Shift 键选择要延伸的对象，或

[栏选(F)/窗交(C)/投影(P)/边(E)/删除(R)/放弃(U)]：

选择要修剪的对象，或按住 Shift 键选择要延伸的对象，或

[栏选(F)/窗交(C)/投影(P)/边(E)/删除(R)/放弃(U)]：

选择要修剪的对象，或按住 Shift 键选择要延伸的对象，或

[栏选(F)/窗交(C)/投影(P)/边(E)/删除(R)/放弃(U)]：

选择要修剪的对象，或按住 Shift 键选择要延伸的对象，或

[栏选(F)/窗交(C)/投影(P)/边(E)/删除(R)/放弃(U)]：

选择要修剪的对象，或按住 Shift 键选择要延伸的对象，或

[栏选(F)/窗交(C)/投影(P)/边(E)/删除(R)/放弃(U)]：

选择要修剪的对象，或按住 Shift 键选择要延伸的对象，或

[栏选(F)/窗交(C)/投影(P)/边(E)/删除(R)/放弃(U)]：

选择要修剪的对象，或按住 Shift 键选择要延伸的对象，或

[栏选(F)/窗交(C)/投影(P)/边(E)/删除(R)/放弃(U)]：

选择要修剪的对象，或按住 Shift 键选择要延伸的对象，或

[栏选(F)/窗交(C)/投影(P)/边(E)/删除(R)/放弃(U)]：

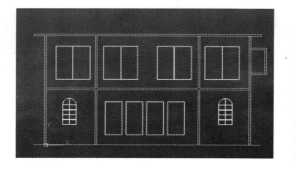

33 单击"绘图"工具栏中的"直线"按钮，绘制一条镜像轴线，然后单击"修改"工具栏中的"镜像"按钮，对阳台进行镜像。命令行提示如下：

命令：_mirror
选择对象：找到 1 个
选择对象：指定对角点：找到 0 个
选择对象：找到 1 个，总计 2 个
选择对象：找到 1 个，总计 3 个
选择对象：找到 1 个，总计 4 个
选择对象：找到 1 个，总计 5 个
选择对象：找到 1 个，总计 6 个
选择对象：
指定镜像线的第一点：指定镜像线的第二点：
要删除源对象吗？[是(Y)/否(N)] <N>：

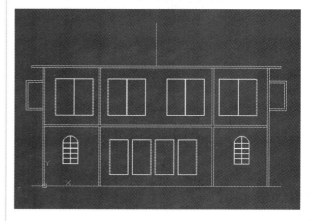

34 单击"修改"工具栏中的"复制"按钮，对步骤33进行复制移动。命令行提示如下：

命令：_copy
选择对象：指定对角点：找到 1247 个
选择对象：
当前设置：复制模式 = 多个
指定基点或 [位移(D)/模式(O)] <位移>：
指定第二个点或 [阵列(A)] <使用第一个点作为位移>：
指定第二个点或 [阵列(A)/退出(E)/放弃(U)] <退出>：
指定第二个点或 [阵列(A)/退出(E)/放弃(U)] <退出>：
指定第二个点或 [阵列(A)/退出(E)/放弃(U)] <退出>：
指定第二个点或 [阵列(A)/退出(E)/放弃(U)] <退出>：
指定第二个点或 [阵列(A)/退出(E)/放弃(U)] <退出>：*取消*

35 单击"绘图"工具栏中的"直线"按钮 和"圆"按钮 ，绘制标志塔图形。命令行提示如下：

命令：

命令：_line

指定第一个点：_mid 于

指定下一点或 [放弃(U)]: 7000

指定下一点或 [放弃(U)]: *取消*

命令：LINE

指定第一个点：_mid

指定下一点或 [放弃(U)]: <正交 关>

指定下一点或 [放弃(U)]: *取消*

命令：LINE

指定第一个点：

指定下一点或 [放弃(U)]:

指定下一点或 [放弃(U)]: *取消*

命令：

命令：

命令：_circle

指定圆的圆心或 [三点(3P)/两点(2P)/切点、切点、半径(T)]:

指定圆的半径或 [直径(D)]: 1500

命令：

命令：_circle

指定圆的圆心或 [三点(3P)/两点(2P)/切点、切点、半径(T)]: from

基点：<偏移>: 1000

指定圆的半径或 [直径(D)] <1500.0000>:

500

命令：

命令：

命令：_line

指定第一个点：

指定下一点或 [放弃(U)]: _tan 到

指定下一点或 [放弃(U)]: *取消*

命令：LINE

指定下一点或 [放弃(U)]: _tan 到

指定下一点或 [放弃(U)]: *取消*

命令：

36 单击"修改"工具栏中的"修剪"按钮 ，对步骤35进行修剪。命令行提示如下：

命令：_trim

当前设置:投影=UCS，边=延伸

选择剪切边...

选择对象或 <全部选择>:

选择要修剪的对象，或按住 Shift 键选择要延伸的对象，或

[栏选(F)/窗交(C)/投影(P)/边(E)/删除(R)/放弃(U)]:

选择要修剪的对象，或按住 Shift 键选择要延伸的对象，或

[栏选(F)/窗交(C)/投影(P)/边(E)/删除(R)/放弃(U)]:

选择要修剪的对象，或按住 Shift 键选择要延伸的对象，或

[栏选(F)/窗交(C)/投影(P)/边(E)/删除(R)/放弃(U)]:

选择要修剪的对象，或按住 Shift 键选择要延伸的对象，或

[栏选(F)/窗交(C)/投影(P)/边(E)/删除(R)/放弃(U)]:

选择要修剪的对象，或按住 Shift 键选择要延伸的对象，或

37 单击"修改"工具栏中的"镜像"按钮◣|，对标志塔的塔架分别向两边偏移15。命令行提示如下：

命令：_offset

当前设置:删除源=否 图层=源 OFFSETGAPTYPE=0

指定偏移距离或 [通过(T)/删除(E)/图层(L)] <15.0000>：15

选择要偏移的对象，或 [退出(E)/放弃(U)] <退出>：

指定要偏移的那一侧上的点，或 [退出(E)/多个(M)/放弃(U)] <退出>：

选择要偏移的对象，或 [退出(E)/放弃(U)] <退出>：

指定要偏移的那一侧上的点，或 [退出(E)/多个(M)/放弃(U)] <退出>：

选择要偏移的对象，或 [退出(E)/放弃(U)] <退出>：

指定要偏移的那一侧上的点，或 [退出(E)/多个(M)/放弃(U)] <退出>：

选择要偏移的对象，或 [退出(E)/放弃(U)] <退出>：

指定要偏移的那一侧上的点，或 [退出(E)/多个(M)/放弃(U)] <退出>：

选择要偏移的对象，或 [退出(E)/放弃(U)] <

退出>：

指定要偏移的那一侧上的点，或 [退出(E)/多个(M)/放弃(U)] <退出>：

选择要偏移的对象，或 [退出(E)/放弃(U)] <退出>：

指定要偏移的那一侧上的点，或 [退出(E)/多个(M)/放弃(U)] <退出>：

选择要偏移的对象，或 [退出(E)/放弃(U)] <退出>：

指定要偏移的那一侧上的点，或 [退出(E)/多个(M)/放弃(U)] <退出>：

选择要偏移的对象，或 [退出(E)/放弃(U)] <退出>：

指定要偏移的那一侧上的点，或 [退出(E)/多个(M)/放弃(U)] <退出>：

38 单击"修改"工具栏中的"修剪"按钮⊹|，对步骤37多余的直线进行修剪。命令行提示如下：

命令：

命令：_trim

当前设置:投影=UCS，边=延伸

选择剪切边...

选择对象或 <全部选择>：

选择要修剪的对象，或按住 Shift 键选择要延伸的对象，或

[栏选(F)/窗交(C)/投影(P)/边(E)/删除(R)/放弃(U)]:

选择要修剪的对象，或按住 Shift 键选择要延伸的对象，或

[栏选(F)/窗交(C)/投影(P)/边(E)/删除(R)/放弃(U)]:

选择要修剪的对象，或按住 Shift 键选择要延伸的对象，或

[栏选(F)/窗交(C)/投影(P)/边(E)/删除(R)/放弃(U)]:

选择要修剪的对象，或按住 Shift 键选择要延伸的对象，或

[栏选(F)/窗交(C)/投影(P)/边(E)/删除(R)/放弃(U)]:

……

选择要修剪的对象，或按住 Shift 键选择要延伸的对象，或

[栏选(F)/窗交(C)/投影(P)/边(E)/删除(R)/放弃(U)]:

选择要修剪的对象，或按住 Shift 键选择要延伸的对象，或

[栏选(F)/窗交(C)/投影(P)/边(E)/删除(R)/放弃(U)]:

选择要修剪的对象，或按住 Shift 键选择要延伸的对象，或

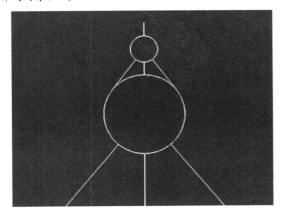

39 单击"绘图"工具栏中的"直线"按钮，给塔顶绘制一条直线，在建筑物顶部绘制两个矩形，如图所示。命令行提示如下：

命令: _line
指定第一个点:
指定下一点或 [闭合(C)/放弃(U)]: *取消*
命令:
命令: _rectang
指定第一个角点或 [倒角(C)/标高(E)/圆角(F)/厚度(T)/宽度(W)]:
指定另一个角点或 [面积(A)/尺寸(D)/旋转(R)]: d
指定矩形的长度 <2000.0000>: 4000
指定矩形的宽度 <2000.0000>: 2000

(R)]: d
指定矩形的长度 <4000.0000>: 3000
指定矩形的宽度 <2000.0000>: 3000
指定另一个角点或 [面积(A)/尺寸(D)/旋转(R)]:

40 单击"修改"工具栏中的"偏移"按钮，让矩形往内侧偏移30。命令行提示如下：

命令: _offset
当前设置:删除源=否 图层=源 OFFSETGAPTYPE=0
指定偏移距离或 [通过(T)/删除(E)/图层(L)] <15.0000>: 30
选择要偏移的对象，或 [退出(E)/放弃(U)] <退出>:
指定要偏移的那一侧上的点，或 [退出(E)/多个(M)/放弃(U)] <退出>:
选择要偏移的对象，或 [退出(E)/放弃(U)] <退出>:
指定要偏移的那一侧上的点，或 [退出(E)/多个(M)/放弃(U)] <退出>:

09章 基本三维实体绘制实例

- 长方体
- 圆柱体
- 圆锥体
- 圆环体
- 球体
- 楔体
- 圆锥台
- 棱锥台
- 铅笔模型的绘制
- 半球体

实例57 长方体

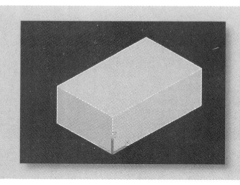

🎬 案例说明：本例将学习绘制长方体，在绘制本例的过程
中可以掌握"长方体"命令的使用方法。

🔄 学习要点：掌握"长方体"命令。

💿 光盘文件：实例文件\实例57.dwg

📹 视频教程：视频文件\实例57.avi

操作步骤

1 启动AutoCAD 2013中文版，单击"快速访问
工具栏"中的"新建"按钮，弹出"选择样板"
对话框。

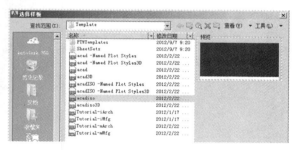

2 在对话框中"名称"列表框中选择"acadiso.dwt"
样板文件，然后单击"打开"按钮，新建图形文件。

3 设置当前的工作空间为"三维建模"。切换到"视
图"选项卡，在"视图"面板中，单击"视图"按钮
🔷，从弹出的列表框中选择"西南等轴测"命令。

4 切换到"视图"选项卡，在"视觉样式"面板中，
选择当前的视觉样式为"带边缘着色"。

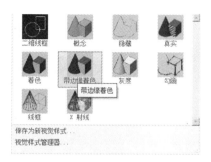

5 切换到"常用"选项卡，在"建模"面板中，单
击"长方体"按钮，创建一个长方体。命令行提示
如下：

```
命令：_box
指定第一个角点或 [中心©]：0,0
指定其他角点或 [立方体©/长度(L)]：l
指定长度：80
指定宽度：50
指定高度或 [两点(2P)] <22.2422>：30
```

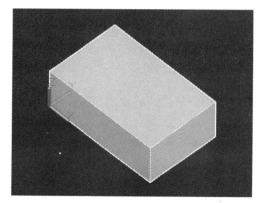

实例 58 圆柱体

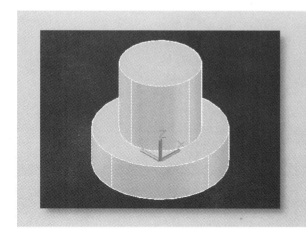

📽 **案例说明：** 本例将学习绘制圆柱体，在绘制本例的过程中可以掌握"圆柱体"命令的使用方法。

🎯 **学习要点：** 掌握"圆柱体"命令。

💿 **光盘文件：** 实例文件\实例58.dwg

📹 **视频教程：** 视频文件\实例58.avi

操作步骤

1️⃣ 启动AutoCAD 2013中文版，单击"快速访问工具栏"中的"新建"按钮，弹出"选择样板"对话框。

2️⃣ 在对话框中"名称"列表框中选择"acadiso.dwt"样板文件，然后单击"打开"按钮，新建图形文件。

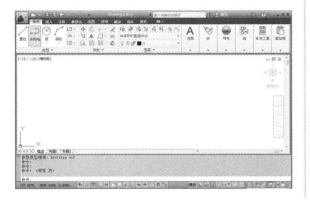

3️⃣ 设置当前的工作空间为"三维建模"。切换到"视图"选项卡，在"视图"面板中，单击"视图"按钮，从弹出的列表框中选择"西南等轴测"命令。

4️⃣ 切换到"视图"选项卡，在"视觉样式"面板中，选择当前的视觉样式为"带边缘着色"。

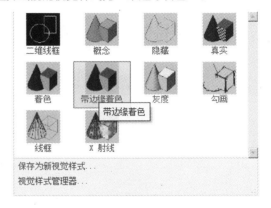

5 切换到"常用"选项卡，在"建模"面板中，单击"圆柱体"按钮，创建一个圆柱体。命令行提示如下：

命令：_cylinder
指定底面的中心点或 [三点(3P)/两点(2P)/切点、切点、半径(T)/椭圆(E)]：0,0
指定底面半径或 [直径(D)] <30.0000>：50
指定高度或 [两点(2P)/轴端点(A)] <100.0000>：30

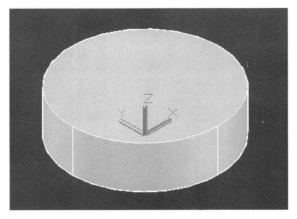

6 切换到"常用"选项卡，在"建模"面板中，单击"圆柱体"按钮，创建一个圆柱体。命令行提示如下：

命令：_cylinder
指定底面的中心点或 [三点(3P)/两点(2P)/切点、切点、半径(T)/椭圆(E)]：50,0
指定底面半径或 [直径(D)] <50.0000>：30
指定高度6或 [两6点(2P)/轴端点(A)] <30.0000>：60

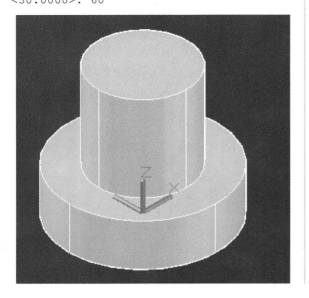

7 在命令提示行输入UCS，根据窗口提示将坐标系原点移动到半径为30的圆柱体上端面的中心，结果如图所示。命令提示行如下：

当前 UCS 名称：*世界*
指定 UCS 的原点或 [面(F)/命名(NA)/对象(OB)/上一个(P)/视图(V)/世界(W)/X/Y/Z/Z 轴(ZA)] <世界>：0,0,90
指定 X 轴上的点或 <接受>：_qua 于
指定 XY 平面上的点或 <接受>：
>>输入 ORTHOMODE 的新值 <0>：
正在恢复执行 UCS 命令。
指定 XY 平面上的点或 <接受>：_qua 于

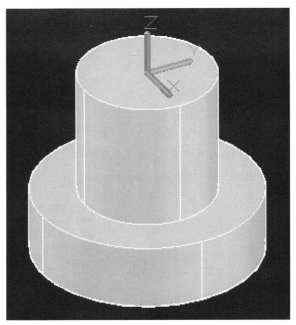

8 切换到"常用"选项卡，在"建模"面板中单击"圆柱体"按钮，继续创建如图所示的圆柱体。命令提示行如下：

命令：_cylinder
指定底面的中心点或 [三点(3P)/两点(2P)/切点、切点、半径(T)/椭圆(E)]：
指定底面半径或 [直径(D)] <30.0000>：50
指定高度或 [两点(2P)/轴端点(A)] <60.0000>：30

实例 59 圆锥体

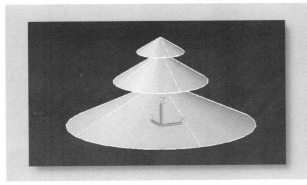

▷ **案例说明：** 本例将学习绘制圆锥体，在绘制本例的过程中可以掌握"圆锥体"命令的使用方法。

▷ **学习要点：** 掌握"圆锥体"命令。

▷ **光盘文件：** 实例文件\实例59.dwg

▷ **视频教程：** 视频文件\实例59.avi

操作步骤

1 启动AutoCAD 2013中文版，单击"快速访问工具栏"中的"新建"按钮，弹出"选择样板"对话框。

2 在对话框中"名称"列表框中选择"acadiso.dwt"样板文件，然后单击"打开"按钮，新建图形文件。

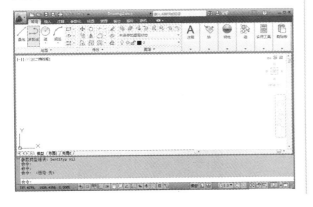

3 设置当前的工作空间为"三维建模"。切换到"视图"选项卡，在"视图"面板中，单击"视图"按钮，从弹出的列表框中选择"西南等轴测"命令。

4 切换到"视图"选项卡，在"视觉样式"面板中，选择当前的视觉样式为"带边缘着色"。

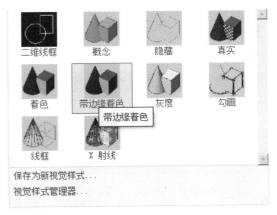

⑤ 切换到"常用"选项卡，在"建模"面板中，单击"圆锥体"按钮⬡，创建一个圆锥体。命令行提示如下：

命令：_cone
指定底面的中心点或 [三点(3P)/两点(2P)/切点、切点、半径(T)/椭圆(E)]：0,0,0
指定底面半径或 [直径(D)] <120.0000>：60
指定高度或 [两点(2P)/轴端点(A)/顶面半径(T)] <60.0000>：30

⑥ 切换到"常用"选项卡，在"建模"面板中，单击"圆锥体"按钮⬡，创建一个圆锥体。命令行提示如下：

命令：_cone
指定底面的中心点或 [三点(3P)/两点(2P)/切点、切点、半径(T)/椭圆(E)]：0,0,30
指定底面半径或 [直径(D)] <60.0000>：30
指定高度或 [两点(2P)/轴端点(A)/顶面半径(T)] <30.0000>：20

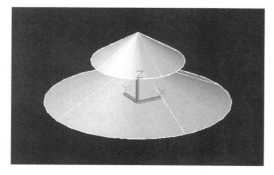

⑦ 切换到"常用"选项卡，在"建模"面板中，单击"圆锥体"按钮⬡，创建一个圆锥体。命令行提示如下：

命令：_cone
指定底面的中心点或 [三点(3P)/两点(2P)/切点、切点、半径(T)/椭圆(E)]：0,0,50
指定底面半径或 [直径(D)] <60.0000>：15
指定高度或 [两点(2P)/轴端点(A)/顶面半径(T)] <30.0000>：10

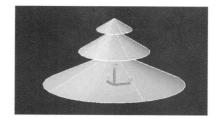

⑧ 在绘图区域下方命令提示行中输入"UCS"，根据命令提示行的提示，将坐标系原点移动到步骤7所绘制圆锥体的顶部。

⑨ 切换到"常用"选项卡，在"建模"面板中单击"圆锥体"按钮⬡，以坐标原点为基准点，继续绘制一个半径为10，高度为10的圆锥体。

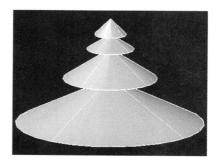

⑩ 切换到"常用"选项卡，在"建模"面板中单击"圆柱体"按钮⬚，以半径为60的圆锥体的圆心为基点，绘制一个半径为5，高为150的圆柱体。

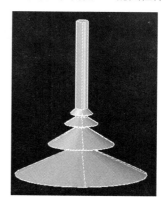

圆环体

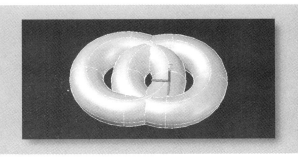

📽案例说明：本例将学习绘制圆环体，在绘制本
例的过程中可以掌握"圆环体"命
令的使用方法。

💿学习要点：掌握"圆环体"命令。

💾光盘文件：实例文件\实例60.dwg

🎬视频教程：视频文件\实例60.avi

操作步骤

1 启动AutoCAD 2013中文版，单击"快速访问
工具栏"中的"新建"按钮🗋，弹出"选择样板"
对话框。

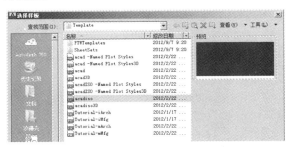

2 在对话框中"名称"列表框中选择"acadiso.dwt"
样板文件，然后单击"打开"按钮，新建图形文件。

3 设置当前的工作空间为"三维建模"。切换到"视
图"选项卡，在"视图"面板中，单击"视图"按钮
🔷，从弹出的列表框中选择"西南等轴测"命令。

4 切换到"视图"选项卡，在"视觉样式"面板中，
选择当前的视觉样式为"带边缘着色"。

5 切换到"常用"选项卡，在"建模"面板中，单
击"圆环体"按钮◎，创建一个圆环体。命令行提示

如下：

　　命令：_torus

　　指定中心点或 [三点(3P)/两点(2P)/切点、切
点、半径(T)]：0,0,0

　　指定半径或 [直径(D)] <50.0000>：50

　　指定圆管半径或 [两点(2P)/直径(D)]
<50.0000>：20

6 切换到"常用"选项卡，在"建模"面板中，单击
"圆环体"按钮◎，创建一个圆环体。命令行提示
如下：

　　命令：_torus

　　指定中心点或 [三点(3P)/两点(2P)/切点、切
点、半径(T)]：50,0,0

　　指定半径或 [直径(D)] <50.0000>：50

　　指定圆管半径或 [两点(2P)/直径(D)]
<20.0000>：20

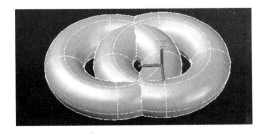

实例 61 球体

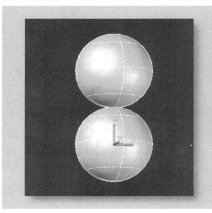

📠 **案例说明：**本例将学习绘制球体，在绘制本例的过程中可以掌握"球体"命令的使用方法。

💿 **学习要点：**掌握"球体"命令。

💿 **光盘文件：**实例文件\实例61.dwg

📹 **视频教程：**视频文件\实例61.avi

操作步骤

1 启动AutoCAD 2013中文版，单击"快速访问工具栏"中的"新建"按钮，弹出"选择样板"对话框。

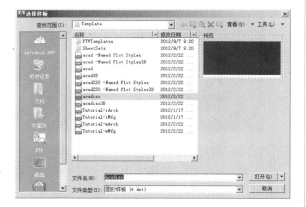

2 在对话框中"名称"列表框中选择"acadiso.dwt"样板文件，然后单击"打开"按钮，新建图形文件。

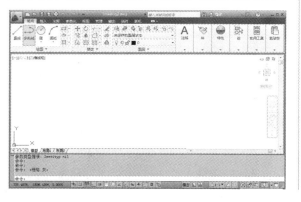

3 设置当前的工作空间为"三维建模"。切换到"视图"选项卡，在"视图"面板中，单击"视图"按钮，从弹出的列表框中选择"西南等轴测"命令。

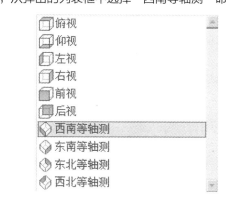

4 切换到"视图"选项卡，在"视觉样式"面板中，选择当前的视觉样式为"带边缘着色"。

5 切换到"常用"选项卡,在"建模"面板中,单击"球体"按钮⚪,创建一个球体。命令行提示如下:

命令:_sphere

指定中心点或 [三点(3P)/两点(2P)/切点、切点、半径(T)]:0,0,0

指定半径或 [直径(D)] <100.0000>:100

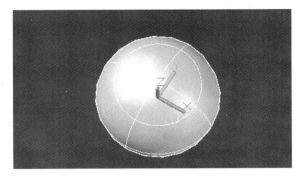

6 切换到"常用"选项卡,在"建模"面板中,单击"球体"按钮⚪,创建一个球体。命令行提示如下:

命令:SPHERE

指定中心点或 [三点(3P)/两点(2P)/切点、切点、半径(T)]:0,0,200

指定半径或 [直径(D)] <100.0000>:100

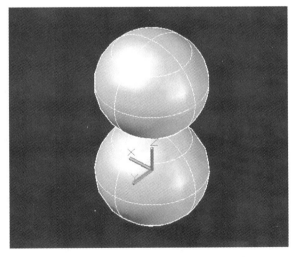

7 在命令提示行输入"USA",将坐标系原点移动到"0,0,100",结果如图所示。命令提示如下:

命令:UCS

当前 UCS 名称:*世界*

指定 UCS 的原点或 [面(F)/命名(NA)/对象(OB)/上一个(P)/视图(V)/世界(W)/X/Y/Z/Z 轴(ZA)] <世界>:0,0,100

指定 X 轴上的点或 <接受>:

指定 XY 平面上的点或 <接受>:

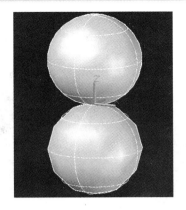

8 切换到"常用"选项卡,在"建模"面板中单击"球体"按钮⚪,以坐标原点为基点绘制球体,结果如图所示,命令提示行如下:

命令:_sphere

指定中心点或 [三点(3P)/两点(2P)/切点、切点、半径(T)]:0,0,0

指定半径或 [直径(D)] <120.0000>:50

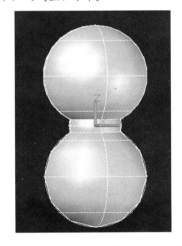

9 在命令提示行输入"USA",根据命令提示,将坐标系移动到如图所示的位置,并切换到"常用"选项卡,在"建模"面板中单击"球体"按钮 ,以坐标原点为基点绘制。

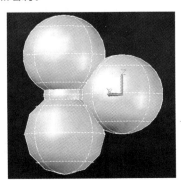

实例62 楔体

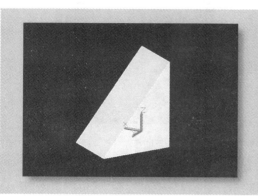

📽 **案例说明**：本例将学习绘制楔体，在绘制本例的过程中可以掌握"楔体"命令的使用方法。

🎯 **学习要点**：掌握"楔体"命令。

💿 **光盘文件**：实例文件\实例62.dwg

🎬 **视频教程**：视频文件\实例62.avi

操作步骤

1 启动AutoCAD 2013中文版，单击"快速访问工具栏"中的"新建"按钮 📄，弹出"选择样板"对话框。

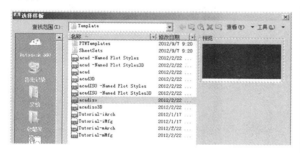

2 在对话框中"名称"列表框中选择"acadiso.dwt"样板文件，然后单击"打开"按钮，新建图形文件。

3 设置当前的工作空间为"三维建模"。切换到"视图"选项卡，在"视图"面板中，单击"视图"按钮 ◇，从弹出的列表框中选择"西南等轴测"命令。

- 🔲 左视
- 🔲 右视
- 🔲 前视
- 🔲 后视
- ◇ 西南等轴测
- ◇ 东南等轴测
- ◇ 东北等轴测
- ◇ 西北等轴测

4 切换到"视图"选项卡，在"视觉样式"面板中，选择当前的视觉样式为"带边缘着色"。

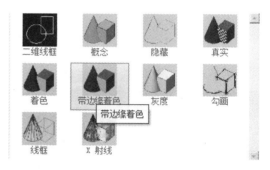

二维线框　概念　隐藏　真实
着色　带边缘着色　灰度　勾画
　　　　带边缘着色
线框　X 射线

5 切换到"常用"选项卡，在"建模"面板中，单击"楔体"按钮 ◇，创建一个楔体。命令行提示如下：

```
命令：_wedge
指定第一个角点或 [中心(C)]：0,0,0
指定其他角点或 [立方体(C)/长度(L)]：L
指定长度 <80.0000>：80
指定宽度 <60.0000>：60
指定高度或 [两点(2P)] <60.0000>：100
```

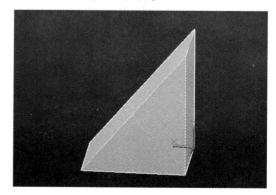

圆锥台

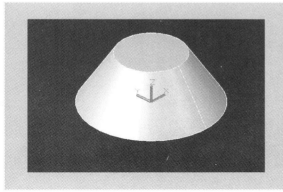

■ 案例说明：本例将学习绘制圆锥台，在绘制本例的过程中可以熟练掌握"圆锥体"命令的使用方法。

■ 学习要点：熟练掌握和运用"圆锥体"命令。

■ 光盘文件：实例文件\实例63.dwg

■ 视频教程：视频文件\实例63.avi

操作步骤

1 启动AutoCAD 2013中文版，单击"快速访问工具栏"中的"新建"按钮，弹出"选择样板"对话框。

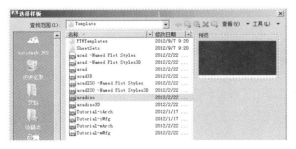

2 在对话框中"名称"列表框中选择"acadiso.dwt"样板文件，然后单击"打开"按钮，新建图形文件。

3 设置当前的工作空间为"三维建模"。切换到"视图"选项卡，在"视图"面板中单击"视图"按钮，从弹出的列表框中选择"西南等轴测"命令。

4 切换到"视图"选项卡，在"视觉样式"面板中，选择当前的视觉样式为"带边缘着色"。

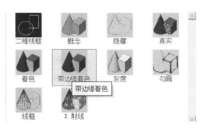

5 切换到"常用"选项卡，在"建模"面板中，单击"圆锥体"按钮，创建一个圆锥体。命令行提示如下：

命令：_cone
指定底面的中心点或 [三点(3P)/两点(2P)/切点、切点、半径(T)/椭圆(E)]：0,0,0
指定底面半径或 [直径(D)] <100.0000>：100
指定高度或 [两点(2P)/轴端点(A)/顶面半径(T)] <80.0000>：T
指定顶面半径 <50.0000>：50
指定高度或 [两点(2P)/轴端点(A)] <80.0000>：A
指定轴端点：@0,0,80

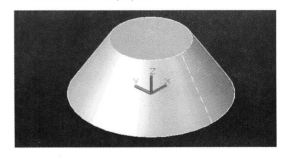

实例64 棱锥台

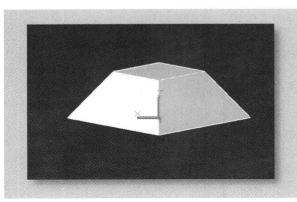

📽️ 案例说明：本例将学习绘制四楞台，在绘制本例的过程中可以熟练掌握"棱锥体"命令的使用方法

🔁 学习要点：熟练掌握和运用"棱锥体"命令。

💿 光盘文件：实例文件\实例64.dwg

📹 视频教程：视频文件\实例64.avi

操作步骤

1 启动AutoCAD 2013中文版，单击"快速访问工具栏"中的"新建"按钮 🗋，弹出"选择样板"对话框。

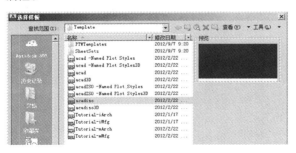

2 在对话框中"名称"列表框中选择"acadiso.dwt"样板文件，然后单击"打开"按钮，新建图形文件。

3 设置当前的工作空间为"三维建模"。切换到"视图"选项卡，在"视图"面板中，单击"视图"按钮 🔷，从弹出的列表框中选择"西南等轴测"命令。

- 📇 左视
- 📇 右视
- 📇 前视
- 📇 后视
- 🔷 西南等轴测
- 🔷 东南等轴测
- 🔷 东北等轴测
- 🔷 西北等轴测

4 切换到"视图"选项卡，在"视觉样式"面板中，选择当前的视觉样式为"带边缘着色"。

着色　带边缘着色　灰度　勾画

带边缘着色

线框　X 射线

5 切换到"常用"选项卡，在"建模"面板中，单击"棱锥体"按钮 ◇，创建一个棱锥体。命令行提示如下：

命令：_pyramid

指定底面的中心点或 [边(E)/侧面(S)]：0,0,0

指定底面半径或 [内接(I)]：100

指定高度或 [两点(2P)/轴端点(A)/顶面半径(T)]：t

指定顶面半径 <0.0000>：50

指定高度或 [两点(2P)/轴端点(A)]：a

指定轴端点：@0,0,80

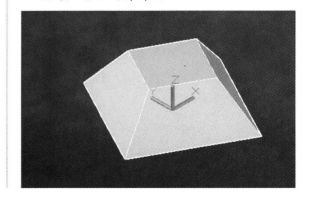

实例65 铅笔模型的绘制

🎬 **案例说明：** 本例将学习绘制铅笔模型，在绘制本例的过程中熟练掌握"圆柱体"、"球体"和"圆锥体"命令的使用方法。

🎯 **学习要点：** 熟练掌握和运用圆"柱体"、"球体"和"圆锥体"命令。

💿 **光盘文件：** 实例文件\实例65.dwg

📹 **视频教程：** 视频文件\实例65.avi

操作步骤

1️⃣ 启动AutoCAD 2013中文版，单击"快速访问工具栏"中的"新建"按钮，弹出"选择样板"对话框。

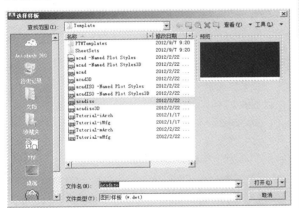

2️⃣ 在对话框中"名称"列表框中选择"acadiso.dwt"样板文件，然后单击"打开"按钮，新建图形文件。

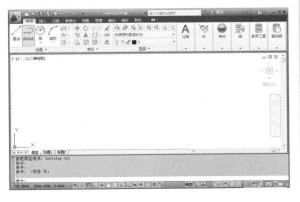

3️⃣ 设置当前的工作空间为"三维建模"。切换到"视图"选项卡，在"视图"面板中，单击"视图"按钮，从弹出的列表框中选择"西南等轴测"命令。

4️⃣ 切换到"视图"选项卡，在"视觉样式"面板中，选择当前的视觉样式为"带边缘着色"。

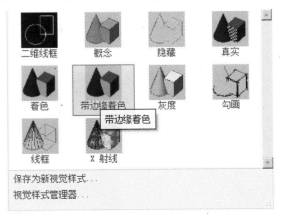

5 切换到"常用"选项卡，在"建模"面板中，单击"圆柱体"按钮🛢，创建一个圆柱体。命令行提示如下：

命令：_cylinder
指定底面的中心点或 [三点(3P)/两点(2P)/切点、切点、半径(T)/椭圆(E)]：0,0,0
指定底面半径或 [直径(D)] <5.0000>：5
指定高度或 [两点（2P）/轴端点（A）] <3.9069>：120

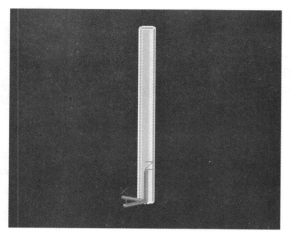

6 切换到"常用"选项卡，在"建模"面板中，单击"圆柱体"按钮🛢，创建一个圆柱体。命令行提示如下：

命令：_cylinder
指定底面的中心点或 [三点(3P)/两点(2P)/切点、切点、半径(T)/椭圆(E)]：0,0,0
指定底面半径或 [直径(D)] <5.0000>：6
指定高度或 [两点（2P）/轴端点（A）] <3.9069>：-12

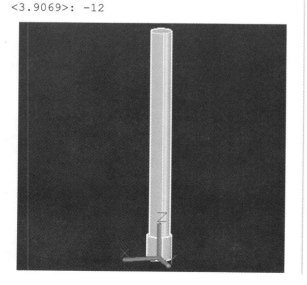

7 切换到"常用"选项卡，在"建模"面板中，单击"球体"按钮⬤，创建一个球体。命令行提示如下：

命令：SPHERE
指定中心点或 [三点(3P)/两点(2P)/切点、切点、半径(T)]：0,0,-12
指定半径或 [直径(D)] <5.0000>：6

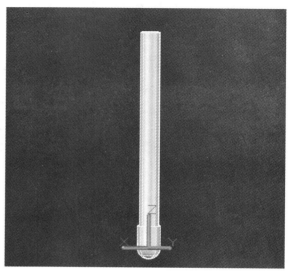

8 切换到"常用"选项卡，在"建模"面板中，单击"圆锥体"按钮△，创建一个圆锥体。命令行提示如下：

命令：_cone
指定底面的中心点或 [三点(3P)/两点(2P)/切点、切点、半径(T)/椭圆(E)]：0,0,120
指定底面半径或 [直径(D)] <5.0000>：5
指定高度或 [两点(2P)/轴端点(A)/顶面半径(T)] <120.0000>：20

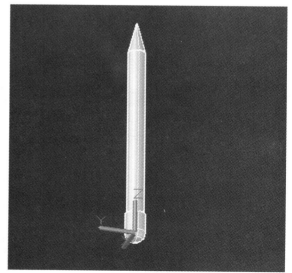

实例 66 半球体

📽 **案例说明：** 本例将学习绘制半球体，在绘制本例的
过程中可以熟练掌握"球体"、"面
域"和"差集"命令的使用方法。

🔄 **学习要点：** 熟练掌握和运用"球体"、"面域"
和"差集"命令。

💿 **光盘文件：** 实例文件\实例66.dwg

📀 **视频教程：** 视频文件\实例66.avi

操作步骤

1 启动AutoCAD 2013中文版，单击"快速访问
工具栏"中的"新建"按钮 🗋，弹出"选择样板"
对话框。

2 在对话框中"名称"列表框中选择"acadiso.dwt"
样板文件，然后单击"打开"按钮，新建图形文件。

3 设置当前的工作空间为"三维建模"。切换到"视
图"选项卡，在"视图"面板中，单击"视图"按钮
◇，从弹出的列表框中选择"西南等轴测"命令。

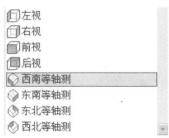

4 切换到"视图"选项卡，在"视觉样式"面板中，
选择当前的视觉样式为"带边缘着色"。

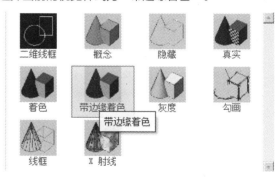

5 切换到"常用"选项卡，在"建模"面板中，单击
"球体"按钮 ◯，创建一个球体。命令行提示如下：

命令：_sphere
指定中心点或 [三点(3P)/两点(2P)/切点、切
点、半径(T)]：0,0,0
指定半径或 [直径(D)] <100.0000>：100

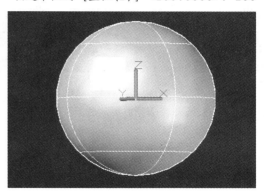

6 切换到"常用"选项卡,在"绘图"面板中,单击"圆"按钮⊙,画一个以球心为圆心半径为120mm的一个圆。命令行提示如下:

命令:_circle
指定圆的圆心或 [三点(3P)/两点(2P)/切点、切点、半径(T)]: 0,0
指定圆的半径或 [直径(D)]: 120

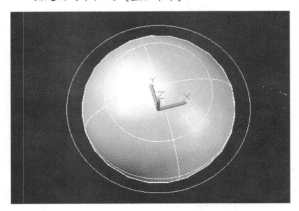

7 切换到"常用"选项卡,在"绘图"面板中,单击"面域"按钮◎,根据提示对上一步绘制的圆进行面域。命令行提示如下:

命令:_region
选择对象:
选择对象:找到 1 个
选择对象:
已提取 1 个环。
已创建 1 个面域

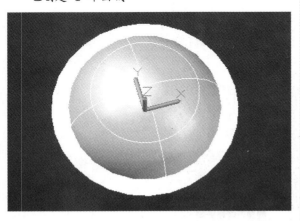

8 切换到"常用"选项卡,在"建模"面板中,单击"拉伸"按钮⊡,根据提示对已经面域的面进行拉伸。命令行提示如下:

命令:_extrude

当前线框密度: ISOLINES=4,闭合轮廓创建模式 = 实体

选择要拉伸的对象或 [模式(MO)]: _MO 闭合轮廓创建模式 [实体(SO)/曲面(SU)] <实体>: _SO
选择要拉伸的对象或 [模式(MO)]: 找到 1 个
选择要拉伸的对象或 [模式(MO)]:
指定拉伸的高度或 [方向(D)/路径(P)/倾斜角(T)/表达式(E)] <120.0000>: d
指定方向的起点: 0,0,0
指定方向的端点: @0,0,120

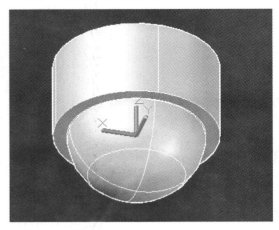

9 切换到"常用"选项卡,在"实体编辑"面板中,单击"差集"按钮◎,将创建的球体和拉伸后的实体进行差集处理。命令行提示如下:

命令:_subtract 选择要从中减去的实体、曲面和面域...
选择对象:找到 1 个
选择对象:
选择要减去的实体、曲面和面域...
选择对象:找到 1 个

10章

实体的并、交、差

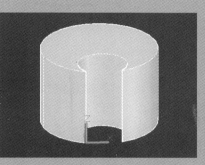

- 正交长方体的并
- 圆柱体正交长方体的并
- 同轴圆柱体的减
- 两相交圆柱体的减
- 长方体与圆柱体的交

实例 67 正交长方体的并

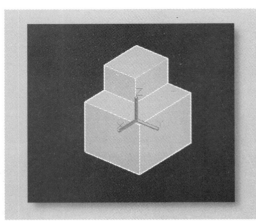

📽 **案例说明：** 本例将主要通过学习绘制正交长方体，在绘制本例的过程中可以熟练掌握"并集"命令的使用方法。

⊗ **学习要点：** 熟练掌握和运用"并集"命令。

◎ **光盘文件：** 实例文件\实例67.dwg

📹 **视频教程：** 视频文件\实例67.avi

操作步骤

1 启动AutoCAD 2013中文版，单击"快速访问工具栏"中的"新建"按钮，弹出"选择样板"对话框。

2 在对话框中"名称"列表框中选择"acadiso.dwt"样板文件，然后单击"打开"按钮，新建图形文件。

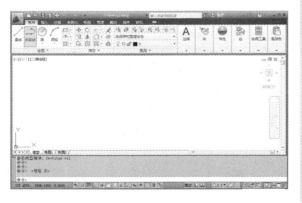

3 设置当前的工作空间为"三维建模"。切换到"视图"选项卡，在"视图"面板中，单击"视图"按钮，从弹出的列表框中选择"西南等轴测"命令。

4 切换到"视图"选项卡，在"视觉样式"面板中，选择当前的视觉样式为"带边缘着色"。

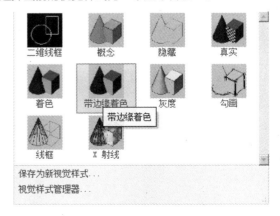

⑤ 切换到"常用"选项卡，在"建模"面板中，单击"长方体"按钮⬜，创建一个长方体。命令行提示如下：

```
命令：_box
指定第一个角点或 [中心(C)]：0,0,0
指定其他角点或 [立方体(C)/长度(L)]：L
指定长度 <80.0000>：<正交 开> 80
指定宽度 <70.0000>：70
指定高度或 [两点(2P)] <60.0000>：60
```

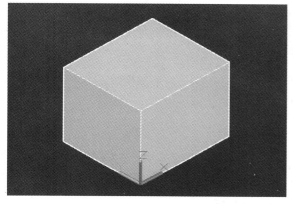

⑥ 在命令提示行中输入"UCS"，根据提示将坐标系原点移动到如图所示的位置。命令行提示如下：

```
定长度：<正交 开> 80
指定宽度：70
指定高度或 [两点(2P)] <60.0000>：60
命令：UCS
当前 UCS 名称：*世界*
指定 UCS 的原点或 [面(F)/命名(NA)/对象
(OB)/上一个(P)/视图(V)/世界(W)/X/Y/Z/Z 轴
(ZA)] <世界>：
指定 X 轴上的点或 <接受>：
指定 XY 平面上的点或 <接受>：
```

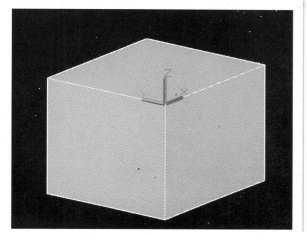

⑦ 切换到"常用"选项卡，在"建模"面板中，单击"长方体"按钮⬜，创建一个与步骤5正交的长方体。命令行提示如下：

```
命令：_box
指定第一个角点或 [中心(C)]：0,0,0
指定其他角点或 [立方体(C)/长度(L)]：L
指定长度 <90.0000>：<正交 开> 50
指定宽度 <50.0000>：40
指定高度或 [两点(2P)] <60.0000>：90
```

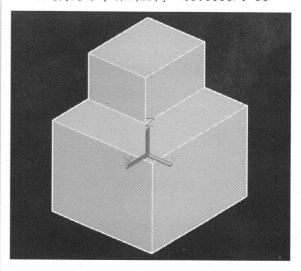

⑧ 切换到"常用"选项卡，在"实体编辑"面板中，单击"并集"按钮⬜，根据命令框中的提示，对两个正交的长方体进行并集处理，处理后的两个长方体会生成一个整体。命令行提示如下：

```
命令：UNION
选择对象：找到 1 个
选择对象：找到 1 个，总计 2 个
选择对象：
```

实例 68 圆柱体正交长方体的并

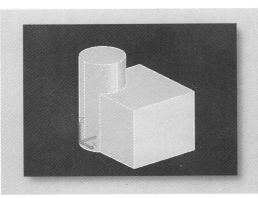

📽 **案例说明:** 本例将主要通过学习绘制圆柱体正交长方体，在绘制本例的过程中可以熟练掌握"并集"命令的使用方法。

🎯 **学习要点:** 熟练掌握和运用"并集"命令。

💿 **光盘文件:** 实例文件\实例68.dwg

🎬 **视频教程:** 视频文件\实例68.avi

操作步骤

1 启动AutoCAD 2013中文版，单击"快速访问工具栏"中的"新建"按钮，弹出"选择样板"对话框。

2 在对话框中"名称"列表框中选择"acadiso.dwt"样板文件，然后单击"打开"按钮，新建图形文件。

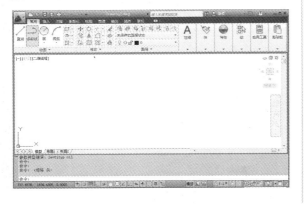

3 设置当前的工作空间为"三维建模"。切换到"视图"选项卡，在"视图"面板中，单击"视图"按钮，从弹出的列表框中选择"西南等轴测"命令。

4 切换到"视图"选项卡，在"视觉样式"面板中，选择当前的视觉样式为"带边缘着色"。

5 切换到"常用"选项卡，在"建模"面板中，单击"长方体"按钮，创建一个长方体。命令行提示

如下：

```
命令：_box
指定第一个角点或 [中心(C)]：0,0,0
指定其他角点或 [立方体(C)/长度(L)]：L
指定长度 <80.0000>： <正交 开> 80
指定宽度 <70.0000>：70
指定高度或 [两点(2P)] <60.0000>：60
```

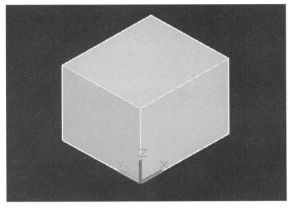

6 切换到"常用"选项卡，在"建模"面板中，单击"圆柱体"按钮，创建一个正交于长方体的圆柱体。命令行提示如下：

```
命令：_cylinder
指定底面的中心点或 [三点(3P)/两点(2P)/切点、切点、半径(T)/椭圆(E)]：2p
指定直径的第一个端点：0,0,0
指定直径的第二个端点：@30,30,0
指定高度或 [两点(2P)/轴端点(A)]<5.2147>：a
指定轴端点：@0,0,90
```

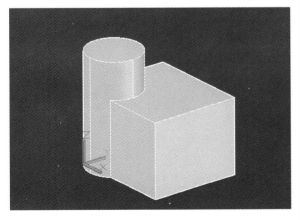

7 切换到"常用"选项卡，在"实体编辑"面板中，单击"并集"按钮，根据命令框中的提示，对正交的长方体和圆柱体进行并集处理，处理后两个正交的

实体会生成一个整体。命令行提示如下：

```
命令：UNION
选择对象：找到 1 个
选择对象：找到 1 个，总计 2 个
选择对象：
```

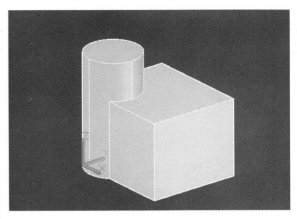

8 切换到"常用"选项卡，在"建模"面板中单击"圆柱体"按钮，以点"40,35,0"为基准点，绘制一个半径为25，高为90的圆柱体，再在"常用"选项卡的"实体编辑"面板中单击"并集"按钮，把这两个实体合并为一个整体，结果如图所示。命令行提示如下：

```
命令：_cylinder
指定底面的中心点或 [三点(3P)/两点(2P)/切点、切点、半径(T)/椭圆(E)]：40,35,0
指定底面半径或 [直径(D)] <30.0000>：25
指定高度或 [两点(2P)/轴端点(A)]<90.0000>：90
命令：_union
选择对象：找到 1 个
选择对象：找到 1 个，总计 2 个
选择对象：
```

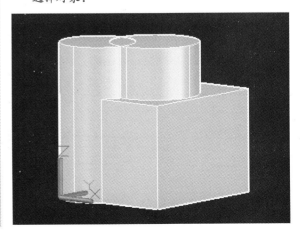

实例 69 同轴圆柱体的减

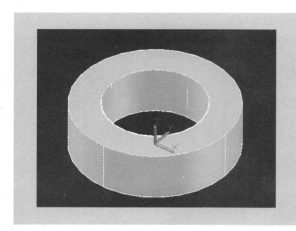

📽 案例说明：本例将主要通过学习绘制同轴圆柱体，
在绘制本例的过程中可以熟练掌握"
差集"命令的使用方法。

🔧 学习要点：熟练掌握和运用"差集"命令。

💿 光盘文件：实例文件\实例69.dwg

📹 视频教程：视频文件\实例69.avi

操作步骤

1 启动AutoCAD 2013中文版，单击"快速访问工具栏"中的"新建"按钮，弹出"选择样板"对话框。

2 在对话框中"名称"列表框中选择"acadiso.dwt"样板文件，然后单击"打开"按钮，新建图形文件。

3 设置当前的工作空间为"三维建模"。切换到"视图"选项卡，在"视图"面板中，单击"视图"按钮，从弹出的列表框中选择"西南等轴测"命令。

4 切换到"视图"选项卡，在"视觉样式"面板中，选择当前的视觉样式为"带边缘着色"。

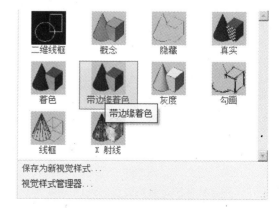

5 切换到"常用"选项卡,在"建模"面板中,单击"圆柱体"按钮▣,创建一个圆柱体。命令行提示如下:

命令: _cylinder
指定底面的中心点或 [三点(3P)/两点(2P)/切点、切点、半径(T)/椭圆(E)]: 0,0,0
指定底面半径或 [直径(D)] <21.2132>: 50
指定高度或 [两点(2P)/轴端点(A)] <90.0000>: 60

6 切换到"常用"选项卡,在"建模"面板中,单击"圆柱体"按钮▣,创建一个正交于圆柱体的圆柱体。命令行提示如下:

命令: _cylinde
指定底面的中心点或 [三点(3P)/两点(2P)/切点、切点、半径(T)/椭圆(E)]: 0,0,0
指定底面半径或 [直径(D)] <50.0000>: 80
指定高度或 [两点(2P)/轴端点(A)] <60.0000>: 50
命令:

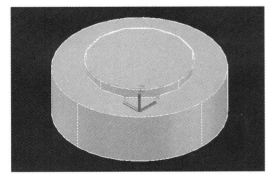

7 切换到"常用"选项卡,在"实体编辑"面板中,单击"差集"按钮◎,根据命令框中的提示,对同轴圆柱体进行差集处理。命令行提示如下:

命令: _subtract
选择要从中减去的实体、曲面和面域...

选择对象: 找到 1 个
选择对象:
选择要减去的实体、曲面和面域...
选择对象: 找到 1 个
选择对象:

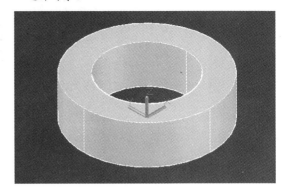

8 在命令提示行输入"UCS",将坐标系原点移动到点"0,0,25",并将坐标系统X轴旋转90°。

9 切换到"常用"选项卡,在"建模"面板中单击"圆柱体"按钮▣,以坐标系原点为基点绘制一个半径为20,高为30的圆柱体;再切换到"常用"选项卡,在"实体编辑"面板中单击"差集"按钮◎,对两个实体求差集。命令行提示如下:

命令: _cylinder
指定底面的中心点或 [三点(3P)/两点(2P)/切点、切点、半径(T)/椭圆(E)]: 0,0,0
指定底面半径或 [直径(D)] <20.0000>: 20
指定高度或 [两点(2P)/轴端点(A)] <100.0000>: 100
命令: _subtract 选择要从中减去的实体、曲面和面域...
选择对象: 找到 1 个
选择对象:
选择要减去的实体、曲面和面域...
选择对象: 找到 1 个

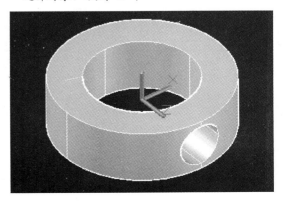

实例 70 两相交圆柱体的减

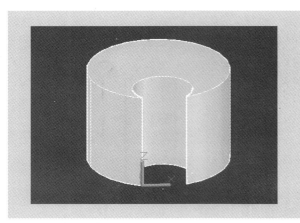

📽 **案例说明:** 本例将主要通过学习绘制相交圆柱体,在绘制本例的过程中可以熟练掌握"差集"命令的使用方法。

🎯 **学习要点:** 熟练掌握和运用"差集"命令。

💿 **光盘文件:** 实例文件\实例70.dwg

🎬 **视频教程:** 视频文件\实例70.avi

操作步骤

1 启动AutoCAD 2013中文版,单击"快速访问工具栏"中的"新建"按钮,弹出"选择样板"对话框。

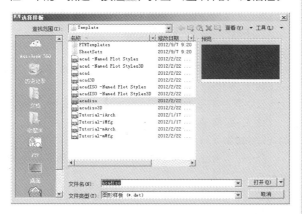

2 在对话框中"名称"列表框中选择"acadiso.dwt"样板文件,然后单击"打开"按钮,新建图形文件。

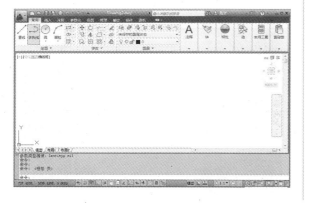

3 设置当前的工作空间为"三维建模"。切换到"视图"选项卡,在"视图"面板中,单击"视图"按钮,从弹出的列表框中选择"西南等轴测"命令。

4 切换到"视图"选项卡,在"视觉样式"面板中,选择当前的视觉样式为"带边缘着色"。

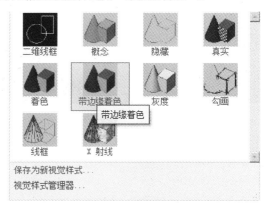

⑤ 切换到"常用"选项卡，在"建模"面板中，单击"圆柱体"按钮，创建一个圆柱体。命令行提示如下：

命令：_cylinder
指定底面的中心点或 [三点(3P)/两点(2P)/切点、切点、半径(T)/椭圆(E)]：2p
指定直径的第一个端点：0,0,0
指定直径的第二个端点：@50,50,0
指定高度或 [两点(2P)/轴端点(A)] <50.0000>：A
指定轴端点：@0,0,70

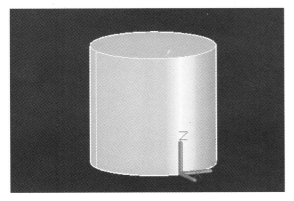

⑥ 切换到"常用"选项卡，在"坐标"面板中，单击"UCS"按钮，设置坐标系。命令行提示如下：

命令：UCS
当前 UCS 名称：*世界*
指定 UCS 的原点或 [面(F)/命名(NA)/对象(OB)/上一个(P)/视图(V)/世界(W)/X/Y/Z/Z 轴(ZA)] <世界>： <正交 开> <极轴 开>
正在恢复执行 UCS 命令。
指定 UCS 的原点或 [面(F)/命名(NA)/对象(OB)/上一个(P)/视图(V)/世界(W)/X/Y/Z/Z 轴(ZA)] <世界>：
指定 X 轴上的点或 <接受>：
指定 XY 平面上的点或 <接受>：

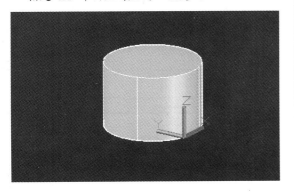

⑦ 切换到"常用"选项卡，在"建模"面板中，单击"圆柱体"按钮，创建一个圆柱体。命令行提示如下：

命令：_cylinder
指定底面的中心点或 [三点(3P)/两点(2P)/切点、切点、半径(T)/椭圆(E)]：2p
指定直径的第一个端点：0,0,0
指定直径的第二个端点：@30,30,0
指定高度或 [两点(2P)/轴端点(A)] <90.0000>：100

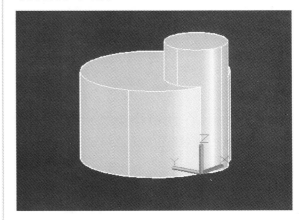

⑧ 切换到"常用"选项卡，在"实体编辑"面板中，单击"差集"按钮，根据命令框中的提示，对两相交圆柱体进行差集处理。命令行提示如下：

命令：_subtract 选择要从中减去的实体、曲面和面域...
选择对象：找到 1 个
选择对象：
选择要减去的实体、曲面和面域...
选择对象：找到 1 个

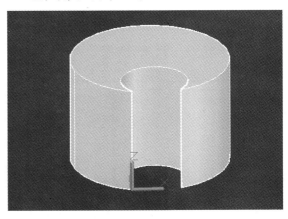

实例 71 长方体与圆柱体的交

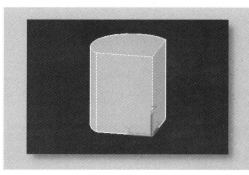

🎬 **案例说明**：本例将主要通过学习绘制长方体与圆柱体，在绘制本例的过程中可以熟练掌握"交集"命令的使用方法。

🔄 **学习要点**：熟练掌握和运用"交集"命令。

💿 **光盘文件**：实例文件\实例71.dwg

🎥 **视频教程**：视频文件\实例71.avi

操作步骤

1 启动AutoCAD 2013中文版，单击"快速访问工具栏"中的"新建"按钮🗋，弹出"选择样板"对话框。

2 在对话框中"名称"列表框中选择"acadiso.dwt"样板文件，然后单击"打开"按钮，新建图形文件。

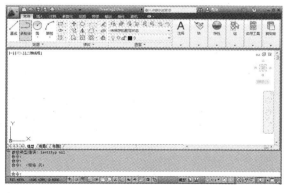

3 设置当前的工作空间为"三维建模"。切换到"视图"选项卡，在"视图"面板中，单击"视图"按钮

⬤，从弹出的列表框中选择"西南等轴测"命令。

4 切换到"视图"选项卡，在"视觉样式"面板中，选择当前的视觉样式为"带边缘着色"。

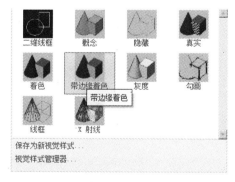

5 切换到"常用"选项卡，在"建模"面板中，单击"长方体"按钮🗋，创建一个长方体。命令行提示如下：

命令：_box
指定第一个角点或 [中心(C)]：0,0,0
指定其他角点或 [立方体(C)/长度(L)]：L
指定长度 <80.0000>：<正交 开> 80
指定宽度 <70.0000>：70

指定高度或 [两点(2P)] <100.0000>: 60

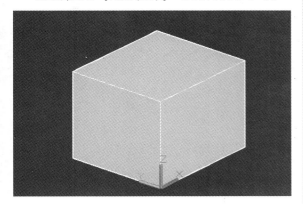

6 切换到"常用"选项卡，在"建模"面板中，单击"圆柱体"按钮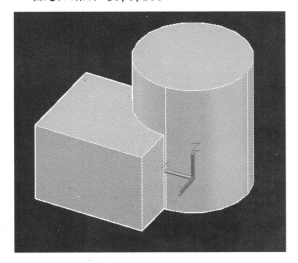，创建一个圆柱体。命令行提示如下：

命令：_cylinder
指定底面的中心点或 [三点(3P)/两点(2P)/切点、切点、半径(T)/椭圆(E)]: 2p
指定直径的第一个端点: 0,0,0
指定直径的第二个端点：
指定直径的第二个端点：@40,40,0
指定高度或 [两点(2P)/轴端点(A)] <60.0000>: A
指定轴端点：@0,0,100

7 切换到"常用"选项卡，在"实体编辑"面板中，单击"交集"按钮，根据命令框中的提示，对两相交的实体进行交集处理。命令行提示如下：

命令：_intersect
选择对象：找到 1 个
选择对象：找到 1 个，总计 2 个

选择对象：

8 切换到"常用"选项卡，在"建模"面板中单击"球体"按钮，以原点为基准点绘制一个半径为50的球体，再切换到"常用"选项卡，在"实体编辑"面板单击"交集"按钮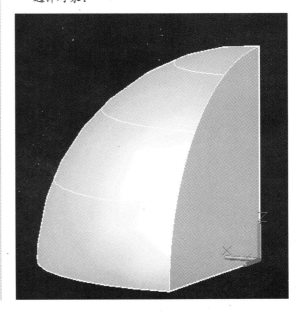，根据命令提示对相交求交集。命令行提示如下：

命令：_sphere
指定中心点或 [三点(3P)/两点(2P)/切点、切点、半径(T)]:
指定半径或 [直径(D)] <100.0000>: 50
命令：_intersect
选择对象：找到 1 个
选择对象：找到 1 个，总计 2 个
选择对象：

11章

实体修改实例

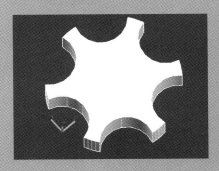 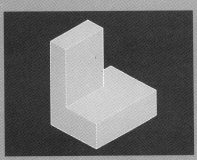

- ● 圆角
- ● 拉伸面
- ● 三维矩形阵列
- ● 三维环形阵列
- ● 三维旋转

实例72 圆角

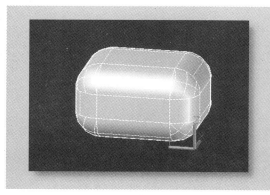

📽 **案例说明：**本例将主要通过绘制长方体倒圆角，在绘制本例中熟练掌握"圆角"命令的使用方法。

💿 **学习要点：**熟练掌握和运用"圆角"命令。
💿 **光盘文件：**实例文件\实例72.dwg
🎬 **视频教程：**视频文件\实例72.avi

操作步骤

1 启动AutoCAD 2013中文版，单击"快速访问工具栏"中的"新建"按钮🗋，弹出"选择样板"对话框。

2 在对话框中"名称"列表框中选择"acadiso.dwt"样板文件，然后单击"打开"按钮，新建图形文件。

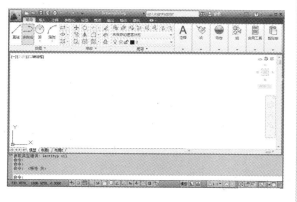

3 设置当前的工作空间为"三维建模"。切换到"视图"选项卡，在"视图"面板中，单击"视图"按钮◈，从弹出的列表框中选择"西南等轴测"命令。

4 切换到"视图"选项卡，在"视觉样式"面板中，选择当前的视觉样式为"带边缘着色"。

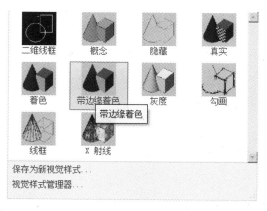

5 切换到"常用"选项卡，在"建模"面板中，单击

"长方体"按钮⬚，创建一个长方体。命令行提示如下：

```
命令：_box
指定第一个角点或 [中心(C)]：0,0,0
指定其他角点或 [立方体(C)/长度(L)]：L
指定长度 <80.0000>： <正交 开> 80
指定宽度 <70.0000>：70
指定高度或 [两点(2P)] <100.0000>：60
```

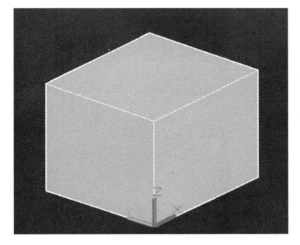

6 切换到"常用"选项卡，在"修改"面板中，单击"圆角"按钮⬚，对刚创建的长方体进行倒圆角。命令行提示如下：

```
命令：_fillet
当前设置：模式 = 修剪，半径 = 0.0000
选择第一个对象或 [放弃(U)/多段线(P)/半径
(R)/修剪(T)/多个(M)]：R
指定圆角半径 <0.0000>：20
选择第一个对象或 [放弃(U)/多段线(P)/半径
(R)/修剪(T)/多个(M)]：
输入圆角半径或 [表达式(E)] <20.0000>：20
选择边或 [链(C)/环(L)/半径(R)]：
选择边或 [链(C)/环(L)/半径(R)]：
选择边或 [链(C)/环(L)/半径(R)]：
正在恢复执行 FILLET 命令。
\
\
\
\
选择边或 [链(C)/环(L)/半径(R)]：
选择边或 [链(C)/环(L)/半径(R)]：
```

正在恢复执行 FILLET 命令。
已选定 12 个边用于圆角。

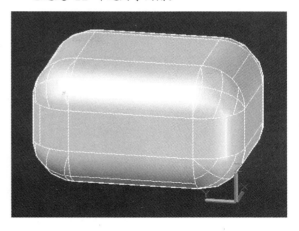

💡 提示

　　圆角命令是FILLET，圆角功能可使用与对象相切且指定半径的圆弧来连接两个对象。可以创建两种圆角，内角点称为内圆角，外角点称为外圆角。可以圆角的对象有圆弧、圆、椭圆、椭圆弧、直线、多段线、构造线、三维对象等。

　　下面就跟大家分享几种圆角的使用技巧。

　　（1）当两条线相交或不相连时，利用圆角进行修剪和延伸。如果将圆角半径设置为0，则不会创建圆弧，操作对象将被修剪或延伸直到它们相交。当两条线相交或不相连时，使用圆角命令可以自动进行修剪和延伸，比使用修剪和延伸命令更方便。

　　（2）对平行直线倒圆角。

　　（3）对多段线加圆角或删除圆角。如果想对多段线上适合圆角半径的每条线段的顶点处插入相同长度的圆角弧，可在倒圆角时使用"多段线（P）"选项。

　　（4）三维实体倒圆角。AutoCAD的Fillet命令不仅可以对二维线形进行倒角，也可以对三维实体进行倒角。当选择三维实体上需要倒角的边时，会提示输入圆角半径，输入半径后可以选择一条或多条边同时倒圆角。

实例73 拉伸面

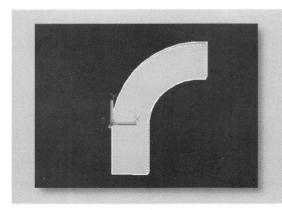

📽 **案例说明：** 本例将主要通过绘制拉伸长方体的一个面，在绘制本例中熟练掌握"拉伸面"命令的使用方法。

✑ **学习要点：** 熟练掌握和运用"拉伸面"命令。

💿 **光盘文件：** 实例文件\实例73.dwg

📹 **视频教程：** 视频文件\实例73.avi

操作步骤

1 启动AutoCAD 2013中文版，单击"快速访问工具栏"中的"新建"按钮，弹出"选择样板"对话框。

2 在对话框中"名称"列表框中选择"acadiso.dwt"样板文件，然后单击"打开"按钮，新建图形文件。

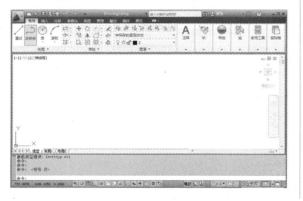

3 设置当前的工作空间为"三维建模"。切换到"视图"选项卡，在"视图"面板中，单击"视图"按钮，从弹出的列表框中选择"西南等轴测"命令。

4 切换到"视图"选项卡，在"视觉样式"面板中，选择当前的视觉样式为"带边缘着色"。

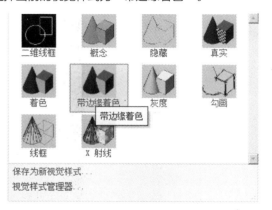

⑤ 切换到"常用"选项卡，在"建模"面板中，单击"长方体"按钮▢，创建一个长方体。命令行提示如下：

```
命令: _box
指定第一个角点或 [中心(C)]: 0,0,0
指定其他角点或 [立方体(C)/长度(L)]: L
指定长度 <50.0000>: <正交 开> 20
指定宽度 <30.0000>: 10
指定高度或 [两点(2P)] <80.0000>: 30
```

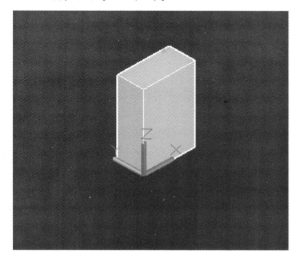

⑥ 切换到"常用"选项卡，在"坐标"面板中，单击"UCS"按钮▢，设置坐标系。命令行提示如下：

```
命令: _ucs
当前 UCS 名称: *世界*
指定 UCS 的原点或 [面(F)/命名(NA)/对象
(OB)/上一个(P)/视图(V)/世界(W)/X/Y/Z/Z 轴
(ZA)] <世界>:
指定 X 轴上的点或 <接受>:
指定 XY 平面上的点或 <接受>:
```

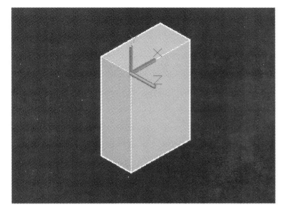

⑦ 切换到"常用"选项卡，在"绘图"面板中，单击

"直线"按钮▱，以长方体上表面的左下角为起点，绘制一条直线。命令行提示如下：

```
命令: _line
指定第一个点: 0,0,0
指定下一点或 [放弃(U)]: <正交 开> 50
指定下一点或 [放弃(U)]:
```

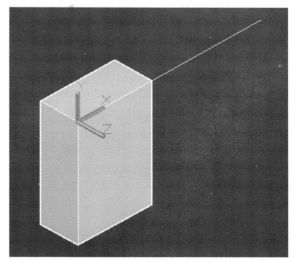

⑧ 切换到"常用"选项卡，在"绘图"面板中，单击"圆弧"按钮▱，绘制一条圆弧并删除步骤7中的直线。命令行提示如下：

```
命令: _arc
指定圆弧的起点或 [圆心(C)]: 0,0
指定圆弧的第二个点或 [圆心(C)/端点(E)]:
_c 指定圆弧的圆心: 50
指定圆弧的端点或 [角度(A)/弦长(L)]: _a
指定包含角: -90
```

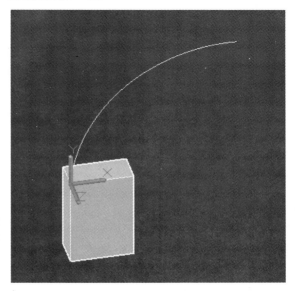

⑨ 切换到"常用"选项卡，在"实体编辑"面板中，单击"拉伸面"按钮 📓，对长方体上表面进行拉伸。命令行提示如下：

```
命令：_solidedit
实体编辑自动检查：SOLIDCHECK=1
输入实体编辑选项 [面(F)/边(E)/体(B)/放弃
(U)/退出(X)] <退出>：_face
输入面编辑选项
[拉伸(E)/移动(M)/旋转(R)/偏移(O)/倾斜
(T)/删除(D)/复制(C)/颜色(L)/材质(A)/放弃
(U)/退出(X)] <退出>：_extrude
选择面或 [放弃(U)/删除(R)]：E
需要点或窗交(C)/栏选(F)/圈交(CP)/放弃(U)
选择面或 [放弃(U)/删除(R)]：找到一个面。
选择面或 [放弃(U)/删除(R)/全部(ALL)]：
指定拉伸高度或 [路径(P)]：P
选择拉伸路径：
已开始实体校验。
已完成实体校验。
输入面编辑选项
[拉伸(E)/移动(M)/旋转(R)/偏移(O)/倾斜
(T)/删除(D)/复制(C)/颜色(L)/材质(A)/放弃
(U)/退出(X)] <退出>：X
实体编辑自动检查：SOLIDCHECK=1
输入实体编辑选项 [面(F)/边(E)/体(B)/放弃
(U)/退出(X)] <退出>：X
```

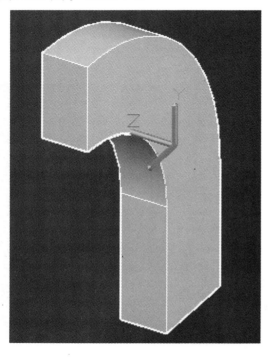

💡 提示

拉伸面可以沿一条路径拉伸三维实体的平面，或者指定一个高度值和倾斜角。

可以沿一条路径拉伸平面，或者指定一个高度值和倾斜角。每个面都有一个正边，该边在面（正在进行操作的面）的法线上。输入一个正值可以沿正方向拉伸面（通常是向外）；输入一个负值可以沿负方向拉伸面（通常是向内）。

1．概念

以正角度倾斜选定的面将向内倾斜面，以负角度倾斜选定的面将向外倾斜面。默认角度为0，可以垂直于平面拉伸面。如果指定了过大的倾斜角度或拉伸高度，可能会使面在到达指定的拉伸高度之前先倾斜成一点，程序拒绝这种拉伸。面沿着一个基于路径曲线（直线、圆、圆弧、椭圆、椭圆弧、多段线或样条曲线）的路径拉伸。

可以沿指定的直线或曲线拉伸实体对象的面。选定面上的所有轮廓都沿着选定的路径拉伸。可以选择直线、圆、圆弧、椭圆、椭圆弧、多段线或样条曲线作为路径。路径不能和选定的面位于同一个平面，也不能有大曲率的区域。

2．操作步骤

拉伸实体对象上面的操作步骤如下：

（1）依次选择"修改"→"实体编辑"→"选择要拉伸的面"命令。

（2）选择其他面或按【Enter】键进行拉伸。

（3）指定拉伸高度。

（4）指定倾斜角度。

（5）按【Enter】键完成命令。

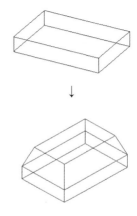

命令：_solidedit

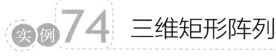

三维矩形阵列

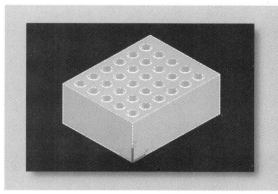

📷 **案例说明**：本例将通过使用"长方体"、"差集"和"矩形阵列"命令绘制一个多孔长方体，在绘制本例中熟练掌握"矩形阵列"命令的使用方法。

📌 **学习要点**：熟练掌握和运用"矩形阵列"命令。

💿 **光盘文件**：实例文件\实例74.dwg

📹 **视频教程**：视频文件\实例74.avi

操作步骤

1 启动AutoCAD 2013中文版，单击"快速访问工具栏"中的"新建"按钮 🗋，弹出"选择样板"对话框。

2 在对话框中"名称"列表框中选择"acadiso.dwt"样板文件，然后单击"打开"按钮，新建图形文件。

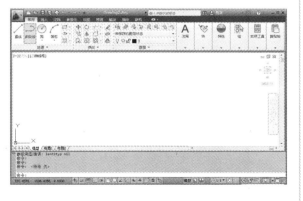

3 设置当前的工作空间为"三维建模"。切换到"视图"选项卡，在"视图"面板中，单击"视图"按钮 💠，从弹出的列表框中选择"西南等轴测"命令。

4 切换到"视图"选项卡，在"视觉样式"面板中，选择当前的视觉样式为"带边缘着色"。

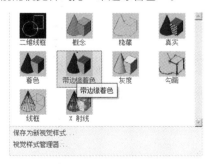

5 切换到"常用"选项卡，在"建模"面板中，单击"长方体"按钮 🗔，创建一个长方体。命令行提示如下：

```
命令: _box
指定第一个角点或 [中心(C)]: 0,0,0
```

指定其他角点或 [立方体(C)/长度(L)]：L
指定长度 <50.0000>： <正交 开> 100
指定宽度 <30.0000>：80
指定高度或 [两点(2P)] <80.0000>：40

6 切换到"常用"选项卡，在"建模"面板中，单击"圆柱体"按钮，创建一个圆柱体。命令行提示如下：

命令：_cylinder
指定底面的中心点或 [三点(3P)/两点(2P)/切点、切点、半径(T)/椭圆(E)]：10,10,0
指定底面半径或 [直径(D)] <5.0000>：5
指定高度或 [两点(2P)/轴端点(A)]
<40.0000>：40

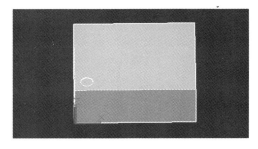

7 切换到"常用"选项卡，在"修改"面板中，单击"矩形阵列"按钮，对圆柱体进行矩形阵列绘制。命令行提示如下：

命令：_arrayrect
选择对象：半径为5的小圆柱体
选择对象：
类型 = 矩形 关联 = 否
选择夹点以编辑阵列或 [关联(AS)/基点(B)/计数(COU)/间距(S)/列数(COL)/行数(R)/层数(L)/退出(X)] <退出>：
选择夹点以编辑阵列或 [关联(AS)/基点(B)/计数(COU)/间距(S)/列数(COL)/行数(R)/层数(L)/退出(X)] <退出>：
选择夹点以编辑阵列或 [关联(AS)/基点(B)/计数(COU)/间距(S)/列数(COL)/行数(R)/层数(L)/退出(X)] <退出>：x

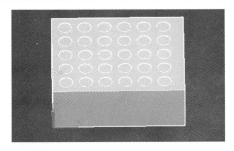

8 切换到"常用"选项卡，在"修改"面板中，单击"分解"按钮，将步骤7中创建的阵列分解为单个实体。命令行提示如下：

命令：_explode
选择对象：找到 1 个

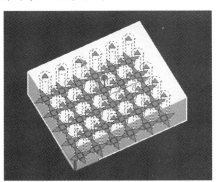

9 切换到"常用"选项卡，在"绘图"面板中，单击"实体编辑"按钮，对阵列后的图形进行差集处理。命令行提示如下：

命令：_subtract 选择要从中减去的实体、曲面和面域...
选择对象：找到 1 个（长方体）
选择对象：
选择要减去的实体、曲面和面域...（小圆柱体）
选择对象：找到 1 个
选择对象：找到 1 个，总计 2 个
选择对象：找到 1 个，总计 3 个
……
选择对象：找到 1 个，总计 30 个

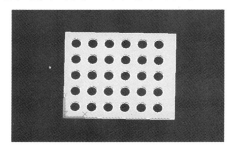

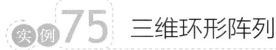

案例说明：本例将通过使用"圆柱体"、"差
集"和"环形阵列"命令绘制一个如
图所示的实体，在绘制过程中熟练掌
握"环形阵列"命令的使用方法。
学习要点：熟练掌握和运用"环形阵列"命令。
光盘文件：实例文件\实例75.dwg
视频教程：视频文件\实例75.avi

操作步骤

1 启动AutoCAD 2013中文版，单击"快速访问工具
栏"中的"新建"按钮，弹出"选择样板"对话框。

2 在对话框中"名称"列表框中选择"acadiso.dwt"
样板文件，然后单击"打开"按钮，新建图形文件。
3 设置当前的工作空间为"三维建模"。切换到"视
图"选项卡，在"视图"面板中，单击"视图"按钮
，从弹出的列表框中选择"西南等轴测"命令。

4 切换到"视图"选项卡，在"视觉样式"面板中，
选择当前的视觉样式为"带边缘着色"。

5 切换到"常用"选项卡，在"建模"面板中，单
击"圆柱体"按钮，创建一个圆柱体。命令行提示
如下：

命令：_cylinder
指定底面的中心点或 [三点(3P)/两点(2P)/切
点、切点、半径(T)/椭圆(E)]：2p
指定直径的第一个端点：0,0,0
指定直径的第二个端点：@100,0,0
指定高度或 [两点(2P)/轴端点(A)]
<30.0000>：30

6 切换到"常用"选项卡，在"建模"面板中，单击"圆柱体"按钮，创建一个圆柱体。命令行提示如下：

命令：_cylinder
指定底面的中心点或 [三点(3P)/两点(2P)/切点、切点、半径(T)/椭圆(E)]：100,0,0
指定底面半径或 [直径(D)] <50.0000>：20
指定高度或 [两点(2P)/轴端点(A)] <30.0000>：30

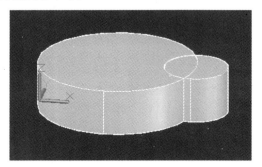

7 切换到"常用"选项卡，在"绘图"面板中，单击"直线"按钮，绘制一条中轴线，如下图所示。命令行提示如下：

命令：_line
正在恢复执行 LINE 命令。
指定第一个点：50,0
指定下一点或 [放弃(U)]：   <正交 开> 60

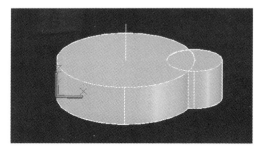

8 切换到"常用"选项卡，在"修改"面板中，单击"环形阵列"按钮，对圆柱体进行环形阵列，绘制同时删除轴线。命令行提示如下：

命令：_arraypolar
选择对象：找到 1 个   （半径为20的圆柱体）
选择对象：
类型 = 极轴 关联 = 否
指定阵列的中心点或 [基点(B)/旋转轴(A)]：A
指定旋转轴上的第一个点：轴线的底端
指定旋转轴上的第二个点：轴线的顶端
选择夹点以编辑阵列或 [关联(AS)/基点(B)/项

目(I)/项目间角度(A)/填充角度(F)/行(ROW)/层(L)/旋转项目(ROT)/退出(X)] <退出>：I
输入阵列中的项目数或 [表达式(E)] <6>：6
选择夹点以编辑阵列或 [关联(AS)/基点(B)/项目(I)/项目间角度(A)/填充角度(F)/行(ROW)/层(L)/旋转项目(ROT)/退出(X)] <退出>：

命令：_erase
选择对象：找到 1 个(中轴线)

9 切换到"常用"选项卡，在"修改"面板中，单击"分解"按钮，将步骤8中创建的阵列分解为单个实体。命令行提示如下：

命令：_explode
选择对象：找到 1 个

10 切换到"常用"选项卡，在"绘图"面板中，单击"实体编辑"按钮，对阵列后的图形进行差集处理。命令行提示如下：

命令：_subtract 选择要从中减去的实体、曲面和面域...
选择对象：找到 1 个
选择对象：
选择要减去的实体、曲面和面域...
选择对象：找到 1 个
选择对象：找到 1 个,总计 2 个
选择对象：找到 1 个,总计 3 个
选择对象：找到 1 个,总计 4 个
选择对象：找到 1 个,总计 5 个
选择对象：找到 1 个,总计 6 个

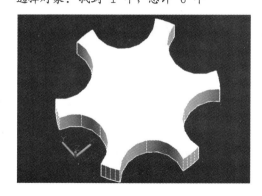

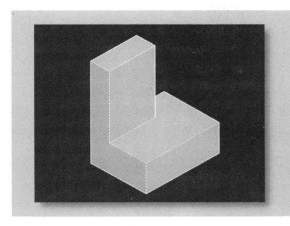

案例说明： 本例将通过使用"长方体"、"并集"命令绘制一个如图所示的实体，在绘制过程中熟练掌握"三维旋转"命令的使用方法。

学习要点： 熟练掌握和运用"三维旋转"命令。

光盘文件： 实例文件\实例76.dwg

视频教程： 视频文件\实例76.avi

操作步骤

1 启动AutoCAD 2013中文版，单击"快速访问工具栏"中的"新建"按钮，弹出"选择样板"对话框。

2 在对话框中"名称"列表框中选择"acadiso.dwt"样板文件，然后单击"打开"按钮，新建图形文件。

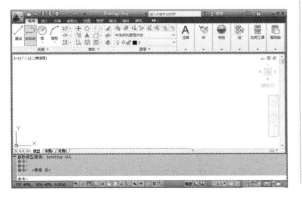

3 设置当前的工作空间为"三维建模"。切换到"视图"选项卡，在"视图"面板中，单击"视图"按钮，从弹出的列表框中选择"西南等轴测"命令。

4 切换到"视图"选项卡，在"视觉样式"面板中，选择当前的视觉样式为"带边缘着色"。

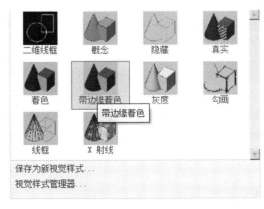

5 切换到"常用"选项卡，在"建模"面板中，单击"长方体"按钮，创建一个长方体。命令行提示如下：

```
命令: _box
指定第一个角点或 [中心(C)]: 0,0,0
指定其他角点或 [立方体(C)/长度(L)]: L
指定长度 <60.0000>: <正交 开> 50
指定宽度 <80.0000>: 100
指定高度或 [两点(2P)] <30.0000>: 20
```

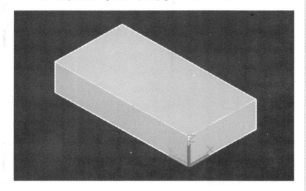

6 切换到"常用"选项卡，在"建模"面板中，单击"长方体"按钮，创建一个长方体。命令行提示如下：

```
命令: _box
指定第一个角点或 [中心(C)]: 0,0,0
指定其他角点或 [立方体(C)/长度(L)]: L
指定长度 <50.0000>: <正交 开> 80
指定宽度 <100.0000>: 60
指定高度或 [两点(2P)] <20.0000>: 30
```

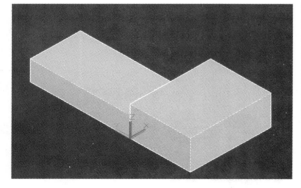

7 切换到"常用"选项卡，在"修改"面板中，单击"旋转"按钮，对步骤6中的长方体进行旋转。命令行提示如下：

```
命令: _3drotate
UCS 当前的正角方向:    ANGDIR=逆时针
ANGBASE=0
```

```
选择对象: 找到 1 个
选择对象:
指定基点: 0,0,0
拾取旋转轴:
正在恢复执行 3DROTATE 命令。
拾取旋转轴:
指定角的起点或键入角度:
正在恢复执行 3DROTATE 命令。
指定角的起点或键入角度: 90
```

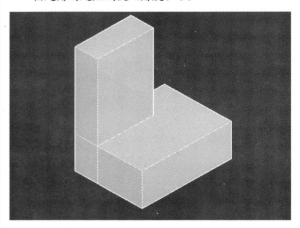

8 切换到"常用"选项卡，在"绘图"面板中，单击"实体编辑"按钮，对旋转后的图形进行并集处理。命令行提示如下：

```
命令: _union
选择对象: 找到 1 个
选择对象: 找到 1 个,总计 2 个
选择对象:
```

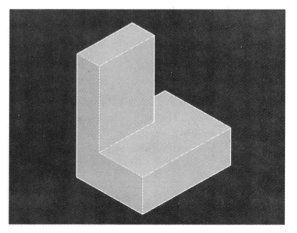

12 章 扫描体实例

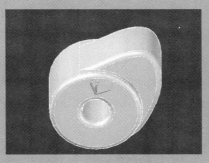

- 拉伸六棱柱
- 工字钢
- 手柄
- 拨叉
- 花瓶
- 凸轮
- 皮带轮

实例 77 拉伸六棱柱

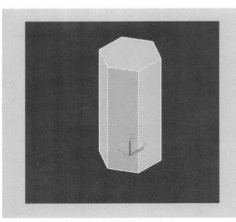

📽 **案例说明**：本例将学习绘制六棱柱，在绘制本例的过程中可以熟练掌握"拉伸"命令的使用方法。

◎ **学习要点**：熟练掌握和运用"拉伸集"命令。

💿 **光盘文件**：实例文件\实例77.dwg

📹 **视频教程**：视频文件\实例77.avi

操作步骤

1 启动AutoCAD 2013中文版，单击"快速访问工具栏"中的"新建"按钮 🗋，弹出"选择样板"对话框。

2 在对话框中"名称"列表框中选择"acadiso.dwt"样板文件，然后单击"打开"按钮，新建图形文件。

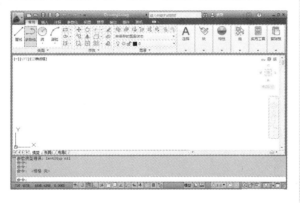

3 设置当前的工作空间为"三维建模"。切换到"视图"选项卡，在"视图"面板中，单击"视图"按钮 ◈，从弹出的列表框中选择"西南等轴测"命令。

4 切换到"视图"选项卡，在"视觉样式"面板中，选择当前的视觉样式为"带边缘着色"。

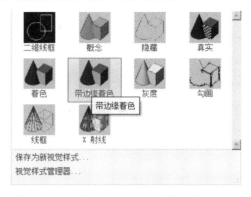

5 切换到"常用"选项卡，在"绘图"面板中，单

击"多边形"按钮，创建内接六边形。命令行提示如下：

```
命令：_polygon 输入侧面数 <4>：6
指定正多边形的中心点或 [边(E)]：0,0
输入选项 [内接于圆(I)/外切于圆(C)] <I>：i
指定圆的半径：20
```

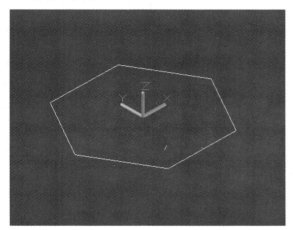

6 切换到"常用"选项卡，在"绘图"面板中，单击"直线"按钮，画一条以原点为起点的直线。命令行提示如下：

```
命令：_line
指定第一个点：0,0,0
指定下一点或 [放弃(U)]：80
```

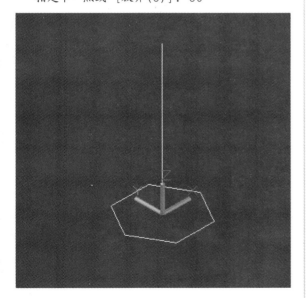

7 切换到"常用"选项卡，在"绘图"面板中，单击"面域"按钮，对六边形进行面域。命令行提示如下：

```
命令：_region
```

```
选择对象：找到 1 个
选择对象：
已提取 1 个环。
已创建 1 个面域。
```

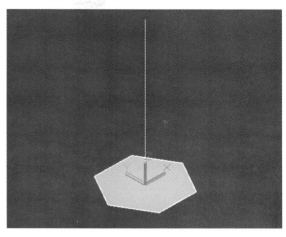

8 切换到"常用"选项卡，在"建模"面板中，单击"拉伸"按钮，根据提示对上一步绘制的六边形进行拉伸。命令行提示如下：

```
命令：_extrude
当前线框密度：  ISOLINES=4，闭合轮廓创建模式 = 实体
选择要拉伸的对象或 [模式(MO)]：_MO 闭合轮廓创建模式 [实体(SO)/曲面(SU)] <实体>：_SO
选择要拉伸的对象或 [模式(MO)]：找到 1 个
选择要拉伸的对象或 [模式(MO)]：
指定拉伸的高度或 [方向(D)/路径(P)/倾斜角(T)/表达式(E)] <-23.3882>：p
选择拉伸路径或 [倾斜角(T)]
```

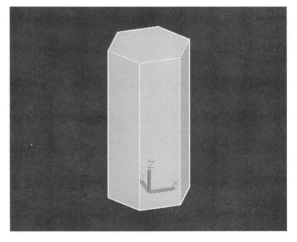

实例78 工字钢

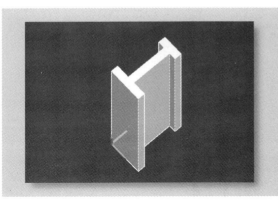

📽 **案例说明：** 本例将学习绘制工字钢，在绘制本例的过程中可以熟练掌握"拉伸"、"面域"和"并集"命令的使用方法。

💿 **学习要点：** 熟练掌握和运用"拉伸"、"面域"和"并集"命令。

💿 **光盘文件：** 实例文件\实例78.dwg

📹 **视频教程：** 视频文件\实例78.avi

操作步骤

1️⃣ 启动AutoCAD 2013中文版，单击"快速访问工具栏"中的"新建"按钮，弹出"选择样板"对话框。

2️⃣ 在对话框中"名称"列表框中选择"acadiso.dwt"样板文件，然后单击"打开"按钮，新建图形文件。

3️⃣ 设置当前的工作空间为"三维建模"。切换到"视图"选项卡，在"视图"面板中，单击"视图"按钮，从弹出的列表框中选择"西南等轴测"命令。

4️⃣ 切换到"视图"选项卡，在"视觉样式"面板中，选择当前的视觉样式为"带边缘着色"。

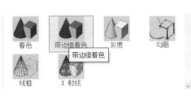

5️⃣ 切换到"常用"选项卡，在"绘图"面板中，单击"矩形"按钮，创建一个矩形。命令行提示如下：

命令：_rectang
指定第一个角点或 [倒角(C)/标高(E)/圆角(F)/厚度(T)/宽度(W)]：0,0,0
指定另一个角点或 [面积(A)/尺寸(D)/旋转(R)]：@50,10

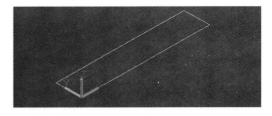

6️⃣ 切换到"常用"选项卡，在"绘图"面板中，单击"矩形"按钮，创建一个矩形。命令行提示如下：

命令：_rectang
指定第一个角点或 [倒角(C)/标高(E)/圆角(F)/厚度(T)/宽度(W)]：20,10
指定另一个角点或 [面积(A)/尺寸(D)/旋转(R)]：
>>输入 ORTHOMODE 的新值 <0>：
正在恢复执行 RECTANG 命令。

指定另一个角点或 [面积(A)/尺寸(D)/旋转(R)]: @10,60

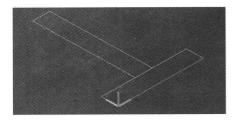

7️⃣ 切换到"常用"选项卡,在"绘图"面板中,单击"矩形"按钮▢,创建一个矩形。命令行提示如下:

命令: _rectang
指定第一个角点或 [倒角(C)/标高(E)/圆角(F)/厚度(T)/宽度(W)]: 10,70
指定另一个角点或 [面积(A)/尺寸(D)/旋转(R)]: @30,10

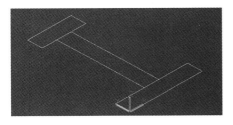

8️⃣ 切换到"常用"选项卡,在"绘图"面板中,单击"面域"按钮◎,对步骤5、6和7进行面域。命令行提示如下:

命令: _region
选择对象: 找到 1 个
选择对象: 找到 1 个,总计 2 个
选择对象: 找到 1 个,总计 3 个
选择对象:
已提取 3 个环。
已创建 3 个面域。

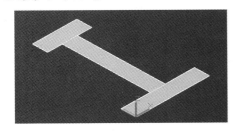

9️⃣ 切换到"常用"选项卡,在"实体编辑"面板中,单击"并集"按钮◎,对步骤8进行并集处理。命令行提示如下:

命令: _union
选择对象: 找到 1 个

选择对象: 找到 1 个,总计 2 个
选择对象: 找到 1 个,总计 3 个

🔟 切换到"常用"选项卡,在"绘图"面板中,单击"直线"按钮✎,画一条直线。命令行提示如下:

命令:
命令: _line
指定第一个点: 0,0
指定下一点或 [放弃(U)]: <正交 开> 300

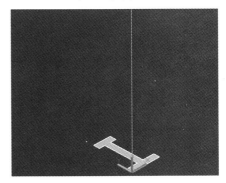

1️⃣1️⃣ 切换到"常用"选项卡,在"建模"面板中,单击"拉伸"按钮🗔,根据提示对上一步图形进行拉伸。命令行提示如下:

命令: _extrude
当前线框密度: ISOLINES=4,闭合轮廓创建模式 = 实体
选择要拉伸的对象或 [模式(MO)]: _MO 闭合轮廓创建模式 [实体(SO)/曲面(SU)] <实体>: _SO
选择要拉伸的对象或 [模式(MO)]: 找到 1 个
选择要拉伸的对象或 [模式(MO)]:
指定拉伸的高度或 [方向(D)/路径(P)/倾斜角(T)/表达式(E)] <93.8203>: p

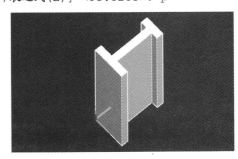

实例79 手柄

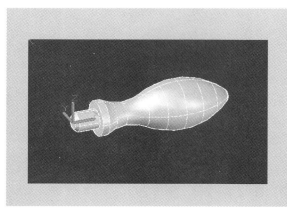

📽 **案例说明：** 本例将通过绘制一个手柄，在绘制过程中熟练掌握 "画圆"、"修剪"、"倒角"、"面域" 和 "旋转" 等命令的使用方法。

💿 **学习要点：** 熟练掌握和运用 "画圆"、"修剪"、"倒角"、"面域" 和 "旋转" 等命令。

💿 **光盘文件：** 实例文件\实例79.dwg

📀 **视频教程：** 视频文件\实例79.avi

操作步骤

1 启动AutoCAD 2013中文版，单击 "快速访问工具栏" 中的 "新建" 按钮，弹出 "选择样板" 对话框。

2 在对话框中 "名称" 列表框中选择 "acadiso.dwt" 样板文件，然后单击 "打开" 按钮，新建图形文件。

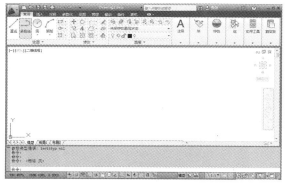

3 设置当前的工作空间为 "三维建模"。切换到 "视

图" 选项卡，在 "视图" 面板中，单击 "视图" 按钮，从弹出的列表框中选择 "西南等轴测" 命令。

4 切换到 "视图" 选项卡，在 "视觉样式" 面板中，选择当前的视觉样式为 "带边缘着色"。

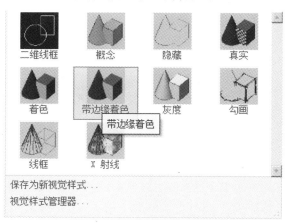

5 切换到 "常用" 选项卡，在 "绘图" 面板中，单击

"直线"按钮 ∕，在 xy 平面上绘制两条相互垂直相交的直线。命令行提示如下：

命令：_line
指定第一个点：0,0
指定下一点或 [放弃(U)]：　　<正交　开>
@100,0
指定下一点或 [放弃(U)]：
命令：LINE
指定第一个点：0,0
指定下一点或 [放弃(U)]：50

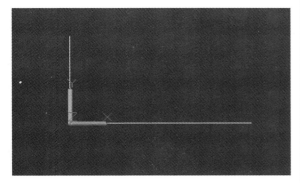

⑥ 切换到"常用"选项卡，在"修改"面板中，单击"偏移"按钮 ，对步骤5中的直线进行偏移。命令行提示如下：

命令：_offset
当前设置：删除源=否　图层=源
OFFSETGAPTYPE=0
指定偏移距离或 [通过(T)/删除(E)/图层(L)]
<通过>：32
选择要偏移的对象，或 [退出(E)/放弃(U)] <退出>：
指定要偏移的那一侧上的点，或 [退出(E)/多个(M)/放弃(U)] <退出>：
选择要偏移的对象，或 [退出(E)/放弃(U)] <退出>：
指定要偏移的那一侧上的点，或 [退出(E)/多个(M)/放弃(U)] <退出>：11
选择要偏移的对象，或 [退出(E)/放弃(U)] <退出>：
指定要偏移的那一侧上的点，或 [退出(E)/多个(M)/放弃(U)] <退出>：6
选择要偏移的对象，或 [退出(E)/放弃(U)] <退出>：
指定要偏移的那一侧上的点，或 [退出(E)/多个(M)/放弃(U)] <退出>：33
选择要偏移的对象，或 [退出(E)/放弃(U)] <

退出>：
指定要偏移的那一侧上的点，或 [退出(E)/多个(M)/放弃(U)] <退出>：15

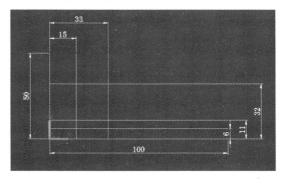

⑦ 切换到"常用"选项卡，在"绘图"面板中，单击"圆"按钮 ，创建3个圆。命令行提示如下：

命令：_circle
指定圆的圆心或 [三点(3P)/两点(2P)/切点、切点、半径(T)]：33,32
指定圆的半径或 [直径(D)] <45.0000>：25
命令：CIRCLE
指定圆的圆心或 [三点(3P)/两点(2P)/切点、切点、半径(T)]：95,0
指定圆的半径或 [直径(D)] <25.0000>：5
命令：_circle
指定圆的圆心或 [三点(3P)/两点(2P)/切点、切点、半径(T)]：_ttr
指定对象与圆的第一个切点：
指定对象与圆的第二个切点：
指定圆的半径 <5.0000>：45

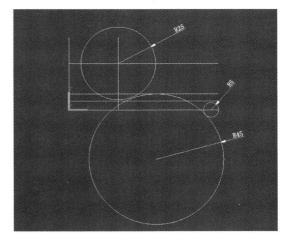

⑧ 切换到"常用"选项卡，在"绘图"面板中，单击"修剪"按钮 ，对xy平面上多余的线条进行修剪。命令行提示如下：

命令：_trim

当前设置:投影=UCS，边=无

选择剪切边...

选择对象或 <全部选择>：

选择要修剪的对象，或按住 Shift 键选择要延伸的对象，或

[栏选(F)/窗交(C)/投影(P)/边(E)/删除(R)/放弃(U)]：

选择要修剪的对象，或按住 Shift 键选择要延伸的对象，

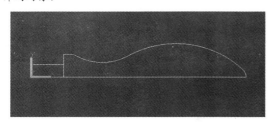

9 切换到"常用"选项卡，在"绘图"面板中，单击"倒角"按钮，对xy平面图形进行倒角。命令行提示如下：

命令：_chamfer

（"修剪"模式）当前倒角距离 1 = 2.0000,距离 2 = 2.0000

选择第一条直线或 [放弃(U)/多段线(P)/距离(D)/角度(A)/修剪(T)/方式(E)/多个(M)]： d

指定 第一个 倒角距离 <2.0000>：2

指定 第二个 倒角距离 <2.0000>：2

选择第一条直线或 [放弃(U)/多段线(P)/距离(D)/角度(A)/修剪(T)/方式(E)/多个(M)]：

选择第二条直线，或按住 Shift 键选择直线以应用角点或 [距离(D)/角度(A)/方法(M)]：

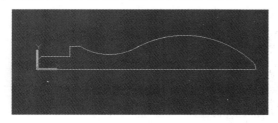

10 切换到"常用"选项卡，在"绘图"面板中，单击"面域"按钮，对xy平面上绘制的手柄二维图形进行面域。命令行提示如下：

命令：_region

选择对象：指定对角点：找到 11 个

选择对象：

已提取 1 个环。

已创建 1 个面域。

11 切换到"常用"选项卡，在"建模"面板中，单击"旋转"按钮，对面域的手柄进行旋转。命令行提示如下：

命令：_revolve

当前线框密度： ISOLINES=4，闭合轮廓创建模式 = 实体

选择要旋转的对象或 [模式(MO)]： _MO 闭合轮廓创建模式 [实体(SO)/曲面(SU)] <实体>： _SO

选择要旋转的对象或 [模式(MO)]： 找到 1 个

选择要旋转的对象或 [模式(MO)]：

指定轴起点或根据以下选项之一定义轴 [对象(O)/X/Y/Z] <对象>：

指定轴端点：

指定旋转角度或 [起点角度(ST)/反转(R)/表达式(EX)] <360>：360

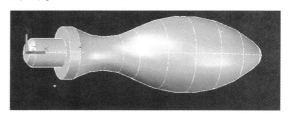

提示

三维旋转是指通过绕轴扫掠对象创建三维实体或曲面。三维可旋转的对象包括：曲面、实体、圆、圆弧、椭圆弧、二维和三维样条曲线、二维和三维多段线、面域、二维实体椭圆等。

旋转路径和轮廓曲线可以是如下几种：

- 开放的或闭合的。
- 平面或非平面。
- 实体边和曲面边。
- 单个对象（为了拉伸多条线，使用 JOIN 命令将其转换为单个对象）。
- 单个面域（为了拉伸多个面域，使用 REGION 命令将其转换为单个面域）。

实例 80 拨叉

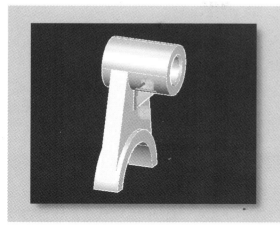

🎬 **案例说明**：本例将学习绘制拨叉，在绘制本例的过程中可以掌握多种常用命令的使用方法。

🎯 **学习要点**：掌握多种常用命令。

💿 **光盘文件**：实例文件\实例80.dwg

📹 **视频教程**：视频文件\实例80.avi

操作步骤

1 启动AutoCAD 2013中文版，单击"快速访问工具栏"中的"新建"按钮，弹出"选择样板"对话框。

2 在对话框中"名称"列表框中选择"acadiso.dwt"样板文件，然后单击"打开"按钮，新建图形文件。

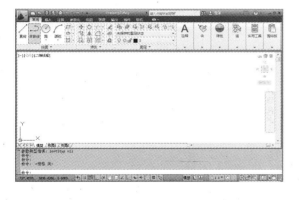

3 设置当前的工作空间为"三维建模"。切换到"视图"选项卡，在"视图"面板中，单击"视图"按钮，从弹出的列表框中选择"西南等轴测"命令。

4 切换到"视图"选项卡，在"视觉样式"面板中，选择当前的视觉样式为"带边缘着色"。

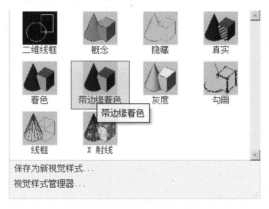

5 切换到"常用"选项卡,在"绘图"面板中,单击"构造线"按钮,创建两条互相垂直相交的直线。将视图选择为主视图。命令行提示如下:

命令: _xline
指定点或 [水平(H)/垂直(V)/角度(A)/二等分(B)/偏移(O)]: 0,0
指定通过点: <正交 开>
指定通过点:

6 切换到"常用"选项卡,在"修改"面板中,单击"偏移"按钮,将Y轴方向的构造线向右平移60。命令行提示如下:

命令: _offset
当前设置:删除源=否 图层=源 OFFSETGAPTYPE=0
指定偏移距离或 [通过(T)/删除(E)/图层(L)] <通过>: T
指定通过点或 [退出(E)/多个(M)/放弃(U)] <退出>: 60
选择要偏移的对象,或 [退出(E)/放弃(U)] <退出>:

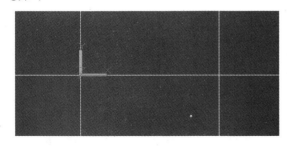

7 切换到"常用"选项卡,在"绘图"面板中,单击"圆"按钮,以两条线的交点为圆心分别绘制直径为14mm和25mm的圆,以偏移后Y轴的交点为圆心分别绘制直径为40mm和52mm的圆。命令行提示如下:

命令: _circle
指定圆的圆心或 [三点(3P)/两点(2P)/切点、切点、半径(T)]:
指定圆的半径或 [直径(D)]: d
指定圆的直径: 14

命令: CIRCLE
指定圆的圆心或 [三点(3P)/两点(2P)/切点、切点、半径(T)]:
指定圆的半径或 [直径(D)] <7.0000>: d
指定圆的直径 <14.0000>: 25
命令: CIRCLE
指定圆的圆心或 [三点(3P)/两点(2P)/切点、切点、半径(T)]:
指定圆的半径或 [直径(D)] <12.5000>: d
指定圆的直径 <25.0000>: 40
命令: CIRCLE
指定圆的圆心或 [三点(3P)/两点(2P)/切点、切点、半径(T)]:
指定圆的半径或 [直径(D)] <20.0000>: d
指定圆的直径 <40.0000>: 52

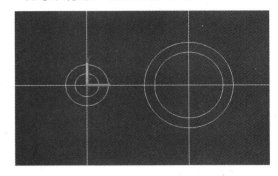

8 切换到"常用"选项卡,在"绘图"面板中,单击"直线"按钮,画两条切线。命令行提示如下:

命令: _line
指定第一个点:
指定下一点或 [放弃(U)]: <正交 关> _tan 到
指定下一点或 [放弃(U)]: *取消*
命令: LINE
指定第一个点:
指定下一点或 [放弃(U)]: _tan 到
指定下一点或 [放弃(U)]: *取消*

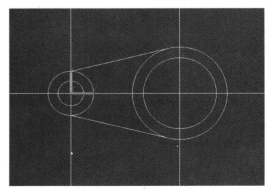

⑨ 切换到"常用"选项卡，在"修改"面板中，单击"偏移"按钮，将Y轴方向的构造线向左偏移2。命令行提示如下：

命令：_offset
当前设置:删除源=否 图层=源 OFFSETGAPTYPE=0
指定偏移距离或 [通过(T)/删除(E)/图层(L)] <通过>: T
选择要偏移的对象，或 [退出(E)/放弃(U)] <退出>:
指定通过点或 [退出(E)/多个(M)/放弃(U)] <退出>: 2

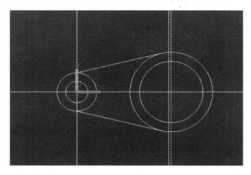

⑩ 切换到"常用"选项卡，在"修改"面板中，单击"修剪"按钮和"删除"按钮，对步骤9中多余的线条进行修剪和删除。命令行提示如下：

命令：_trim
当前设置:投影=UCS，边=无
选择剪切边...
选择对象或 <全部选择>:
选择要修剪的对象，或按住 Shift 键选择要延伸的对象，或
[栏选(F)/窗交(C)/投影(P)/边(E)/删除(R)/放弃(U)]:
选择要修剪的对象，或按住 Shift 键选择要延伸的对象，或
[栏选(F)/窗交(C)/投影(P)/边(E)/删除(R)/放弃(U)]:
选择要修剪的对象，或按住 Shift 键选择要延伸的对象，或
[栏选(F)/窗交(C)/投影(P)/边(E)/删除(R)/放弃(U)]:
选择要修剪的对象，或按住 Shift 键选择要延伸的对象，或
[栏选(F)/窗交(C)/投影(P)/边(E)/删除(R)/放弃(U)]:
选择要修剪的对象，或按住 Shift 键选择要延

伸的对象，或
[栏选(F)/窗交(C)/投影(P)/边(E)/删除(R)/放弃(U)]:
选择要修剪的对象，或按住 Shift 键选择要延伸的对象，或
[栏选(F)/窗交(C)/投影(P)/边(E)/删除(R)/放弃(U)]:
选择要修剪的对象，或按住 Shift 键选择要延伸的对象，或
[栏选(F)/窗交(C)/投影(P)/边(E)/删除(R)/放弃(U)]:
选择要修剪的对象，或按住 Shift 键选择要延伸的对象，或
[栏选(F)/窗交(C)/投影(P)/边(E)/删除(R)/放弃(U)]:
选择要修剪的对象，或按住 Shift 键选择要延伸的对象，或
[栏选(F)/窗交(C)/投影(P)/边(E)/删除(R)/放弃(U)]: *取消*
命令：
命令：_erase
选择对象：找到 1 个
选择对象：找到 1 个，总计 2 个
选择对象：找到 1 个，总计 3 个
选择对象：找到 1 个，总计 4 个
选择对象：找到 1 个，总计 5 个
选择对象：
命令： 指定对角点或 [栏选(F)/圈围(WP)/圈交(CP)]:

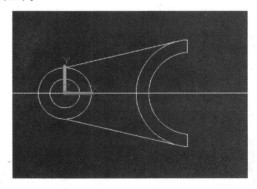

⑪ 切换到"常用"选项卡，在"绘图"面板中，单击"圆弧"按钮，以三点圆弧绘制两圆和切线之间的圆弧。命令行提示如下：

命令：_arc
指定圆弧的起点或 [圆心(C)]:
指定圆弧的第二个点或 [圆心(C)/端点(E)]:

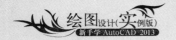

指定圆弧的端点：

命令：ARC

指定圆弧的起点或 [圆心(C)]：

指定圆弧的第二个点或 [圆心(C)/端点(E)]：

指定圆弧的端点：

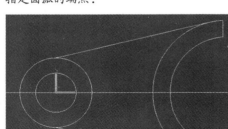

12 切换到"常用"选项卡，在"绘图"面板中，单击"面域"按钮 ，对上一步骤进行面域。命令行提示如下：

命令：_region

选择对象：找到 1 个

选择对象：找到 1 个，总计 2 个

选择对象：找到 1 个，总计 3 个

选择对象：找到 1 个，总计 4 个

选择对象：

已提取 1 个环。

已创建 1 个面域。

命令：_region

选择对象：找到 1 个

选择对象：找到 1 个，总计 2 个

选择对象：找到 1 个，总计 3 个

选择对象：找到 1 个，总计 4 个

选择对象：找到 1 个，总计 5 个

选择对象：找到 1 个，总计 6 个

选择对象：

已提取 3 个环。

已创建 3 个面域。

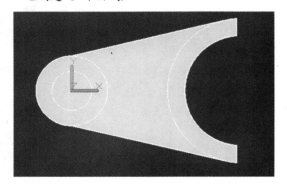

面域是用闭合的形状或环创建的二维区域。闭合多段线、闭合的多条直线和闭合的多条曲线都是有效的选择对象。曲线包括圆弧、圆、椭圆弧、椭圆和样条曲线。

13 切换到"常用"选项卡，在"建模"面板中，单击"拉伸"按钮 ，对面域部分进行拉伸。命令行提示如下：

命令：_extrude

当前线框密度：ISOLINES=4，闭合轮廓创建模式 = 实体

选择要拉伸的对象或 [模式(MO)]：_MO 闭合轮廓创建模式 [实体(SO)/曲面(SU)] <实体>：_SO

选择要拉伸的对象或 [模式(MO)]：找到 1 个

选择要拉伸的对象或 [模式(MO)]：找到 1 个，总计 2 个

选择要拉伸的对象或 [模式(MO)]：

指定拉伸的高度或 [方向(D)/路径(P)/倾斜角(T)/表达式(E)]：8

命令：_extrude

当前线框密度：ISOLINES=4，闭合轮廓创建模式 = 实体

选择要拉伸的对象或 [模式(MO)]：_MO 闭合轮廓创建模式 [实体(SO)/曲面(SU)] <实体>：_SO

选择要拉伸的对象或 [模式(MO)]：找到 1 个

正在恢复执行 EXTRUDE 命令。

选择要拉伸的对象或 [模式(MO)]：找到 1 个，总计 2 个

选择要拉伸的对象或 [模式(MO)]：

指定拉伸的高度或 [方向(D)/路径(P)/倾斜角(T)/表达式(E)] <8.0000>：28

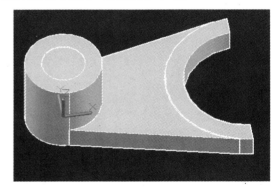

在AutoCAD中，用户可以将二维图形进行面域操作后，沿着指定的路径进行拉伸，或指定拉伸对象的倾斜角度，或者改变拉伸方向来创建拉伸实体。

拉伸实体的方法如下：

- 下拉菜单：选择"修改"→"实体编辑"→"拉伸"命令。
- 工具栏：在"实体编辑"工具栏上单击"拉伸"按钮。
- 输入命令：在命令行中输入或动态输入_EXTRUDE命令并按【Enter】键。

14 切换到"常用"选项卡，在"实体编辑"面板中，单击"差集"按钮◎，进行布尔运算。命令行提示如下：

命令：
命令：_subtract 选择要从中减去的实体、曲面和面域...
选择对象：找到 1 个
选择对象：
选择要减去的实体、曲面和面域...
选择对象：找到 1 个
选择对象：

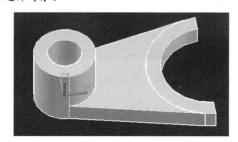

差集运算可以从一组实体减去另一组实体，保留余下的部分作为一个实体。

差集命令启动方法如下：

- 下拉菜单：选择"修改"→"实体编辑"→"差集"命令。
- 工具栏：在"实体编辑"工具栏上单击"差集"按钮。
- 输入命令：在命令行中输入或动态输入SUBTRCT命令并按【Enter】键。

15 切换到"常用"选项卡，在"建模"面板中，单击"按住并拖动"按钮，对直径为25mm的圆柱体的底面拉伸5mm，对直径为52mm的半圆柱体的上、下两边分别拉伸2mm。命令行提示如下：

命令：_presspull
选择对象或边界区域：
指定拉伸高度或 [多个(M)]：
指定拉伸高度或 [多个(M)]：2
已创建 1 个拉伸
正在恢复执行 PRESSPULL 命令。
选择对象或边界区域：
已提取 1 个环。
已创建 1 个面域。
指定拉伸高度或 [多个(M)]：
指定拉伸高度或 [多个(M)]：2
已创建 1 个拉伸
选择对象或边界区域：
已提取 1 个环。
已创建 1 个面域。
指定拉伸高度或 [多个(M)]：5
已创建 1 个拉伸
正在恢复执行 PRESSPULL 命令。
正在恢复执行 PRESSPULL 命令。

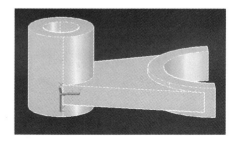

打开方式：在"常用"选项卡的"建模"面板中单击"按住并拖动"按钮。

命令_PRESSPULL

操作步骤如下：

(1) 选择对象或边界区域。
(2) 指定拉伸高度或多个（M）。
(3) 按【Enter】键。

16 切换到"常用"选项卡，在"坐标"面板中，单击"UCS"按钮，设置坐标系。命令行提示如下：

当前 UCS 名称：*世界*
指定 UCS 的原点或 [面(F)/命名(NA)/对象

(OB)/上一个(P)/视图(V)/世界(W)/X/Y/Z/Z 轴
(ZA)]<世界>:_o
　　指定新原点 <0,0,0>: 12.5,0,8

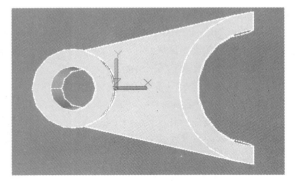

17 切换到"常用"选项卡，在"绘图"面板中，单
击"矩形"按钮□，创建一个长12mm，宽6mm的
矩形。命令行提示如下：
　　命令:_rectang
　　指定第一个角点或 [倒角(C)/标高(E)/圆角
(F)/厚度(T)/宽度(W)]: 10,3,0
　　指定另一个角点或 [面积(A)/尺寸(D)/旋转
(R)]: d
　　指定矩形的长度 <12.0000>: 15
　　指定矩形的宽度 <6.0000>: 6
　　指定另一个角点或 [面积(A)/尺寸(D)/旋转
(R)]:

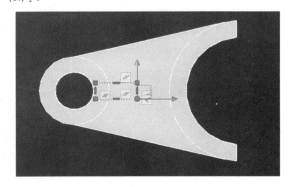

18 切换到"常用"选项卡，在"建模"面板中，单
击"拉伸"按钮，对步骤17中绘制的矩形进行拉
伸。命令行提示如下：
　　命令:_presspull
　　选择对象或边界区域：
　　指定拉伸高度或 [多个(M)]:
　　指定拉伸高度或 [多个(M)]:12
　　已创建 1 个拉伸
　　正在恢复执行 PRESSPULL 命令。
　　选择对象或边界区域：

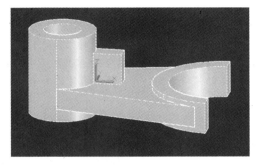

19 切换到"视图"选项卡，在"视图"面板中，单
击"视图"按钮，从弹出的列表框中选择"右视"
命令。

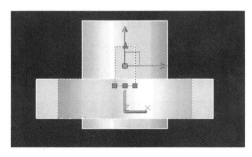

20 切换到"常用"选项卡，在"实体编辑"面板
中，单击"倾斜面"按钮，将步骤18中矩形的面倾
斜45度。命令行提示如下：
　　命令:_solidedit
　　实体编辑自动检查: SOLIDCHECK=1
　　输入实体编辑选项 [面(F)/边(E)/体(B)/放弃
(U)/退出(X)]<退出>:_face
　　输入面编辑选项
[拉伸(E)/移动(M)/旋转(R)/偏移(O)/倾斜
(T)/删除(D)/复制(C)/颜色(L)/材质(A)/放弃
(U)/退出(X)]<退出>:_taper
　　选择面或 [放弃(U)/删除(R)]: 找到一个面。
　　选择面或 [放弃(U)/删除(R)/全部(ALL)]:
　　指定基点: 0,0,0
　　指定沿倾斜轴的另一个点: @0,0,1
　　指定倾斜角度: 45

已开始实体校验。

已完成实体校验。

输入面编辑选项

正在恢复执行 SOLIDEDIT 命令。

输入面编辑选项

[拉伸(E)/移动(M)/旋转(R)/偏移(O)/倾斜(T)/删除(D)/复制(C)/颜色(L)/材质(A)/放弃(U)/退出(X)] <退出>: *取消*

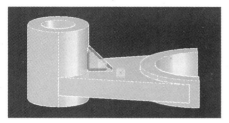

提示

> 倾斜面的命令如下:
>
> 命令: _SOLIDEDIT
>
> 按指定的角度倾斜三维实体以上的面。正角度向里倾斜,负角度将向外倾斜。默认角度为0,可以垂直于平面拉伸面。选择集中所有选定的面将倾斜相同角度。

21 切换到"常用"选项卡,在"修改"面板中,单击"倒角"按钮,给直径为14mm的内孔两边倒角为C1。命令行提示如下:

命令:

命令: _chamfer

("修剪"模式) 当前倒角距离 1 = 1.0000,距离 2 = 1.0000

选择第一条直线或 [放弃(U)/多段线(P)/距离(D)/角度(A)/修剪(T)/方式(E)/多个(M)]:

基面选择...

输入曲面选择选项 [下一个(N)/当前(OK)] <当前(OK)>:

指定基面倒角距离或 [表达式(E)] <1.0000>: 1

指定其他曲面倒角距离或 [表达式(E)] <1.0000>: 1

选择边或 [环(L)]:

选择边或 [环(L)]:

命令: _chamfer

("修剪"模式) 当前倒角距离 1 = 1.0000,距离 2 = 1.0000

正在恢复执行 CHAMFER 命令。

选择第一条直线或 [放弃(U)/多段线(P)/距离(D)/角度(A)/修剪(T)/方式(E)/多个(M)]:

基面选择...

输入曲面选择选项 [下一个(N)/当前(OK)] <当前(OK)>:

指定基面倒角距离或 [表达式(E)] <1.0000>: 1

指定其他曲面倒角距离或 [表达式(E)] <1.0000>: 1

选择边或 [环(L)]:

选择边或 [环(L)]:

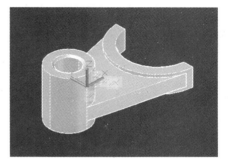

22 切换到"常用"选项卡,在"实体编辑"面板中,单击"并集"按钮,进行布尔运算。命令行提示如下:

命令: _union

选择对象: 找到 1 个

选择对象: 找到 1 个,总计 2 个

正在恢复执行 UNION 命令。

选择对象: 找到 1 个,总计 3 个

提示

> 并集的命令是-union,主要是将两个实体并在一起成为一个实体,这个命令一般的时候只在将图做完时才用的,因为两个或多个实体合并后再无法直接单独修改其中的一个实体,只有打散后才能修改。

实例 81　花瓶

📽 **案例说明**：本例将通过绘制一个手柄，在绘制过程中熟练掌握"画圆"、"修剪"、"面域"、"旋转"和"抽壳"等命令的使用方法。

⊘ **学习要点**：熟练掌握和运用"画圆"、"修剪"、"倒角"、"面域"、"旋转"和"抽壳"等命令。

💿 **光盘文件**：实例文件\实例81.dwg

🎬 **视频教程**：视频文件\实例81.avi

操作步骤

1 启动AutoCAD 2013中文版，单击"快速访问工具栏"中的"新建"按钮，弹出"选择样板"对话框。

2 在对话框中"名称"列表框中选择"acadiso.dwt"样板文件，然后单击"打开"按钮，新建图形文件。

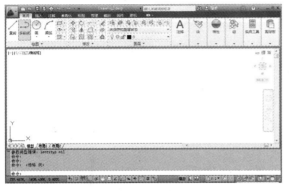

3 设置当前的工作空间为"三维建模"。切换到"视

图"选项卡，在"视图"面板中，单击"视图"按钮，从弹出的列表框中选择"西南等轴测"命令。

4 切换到"视图"选项卡，在"视觉样式"面板中，选择当前的视觉样式为"带边缘着色"。

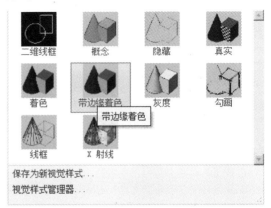

5 切换到"常用"选项卡，在"坐标"面板中，单击"UCS"按钮，设置坐标系。命令行提示如下：

命令：_ucs

当前 UCS 名称：*世界*

指定 UCS 的原点或 [面(F)/命名(NA)/对象(OB)/上一个(P)/视图(V)/世界(W)/X/Y/Z/Z 轴(ZA)] <世界>：x

指定绕 X 轴的旋转角度 <90>：

6 切换到"常用"选项卡，在"绘图"面板中，单击"直线"按钮，在xy平面上绘制两条相互垂直相交的直线。命令行提示如下：

命令：LINE

指定第一个点：8,0

指定下一点或 [放弃(U)]：*取消*

命令：LINE

指定第一个点：0,0,16

指定下一点或 [放弃(U)]：@50,0,0

指定下一点或 [放弃(U)]：

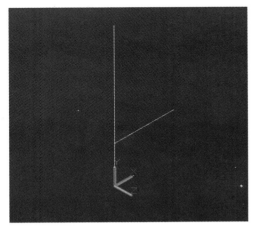

7 切换到"常用"选项卡，在"修改"面板中，单击"偏移"按钮，对步骤6中的直线进行偏移。命令行提示如下：

命令：_offset

当前设置:删除源=否 图层=源 OFFSETGAPTYPE=0

指定偏移距离或 [通过(T)/删除(E)/图层(L)] <60.0000>： 60

选择要偏移的对象，或 [退出(E)/放弃(U)] <退出>：

指定要偏移的那一侧上的点，或 [退出(E)/多个(M)/放弃(U)] <退出>：

选择要偏移的对象，或 [退出(E)/放弃(U)] <退出>：

指定要偏移的那一侧上的点，或 [退出(E)/多个(M)/放弃(U)] <退出>： 29

选择要偏移的对象，或 [退出(E)/放弃(U)] <退出>：

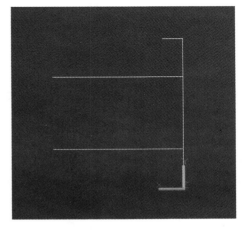

8 切换到"常用"选项卡，在"修改"面板中，单击"镜像"按钮，对步骤7中的直线进行镜像。命令行提示如下：

命令：_mirror

选择对象：找到 1 个

选择对象：

指定镜像线的第一点：指定镜像线的第二点：

要删除源对象吗？[是(Y)/否(N)] <N>： N

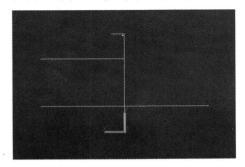

9 切换到"常用"选项卡，在"绘图"面板中，单击"圆"按钮，创建4个圆。命令行提示如下：

命令：_circle

指定圆的圆心或 [三点(3P)/两点(2P)/切点、切点、半径(T)]：8,60

指定圆的半径或 [直径(D)]：30

命令： CIRCLE

指定圆的圆心或 [三点(3P)/两点(2P)/切点、切点、半径(T)]：

指定圆的半径或 [直径(D)] <30.0000>：50

命令： CIRCLE

指定圆的圆心或 [三点(3P)/两点(2P)/切点、切点、半径(T)]：

指定圆的半径或 [直径(D)] <50.0000>：30

命令： CIRCLE

指定圆的圆心或 [三点(3P)/两点(2P)/切点、切点、半径(T)]：

指定圆的半径或 [直径(D)] <30.0000>：20

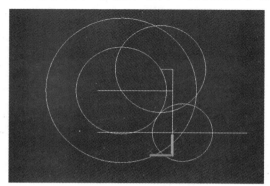

10 切换到"常用"选项卡，在"绘图"面板中，单击"修剪"按钮和"删除"按钮，对xy平面上多余的线条形进行修剪和删除。命令行提示如下：

命令： _trim

当前设置：投影=UCS，边=无

选择剪切边...

选择对象或 <全部选择>：

选择要修剪的对象，或按住 Shift 键选择要延伸的对象，或

[栏选(F)/窗交(C)/投影(P)/边(E)/删除(R)/放弃(U)]：

选择要修剪的对象，或按住 Shift 键选择要延伸的对象，

命令： _erase

选择对象：找到 1 个

选择对象：找到 1 个，总计 2 个

选择对象：找到 1 个，总计 3 个

选择对象：找到 1 个，总计 4 个

选择对象：找到 1 个，总计 5 个

选择对象：找到 1 个，总计 6 个

选择对象：

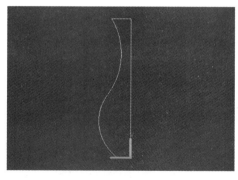

11 切换到"常用"选项卡，在"绘图"面板中，单击"面域"按钮，对xy平面上绘制的花瓶二维图形进行面域。命令行提示如下：

命令： _region

选择对象：指定对角点：找到 5 个

选择对象：

已提取 1 个环。

已创建 1 个面域。

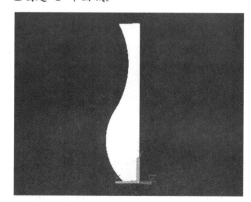

> 🔒 **提示**
>
> 面域是用闭合的形状或环创建的二维区域。闭合多段线、闭合的多条直线和闭合的多条曲线都是有效的选择对象。曲线包括圆弧、圆、椭圆弧、椭圆和样条曲线

12 切换到"常用"选项卡，在"建模"面板中，单击"旋转"按钮，对面域的手柄进行旋转。命令行提示如下：

命令： _revolve

当前线框密度： ISOLINES=4，闭合轮廓创建模式 = 实体

选择要旋转的对象或 [模式(MO)]：_MO 闭合轮廓创建模式 [实体(SO)/曲面(SU)] <实体>：_

SO

选择要旋转的对象或 [模式(MO)]：找到 1 个

选择要旋转的对象或 [模式(MO)]：

指定轴起点或根据以下选项之一定义轴 [对象(O)/X/Y/Z] <对象>：

指定轴端点：

指定旋转角度或 [起点角度(ST)/反转(R)/表达式(EX)] <360>：360

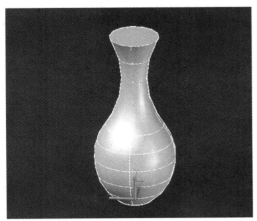

在AutoCAD 2013中，可以通过绕轴旋转开放或闭合对象来创建实体或曲面。

旋转实体启动方法如下：

- 下拉菜单：选择"绘图"→"建模"→"旋转"命令。
- 工具栏：在"建模"工具栏上单击"旋转"按钮。
- 输入命令：在命令提示行输入或动态输入REVOLVE命令并按【Enter】键。

🔒 注意

如果要使用与多段体相交的直线或圆弧组成的轮廓创建实体，请在使用旋转命令（REVOLVE）前使用PEDIT的"合并"选项将它们转换为一个多段线对象。

13 切换到"实体"选项卡，在"实体编辑"面板中，单击"抽壳"按钮🔲，对旋转后的花瓶实体进行抽壳。命令行提示如下：

命令：_solidedit

实体编辑自动检查： SOLIDCHECK=1

输入实体编辑选项 [面(F)/边(E)/体(B)/放弃(U)/退出(X)] <退出>：_body

输入体编辑选项

[压印(I)/分割实体(P)/抽壳(S)/清除(L)/检查(C)/放弃(U)/退出(X)] <退出>：_shell

选择三维实体：

删除面或 [放弃(U)/添加(A)/全部(ALL)]：找到一个面，已删除 1 个。

删除面或 [放弃(U)/添加(A)/全部(ALL)]：

输入抽壳偏移距离：1.5

已开始实体校验。

已完成实体校验。

输入体编辑选项

[压印(I)/分割实体(P)/抽壳(S)/清除(L)/检查(C)/放弃(U)/退出(X)] <退出>：x

实体编辑自动检查： SOLIDCHECK=1

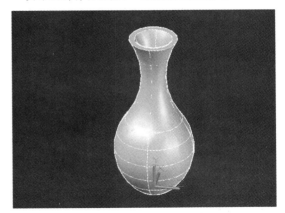

🔒 知识要点

"抽壳"就是一指定的厚度在实体对象上创建空的薄壁零件操作。

- 抽壳的启动方法如下：
- 下拉菜单：选择"修改"→"实体编辑"→"抽壳"命令。
- 工具栏：在"实体编辑"工具栏上单击"抽壳"按钮。

🔒 注意

在输入抽壳偏移距离时，若为正直，则实体表面向内偏移形成壳体；若为负值，则向外偏移形成壳体。

实例82 凸轮

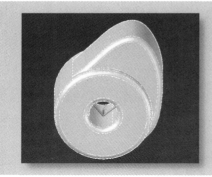

📽️ **案例说明**：本例将通过绘制凸轮，在绘制过程中熟练掌握 "画圆"、"修剪"、"多段线"、"面域"、"拉伸"和"倒圆角"等命令的使用方法。

⚙️ **学习要点**：熟练掌握和运用"画圆"、"修剪"、"多段线"、"面域"、"拉伸"和"倒圆角"等命令。

💿 **光盘文件**：实例文件\实例82.dwg

📹 **视频教程**：视频文件\实例82.avi

操作步骤

1 启动AutoCAD 2013中文版，单击"快速访问工具栏"中的"新建"按钮🗋，弹出"选择样板"对话框。

2 在对话框中"名称"列表框中选择"acadiso.dwt"样板文件，然后单击"打开"按钮，新建图形文件。

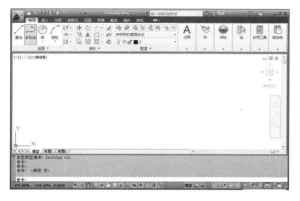

3 设置当前的工作空间为"三维建模"。切换到"视图"选项卡，在"视图"面板中，单击"视图"按钮

，从弹出的列表框中选择"西南等轴测"命令。

4 切换到"视图"选项卡，在"视觉样式"面板中，选择当前的视觉样式为"带边缘着色"。

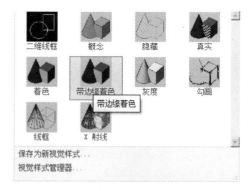

5 切换到"常用"选项卡，在"绘图"面板中，单击"圆"按钮⊙，画两个同心圆。命令行提示如下：

```
命令：_circle
指定圆的圆心或 [三点(3P)/两点(2P)/切点、
切点、半径(T)]：0,0,0
```

指定圆的半径或 [直径(D)]: 30

命令: CIRCLE

指定圆的圆心或 [三点(3P)/两点(2P)/切点、切点、半径(T)]: 0,0

指定圆的半径或 [直径(D)] <20.0000>: 100

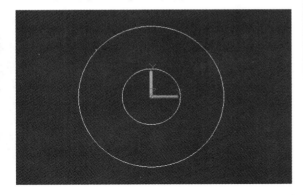

6 切换到"常用"选项卡，在"绘图"面板中，单击"直线"按钮✍，在xy平面上绘制直线。命令行提示如下:

命令: _line

指定第一个点: 0,0

指定下一点或 [放弃(U)]: @120<30

指定下一点或 [放弃(U)]:

命令: LINE

指定第一个点: 0,0

指定下一点或 [放弃(U)]: @140<40

指定下一点或 [放弃(U)]:

命令: LINE

指定第一个点:

指定下一点或 [放弃(U)]: @180<60

指定下一点或 [放弃(U)]:

命令: LINE

指定第一个点: 0,0

指定下一点或 [放弃(U)]: @150<90

指定下一点或 [放弃(U)]:

命令: LINE

指定第一个点: 0,0

指定下一点或 [放弃(U)]: @120<120

指定下一点或 [放弃(U)]:

命令: LINE

指定第一个点: 0,0

指定下一点或 [放弃(U)]: @110<150

指定下一点或 [放弃(U)]:

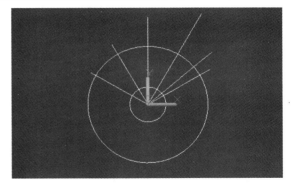

7 切换到"常用"选项卡，在"绘图"面板中，单击"多段线"按钮～，依次拾取大圆的象限点和直线上的端点。命令行提示如下:

命令: _spline

当前设置: 方式=拟合   节点=弦

指定第一个点或 [方式(M)/节点(K)/对象(O)]: _qua 于

输入下一个点或 [起点切向(T)/公差(L)]:

输入下一个点或 [端点相切(T)/公差(L)/放弃(U)]:

输入下一个点或 [端点相切(T)/公差(L)/放弃(U)/闭合(C)]:

输入下一个点或 [端点相切(T)/公差(L)/放弃(U)/闭合(C)]:

输入下一个点或 [端点相切(T)/公差(L)/放弃(U)/闭合(C)]:

输入下一个点或 [端点相切(T)/公差(L)/放弃(U)/闭合(C)]:

输入下一个点或 [端点相切(T)/公差(L)/放弃(U)/闭合(C)]: _qua 于

输入下一个点或 [端点相切(T)/公差(L)/放弃(U)/闭合(C)]:

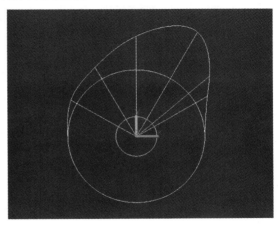

8 切换到"常用"选项卡,在"绘图"面板中,单击"修剪"按钮和"删除"按钮,对xy平面上多余的线条形进行修剪和删除。命令行提示如下:

命令: _erase
选择对象: 找到 1 个
选择对象: 找到 1 个,总计 2 个
选择对象: 找到 1 个,总计 3 个
选择对象: 找到 1 个,总计 4 个
选择对象: 找到 1 个,总计 5 个
选择对象: 找到 1 个,总计 6 个
选择对象:
命令: _trim
当前设置:投影=UCS,边=无
选择剪切边...
选择对象或 <全部选择>:
选择要修剪的对象,或按住 Shift 键选择要延伸的对象,或
[栏选(F)/窗交(C)/投影(P)/边(E)/删除(R)/放弃(U)]:
选择要修剪的对象,或按住 Shift 键选择要延伸的对象,或
[栏选(F)/窗交(C)/投影(P)/边(E)/删除(R)/放弃(U)]:

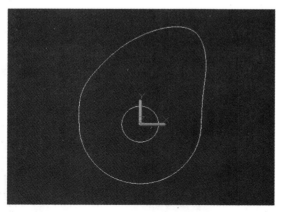

9 切换到"常用"选项卡,在"绘图"面板中,单击"面域"按钮,对xy平面上绘制的凸轮二维图形进行面域。命令行提示如下:

命令: _region
选择对象: 找到 1 个
选择对象: 找到 1 个,总计 2 个
选择对象:
已提取 1 个环。
已创建 1 个面域。

10 切换到"常用"选项卡,在"绘图"面板中,单击"圆"按钮,画一个半径为100mm的圆。命令行提示如下:

命令: _circle
指定圆的圆心或 [三点(3P)/两点(2P)/切点、切点、半径(T)]: 0,0
指定圆的半径或 [直径(D)] <100.0000>: 100

11 切换到"常用"选项卡,在"建模"面板中,单击"拉伸"按钮,对面域的部分进行拉伸。命令行提示如下:

命令: _extrude
当前线框密度: ISOLINES=4,闭合轮廓创建模式 = 实体
选择要拉伸的对象或 [模式(MO)]: _MO 闭合轮廓创建模式 [实体(SO)/曲面(SU)] <实体>: _SO
选择要拉伸的对象或 [模式(MO)]: 找到 1 个
选择要拉伸的对象或 [模式(MO)]:
指定拉伸的高度或 [方向(D)/路径(P)/倾斜角(T)/表达式(E)] <50.0000>: 60
命令: _extrude
当前线框密度: ISOLINES=4,闭合轮廓创建模式 = 实体
选择要拉伸的对象或 [模式(MO)]: _MO 闭合轮廓创建模式 [实体(SO)/曲面(SU)] <实体>: _SO
选择要拉伸的对象或 [模式(MO)]: 找到 1 个
选择要拉伸的对象或 [模式(MO)]: 找到 1 个,总计 2 个

选择要拉伸的对象或 [模式(MO)]:
正在恢复执行 EXTRUDE 命令。
指定拉伸的高度或 [方向(D)/路径(P)/倾斜角
(T)/表达式(E)] <60.0000>: 80

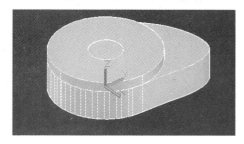

12 切换到"常用"选项卡,在"实体编辑"面板
中,单击"差集"按钮◎,对拉伸后的凸轮实体进行
差集处理。命令行提示如下:

命令: _subtract 选择要从中减去的实体、曲
面和面域...
选择对象: 找到 1 个
选择对象: 找到 1 个,总计 2 个
选择对象:
选择要减去的实体、曲面和面域...
选择对象: 找到 1 个(R30的圆)

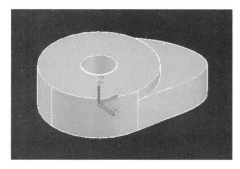

13 切换到"常用"选项卡,在"修改"面板中,单击
"圆角"按钮◻,对拉伸后的凸轮实体倒圆角。命令行
提示如下:

命令: _fillet
当前设置: 模式 = 修剪,半径 = 0.0000
选择第一个对象或 [放弃(U)/多段线(P)/半径
(R)/修剪(T)/多个(M)]: R
指定圆角半径 <0.0000>: 10
正在恢复执行 FILLET 命令。
选择第一个对象或 [放弃(U)/多段线(P)/半径
(R)/修剪(T)/多个(M)]:
输入圆角半径或 [表达式(E)] <10.0000>: 10
选择边或 [链(C)/环(L)/半径(R)]:
选择边或 [链(C)/环(L)/半径(R)]:

选择边或 [链(C)/环(L)/半径(R)]:
已选定 3 个边用于圆角。

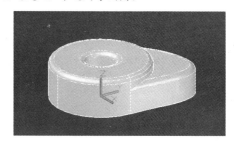

14 切换到"常用"选项卡,在"修改"面板中,单
击"三维镜像"按钮%,以xy面镜像。命令行提示
如下:

命令: _mirror3d
选择对象: 找到 1 个
选择对象:
指定镜像平面(三点)的第一个点或
[对象(O)/最近的(L)/Z 轴(Z)/视图(V)/
XY 平面(XY)/YZ 平面(YZ)/ZX 平面(ZX)/三点
(3)] <三点>: xy
指定 XY 平面上的点 <0,0,0>: 0,0
是否删除源对象? [是(Y)/否(N)] <否>:

15 切换到"常用"选项卡,在"实体编辑"面板
中,单击"并集"按钮◎,对凸轮进行并集处理。命
令行提示如下:

命令:
命令: _union
选择对象: 找到 1 个
选择对象: 找到 1 个,总计 2 个

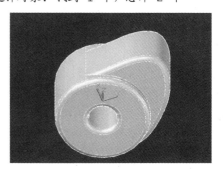

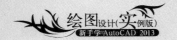

实例 83 皮带轮

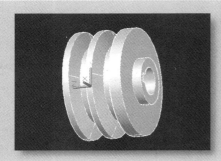

案例说明： 本例将学习绘制皮带轮，在绘制本例的过程中可以熟练掌握"拉伸"、"面域"、"差集"和"旋转"命令的使用方法。

学习要点： 熟练掌握和运用"拉伸"、"面域"、"差集"和"旋转"命令。

光盘文件： 实例文件\实例83.dwg

视频教程： 视频文件\实例83.avi

操作步骤

1 启动AutoCAD 2013中文版，单击"快速访问工具栏"中的"新建"按钮，弹出"选择样板"对话框。

2 在对话框中"名称"列表框中选择"acadiso.dwt"样板文件，然后单击"打开"按钮，新建图形文件。

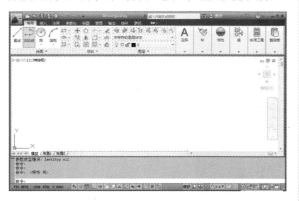

3 设置当前的工作空间为"三维建模"。切换到"视图"选项卡，在"视图"面板中，单击"视图"按钮

◇，从弹出的列表框中选择"西南等轴测"命令。

4 切换到"视图"选项卡，在"视觉样式"面板中，选择当前的视觉样式为"带边缘着色"。

5 切换到"常用"选项卡，在"绘图"面板中，单击"直线"按钮，在"修改"面板中，单击"偏移"按钮和"倒圆角"按钮，根据提供尺寸创建如图所示图形。

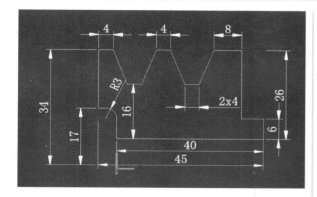

6 切换到"常用"选项卡,在"绘图"面板中,单击"面域"按钮,步骤5进行面域。命令行提示如下:

命令: _region
选择对象: 指定对角点: 找到 19 个
选择对象:
已提取 1 个环。
已创建 1 个面域。

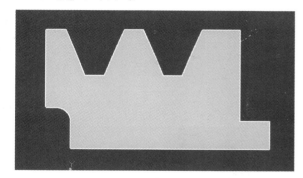

7 切换到"常用"选项卡,在"建模"面板中,单击"旋转"按钮,以面域的底边为旋转轴,对步骤6进行旋转。命令行提示如下:

命令: _revolve
当前线框密度: ISOLINES=4,闭合轮廓创建模式 = 实体
选择要旋转的对象或 [模式(MO)]: _MO 闭合轮廓创建模式 [实体(SO)/曲面(SU)] <实体>: _SO
选择要旋转的对象或 [模式(MO)]: 找到 1 个
选择要旋转的对象或 [模式(MO)]:
指定轴起点或根据以下选项之一定义轴 [对象(O)/X/Y/Z] <对象>: 0,0,0
指定轴端点: 50,0,0
指定旋转角度或 [起点角度(ST)/反转(R)/表达式(EX)] <360>: 360

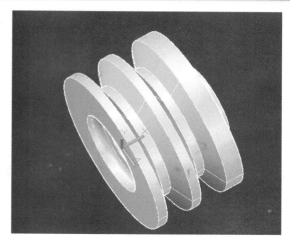

8 切换到"常用"选项卡,在"绘图"面板中,单击"矩形"按钮,将视图转化为左视方向,以原点为起点画一个矩形。命令行提示如下:

命令: _rectang
指定第一个角点或 [倒角(C)/标高(E)/圆角(F)/厚度(T)/宽度(W)]: 0,3,0
指定另一个角点或 [面积(A)/尺寸(D)/旋转(R)]: D
指定矩形的长度 <15.0000>: 12
指定矩形的宽度 <6.0000>: 6
指定另一个角点或 [面积(A)/尺寸(D)/旋转(R)]

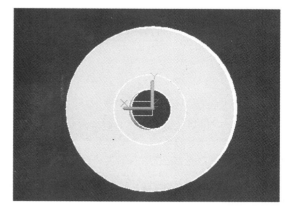

9 切换到"常用"选项卡,在"绘图"面板中,单击"面域"按钮,对创建的矩形进行面域。命令行提示如下:

命令: _region
选择对象: 找到 1 个
选择对象:
已提取 1 个环。
已创建 1 个面域。

10 切换到"常用"选项卡，在"建模"面板中，单击"拉伸"按钮，根据提示对面域图形进行拉伸。命令行提示如下：

```
命令：
命令：_extrude
当前线框密度：  ISOLINES=4，闭合轮廓创建
模式 = 实体
    选择要拉伸的对象或 [模式(MO)]：_MO 闭合
轮廓创建模式 [实体(SO)/曲面(SU)] <实体>：_
SO
    选择要拉伸的对象或 [模式(MO)]：找到 1 个
    指定拉伸的高度或 [方向(D)/路径(P)/倾斜角
(T)/表达式(E)] <-45.0000>：D
    指定方向的起点：0,0,0
    指定方向的端点：0,0,-45
```

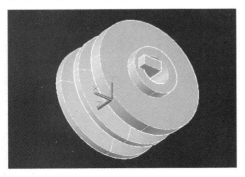

在AutoCAD中，用户可以将二维图形进行面域操作后，沿着指定的路径进行拉伸，或指定拉伸对象的倾斜角度，或者改变拉伸方向来创建拉伸实体。

拉伸实体启动方法如下：

- 下拉菜单：选择"修改"→"实体编辑"→"拉伸"按钮。
- 工具栏：在"实体编辑"工具栏上单击"拉伸"按钮。

- 输入命令：在命令行中输入或动态输入 _EXTRUDE命令并按【Enter】键。
- 各选项含义如下：
- 方向（D）：通过制定两点确定对象的拉伸长度和方向。
- 路径（P）：用于选择拉伸路径，拉伸路径可以是直线、圆、圆弧、椭圆、椭圆弧、多段线或样条曲线。路径既不能与轮廓共面，也不能有高曲率的的区域。
- 倾斜角（T）：用于确定对象拉伸的倾斜角度。

11 切换到"常用"选项卡，在"实体编辑"面板中，单击"差集"按钮，对上一步拉伸的实体进行差集处理。命令行提示如下：

```
命令：_subtract 选择要从中减去的实体、曲
面和面域...
    选择对象：找到 1 个
    选择对象：
    选择要减去的实体、曲面和面域...
    选择对象：找到 1 个
    选择对象：
```

并集运算可以把两个或多个独立的三维实体或面域组合成一个实体或面域。

并集命令启动方法如下。

- 下拉菜单：选择"修改"→"实体编辑"→"并集"命令。
- 工具栏：在"实体编辑"工具栏上单击"并集"按钮。
- 输入命令：在命令行中输入或动态输入 UNION命令并按【Enter】键。

13章

典型零件三维制图实例

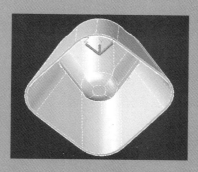

- 手轮
- 泵轴
- 球阀阀体
- 轴承座
- 轴承盖
- 烟灰缸
- 开关旋钮

实例 **84** 手轮

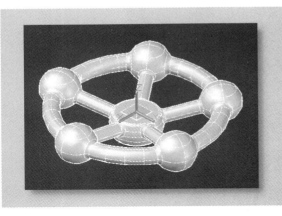

📽 **案例说明：** 本例将学习绘制手轮，在绘制本例的
过程中可以掌握多种三维建模命令的
使用方法。

🔄 **学习要点：** 掌握多种三维建模命令。

💿 **光盘文件：** 实例文件\实例84.dwg

📹 **视频教程：** 视频文件\实例84.avi

操作步骤

1 启动AutoCAD 2013中文版，单击"快速访问
工具栏"中的"新建"按钮 📄，弹出"选择样板"
对话框。

2 在对话框中"名称"列表框中选择"acadiso.dwt"
样板文件，然后单击"打开"按钮，新建图形文件。

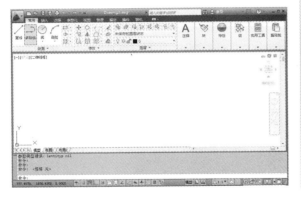

3 设置当前的工作空间为"三维建模"。切换到"视
图"选项卡，在"视图"面板中，单击"视图"按钮
💎，从弹出的列表框中选择"西南等轴测"命令。

4 切换到"视图"选项卡，在"视觉样式"面板中，
选择当前的视觉样式为"带边缘着色"。

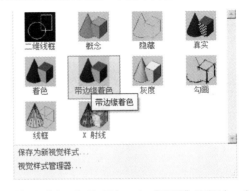

5 切换到"常用"选项卡，在"建模"面板中，单击
"球体"按钮 ⬤，创建一个球体。命令行提示如下：

命令: _sphere
指定中心点或 [三点(3P)/两点(2P)/切点、切
点、半径(T)]: 0,0,0
    指定半径或 [直径(D)] <16.0000>: d
    指定直径 <32.0000>: 32

6 切换到"常用"选项卡,在"坐标"面板中,单击
"UCS"按钮,设置坐标系。命令行提示如下:
    命令: _ucs
    当前 UCS 名称: *世界*
    指定 UCS 的原点或 [面(F)/命名(NA)/对象
(OB)/上一个(P)/视图(V)/世界(W)/X/Y/Z/Z 轴
(ZA)] <世界>: x
    指定绕 X 轴的旋转角度 <90>: <正交 开>

7 切换到"视图"选项卡,在"视图"面板中,单击
"视图"按钮,从弹出的列表框中选择"前视"选项。

8 切换到"常用"选项卡,在"建模"面板中,单
击"长方体"按钮,创建一个长方体。命令行提示
如下:
    命令: _box
    指定第一个角点或 [中心(C)]: 20,8,20
    指定其他角点或 [立方体(C)/长度(L)]: l
    指定长度 <40.0000>: <正交 关> <极轴
开> 40
    指定宽度 <12.0000>: 12
    指定高度或 [两点(2P)] <-40.0000>: -40

9 切换到"常用"选项卡,在"修改"面板中,单击
"三维镜像"按钮,对步骤8中创建的长方体进行
镜像复制。命令行提示如下:
    命令: _mirror3d
    选择对象: 找到 1 个
    选择对象:
    指定镜像平面 (三点) 的第一个点或
        [对象(O)/最近的(L)/Z 轴(Z)/视图(V)/
XY 平面(XY)/YZ 平面(YZ)/ZX 平面(ZX)/三点
(3)] <三点>: zx
    指定 ZX 平面上的点 <0,0,0>: 0,0,0
    是否删除源对象? [是(Y)/否(N)] <否>:

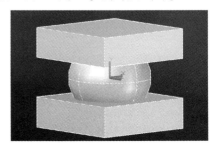

10 切换到"常用"选项卡，在"实体编辑"面板中，单击"差集"按钮◎，进行布尔运算。命令行提示如下：

命令：_subtract 选择要从中减去的实体、曲面和面域...
选择对象：找到 1 个
选择对象： 选择要减去的实体、曲面和面域...
选择对象：找到 1 个
选择对象：找到 1 个，总计 2 个
选择对象：

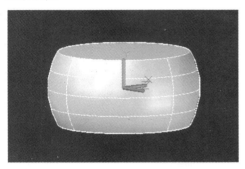

11 切换到"常用"选项卡，在"坐标"面板中，单击"UCS"按钮 ，设置坐标系。命令行提示如下：

命令：_ucs
当前 UCS 名称：*没有名称*
指定 UCS 的原点或 [面(F)/命名(NA)/对象(OB)/上一个(P)/视图(V)/世界(W)/X/Y/Z/Z 轴(ZA)] <世界>：@0,10,0
指定 X 轴上的点或 <接受>：
指定 XY 平面上的点或 <接受>：

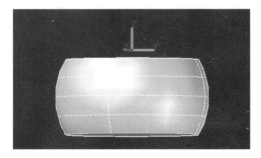

12 切换到"常用"选项卡，在"建模"面板中，单击"圆环体"按钮◎，创建一个圆环体。命令行提示如下：

命令：_torus
指定中心点或 [三点(3P)/两点(2P)/切点、切点、半径(T)]：0,0,0
指定半径或 [直径(D)] <16.0000>：d
指定圆环体的直径 <32.0000>：100

指定圆管半径或 [两点(2P)/直径(D)] <10.0000>：d
指定圆管直径 <20.0000>：10

13 切换到"常用"选项卡，在"建模"面板中，单击"球体"按钮◎，创建一个球体。命令行提示如下：

命令：_sphere
指定中心点或 [三点(3P)/两点(2P)/切点、切点、半径(T)]：0,50,0
指定半径或 [直径(D)] <50.0000>：d
指定直径 <100.0000>：25

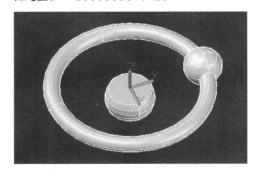

14 切换到"常用"选项卡，在"修改"面板中，单击"环形阵列"按钮 ，对步骤13中创建的球体进行阵列复制。命令行提示如下：

命令：_arraypolar
选择对象：找到 1 个
选择对象：
类型 = 极轴 关联 = 是
指定阵列的中心点或 [基点(B)/旋转轴(A)]：0,0,0
选择夹点以编辑阵列或 [关联(AS)/基点(B)/项目(I)/项目间角度(A)/填充角度(F)/行(ROW)/层(L)/旋转项目(ROT)/退出(X)] <退出>：i
输入阵列中的项目数或 [表达式(E)] <6>：5
选择夹点以编辑阵列或 [关联(AS)/基点(B)/项目(I)/项目间角度(A)/填充角度(F)/行(ROW)/层(L)/旋转项目(ROT)/退出(X)] <退出>：

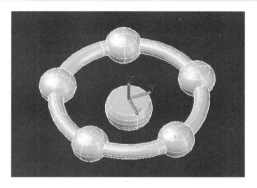

15 切换到"常用"选项卡，在"修改"面板中，单击"分解"按钮🗇，将步骤14中创建的阵列分解为单个实体。命令行提示如下：

> 命令：_explode
> 选择对象：找到 1 个

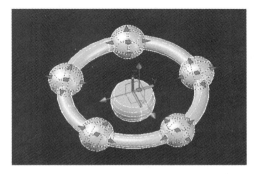

16 切换到"常用"选项卡，在"实体编辑"面板中，单击"并集"按钮⬖，进行布尔运算。命令行提示如下：

> 命令：_union
> 选择对象：找到 1 个
> 选择对象：找到 1 个，总计 2 个
> 选择对象：找到 1 个，总计 3 个
> 选择对象：找到 1 个，总计 4 个
> 选择对象：找到 1 个，总计 5 个
> 选择对象：找到 1 个，总计 6 个

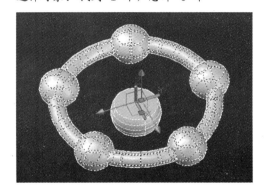

17 切换到"常用"选项卡，在"坐标"面板中，单击"UCS"按钮┗，设置坐标系。命令行提示如下：

> 命令：_ucs
> 当前 UCS 名称：*没有名称*
> 指定 UCS 的原点或 [面(F)/命名(NA)/对象(OB)/上一个(P)/视图(V)/世界(W)/X/Y/Z/Z 轴(ZA)] <世界>：y
> 指定绕 Y 轴的旋转角度 <90>： <正交 开>

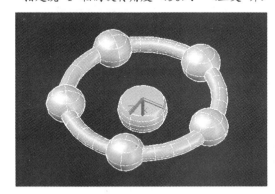

18 切换到"视图"选项卡，在"视图"面板中，单击"视图"按钮◎，从弹出的列表框中选择"前视"选项。

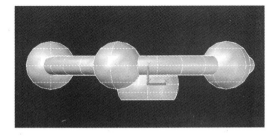

19 切换到"常用"选项卡，在"绘图"面板中，单击"直线"按钮／，绘制一条直线。命令行提示如下：

> 命令：_line
> 指定第一个点：
> 指定下一点或 [放弃(U)]：
> 指定下一点或 [放弃(U)]：

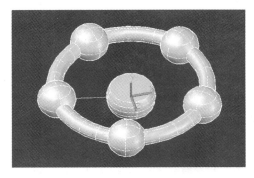

20 单击状态栏中的"隔离对象"按钮 ，在弹出的快捷菜单中选择"隐藏对象"命令。命令行提示如下：

命令：_hideobjects
选择对象：找到 1 个
选择对象：找到 1 个，总计 2 个

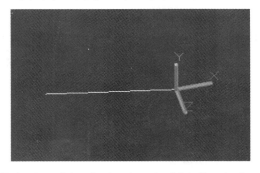

21 切换到"常用"选项卡，在"坐标"面板中，单击"UCS"按钮 ，设置坐标系。命令行提示如下：

命令：_ucs
当前 UCS 名称：*前视*
指定 UCS 的原点或 [面(F)/命名(NA)/对象(OB)/上一个(P)/视图(V)/世界(W)/X/Y/Z/Z 轴(ZA)] <世界>：
指定 X 轴上的点或 <接受>：
指定 XY 平面上的点或 <接受>：

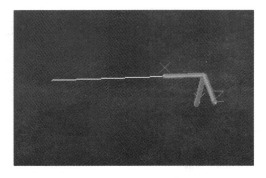

22 切换到"常用"选项卡，在"坐标"面板中，单击"UCS"按钮 ，设置坐标系。命令行提示如下：

命令：_ucs
当前 UCS 名称：*没有名称*
指定 UCS 的原点或 [面(F)/命名(NA)/对象(OB)/上一个(P)/视图(V)/世界(W)/X/Y/Z/Z 轴(ZA)] <世界>：y
指定绕 Y 轴的旋转角度 <90>：

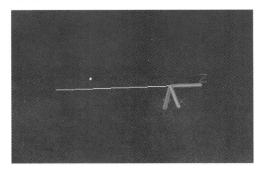

23 切换到"常用"选项卡，在"绘图"面板中，单击"圆心，直径"按钮 ，绘制直径为8mm的圆。命令行提示如下：

命令：_circle
指定圆的圆心或 [三点(3P)/两点(2P)/切点、切点、半径(T)]：0,0,0
指定圆的半径或 [直径(D)]：d
指定圆的直径：8

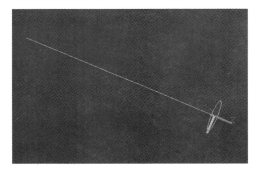

24 切换到"实体"选项卡，在"实体"面板中，单击"扫掠"按钮 ，创建一个扫掠实体。命令行提示如下：

命令：_sweep
当前线框密度： ISOLINES=4，闭合轮廓创建模式 = 实体
选择要扫掠的对象或 [模式(MO)]：_MO 闭合轮廓创建模式 [实体(SO)/曲面(SU)] <实体>：_SO
选择要扫掠的对象或 [模式(MO)]：找到 1 个
选择要扫掠的对象或 [模式(MO)]：
选择扫掠路径或 [对齐(A)/基点(B)/比例(S)/扭曲(T)]：

命令： SWEEP

当前线框密度： ISOLINES=4，闭合轮廓创建模式 = 实体

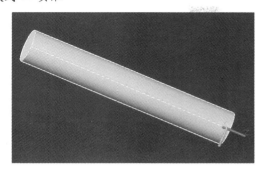

25　单击状态栏中的"取消对象隔离"按钮 ，在弹出的快捷菜单中选择"结束对象隔离"命令。命令行提示如下：

命令： _unisolateobjects

取消 2 个对象的隔离。

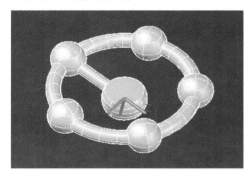

26　切换到"常用"选项卡，在"修改"面板中，单击"环形阵列"按钮 ，对步骤25中创建的圆柱体进行阵列复制。命令行提示如下：

命令： _arraypolar

选择对象： 找到 1 个

选择对象：

类型 = 极轴　关联 = 是

指定阵列的中心点或 [基点(B)/旋转轴(A)]： a

指定旋转轴上的第一个点：

INTERSECT 所选对象太多

指定旋转轴上的第二个点：

INTERSECT 所选对象太多

选择夹点以编辑阵列或 [关联(AS)/基点(B)/项目(I)/项目间角度(A)/填充角度(F)/行(ROW)/层(L)/旋转项目(ROT)/退出(X)] <退出>： i

输入阵列中的项目数或 [表达式(E)] <6>： 5

选择夹点以编辑阵列或 [关联(AS)/基点(B)/项目(I)/项目间角度(A)/填充角度(F)/行(ROW)/层(L)/旋转项目(ROT)/退出(X)] <退出>：

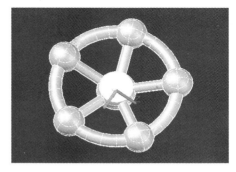

27　切换到"常用"选项卡，在"修改"面板中，单击"分解"按钮 ，将步骤26中创建的阵列分解为单个实体。命令行提示如下：

命令： _explode

选择对象： 找到 1 个

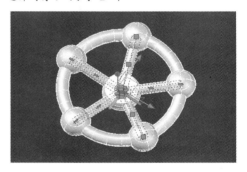

28　切换到"常用"选项卡，在"实体编辑"面板中，单击"并集"按钮 ，进行布尔运算。命令行提示如下：

命令： _union

选择对象： 找到 1 个

选择对象： 找到 1 个，总计 2 个

选择对象： 找到 1 个，总计 3 个

选择对象： 找到 1 个，总计 4 个

选择对象： 找到 1 个，总计 5 个

选择对象： 找到 1 个，总计 6 个

选择对象： 找到 1 个，总计 7 个

绘图设计(实例版)
新手学 AutoCAD 2013

29 切换到"常用"选项卡,在"坐标"面板中,单击"UCS"按钮⊾,设置坐标系。命令行提示如下:

命令: _ucs
当前 UCS 名称: *没有名称*
指定 UCS 的原点或 [面(F)/命名(NA)/对象(OB)/上一个(P)/视图(V)/世界(W)/X/Y/Z/Z 轴(ZA)] <世界>:
指定 X 轴上的点或 <接受>:
指定 XY 平面上的点或 <接受>:

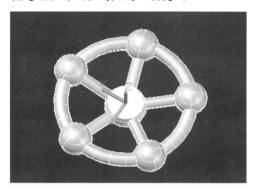

30 切换到"常用"选项卡,在"建模"面板中,单击"长方体"按钮▱,创建一个长方体。命令行提示如下:

命令: _box
指定第一个角点或 [中心(C)]: 6.6,6.5
指定其他角点或 [立方体(C)/长度(L)]: -6.5,-6.5
指定高度或 [两点(2P)] <20.0000>: -20

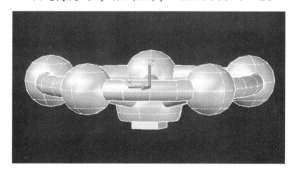

31 切换到"常用"选项卡,在"实体编辑"面板中,单击"差集"按钮◎,进行布尔运算。命令行提示如下:

命令: _subtract 选择要从中减去的实体、曲面和面域...
选择对象: 找到 1 个
选择对象: 选择要减去的实体、曲面和面域...
选择对象: 找到 1 个

选择对象:

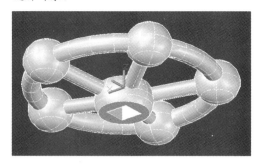

32 切换到"实体"选项卡,在"实体编辑"面板中,单击"圆角边"按钮◈,对指定边线进行倒圆角操作。命令行提示如下:

命令: _FILLETEDGE
半径 = 1.0000
选择边或 [链(C)/环(L)/半径(R)]: r
输入圆角半径或 [表达式(E)] <1.0000>: 3
选择边或 [链(C)/环(L)/半径(R)]:
选择边或 [链(C)/环(L)/半径(R)]:
选择边或 [链(C)/环(L)/半径(R)]:
选择边或 [链(C)/环(L)/半径(R)]:
选择边或 [链(C)/环(L)/半径(R)]:
选择边或 [链(C)/环(L)/半径(R)]:
选择边或 [链(C)/环(L)/半径(R)]:
选择边或 [链(C)/环(L)/半径(R)]:
选择边或 [链(C)/环(L)/半径(R)]:
选择边或 [链(C)/环(L)/半径(R)]:
已选定 10 个边用于圆角。
按 Enter 键接受圆角或 [半径(R)]:

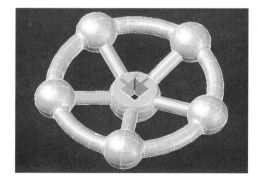

33 切换到"实体"选项卡,在"实体编辑"面板中,单击"圆角边"按钮◈,对指定边线进行倒圆角操作。命令行提示如下:

命令: _FILLETEDGE
半径 = 3.0000

选择边或 [链(C)/环(L)/半径(R)]: r
输入圆角半径或 [表达式(E)] <3.0000>: 2
选择边或 [链(C)/环(L)/半径(R)]:
选择边或 [链(C)/环(L)/半径(R)]:
选择边或 [链(C)/环(L)/半径(R)]:
选择边或 [链(C)/环(L)/半径(R)]:
选择边或 [链(C)/环(L)/半径(R)]:
选择边或 [链(C)/环(L)/半径(R)]:
选择边或 [链(C)/环(L)/半径(R)]:
选择边或 [链(C)/环(L)/半径(R)]:
选择边或 [链(C)/环(L)/半径(R)]:
选择边或 [链(C)/环(L)/半径(R)]:
已选定 10 个边用于圆角。
按 Enter 键接受圆角或 [半径(R)]:

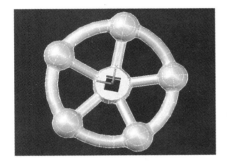

34 切换到"实体"选项卡,在"实体编辑"面板中,单击"圆角边"按钮,对指定边线进行倒圆角操作。命令行提示如下:

命令: _FILLETEDGE
半径 = 2.0000
选择边或 [链(C)/环(L)/半径(R)]: r
输入圆角半径或 [表达式(E)] <2.0000>:
1.5
选择边或 [链(C)/环(L)/半径(R)]:
选择边或 [链(C)/环(L)/半径(R)]:
选择边或 [链(C)/环(L)/半径(R)]:
选择边或 [链(C)/环(L)/半径(R)]:
选择边或 [链(C)/环(L)/半径(R)]:
选择边或 [链(C)/环(L)/半径(R)]:
选择边或 [链(C)/环(L)/半径(R)]:
选择边或 [链(C)/环(L)/半径(R)]:
选择边或 [链(C)/环(L)/半径(R)]:
选择边或 [链(C)/环(L)/半径(R)]:
已选定 10 个边用于圆角。
按 Enter 键接受圆角或 [半径(R)]:

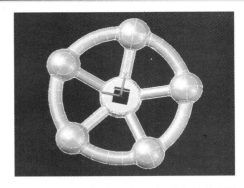

35 切换到"实体"选项卡,在"实体编辑"面板中,单击"圆角边"按钮,对指定边线进行倒圆角操作。命令行提示如下:

命令: _FILLETEDGE
半径 = 1.5000
选择边或 [链(C)/环(L)/半径(R)]: r
输入圆角半径或 [表达式(E)] <1.5000>:
1.5
选择边或 [链(C)/环(L)/半径(R)]:
选择边或 [链(C)/环(L)/半径(R)]:
已选定 1 个边用于圆角。
按 Enter 键接受圆角或 [半径(R)]:

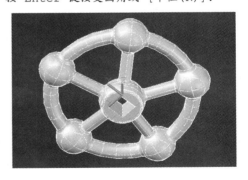

🔒 **提示**

对实体修倒角和圆角

选择"修改"→"倒角"命令(CHAMFER),可以对实体的棱边修倒角,从而在两相邻曲面间生成一个平坦的过渡面。

选择"修改"→"圆角"命令(FILLET),可以为实体的棱边修圆角,从而在两个相邻面间生成一个圆滑过渡的曲面。在为几条交于同一个点的棱边修圆角时,如果圆角半径相同,则会在该公共点上生成球面的一部分。

泵轴

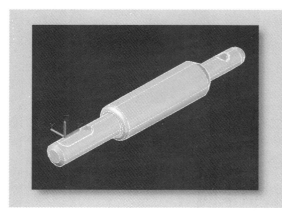

案例说明：本例将学习绘制泵轴，在绘制本例的过
程中可以掌握多种三维建模命令的使用
方法。

学习要点：掌握多种三维建模命令。

光盘文件：实例文件\实例85.dwg

视频教程：视频文件\实例85.avi

操作步骤

1 启动AutoCAD 2013中文版，单击"快速访问工具栏"中的"新建"按钮，弹出"选择样板"对话框。

2 在对话框中"名称"列表框中选择"acadiso.dwt"样板文件，然后单击"打开"按钮，新建图形文件。

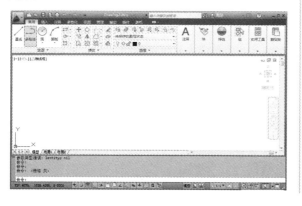

3 设置当前的工作空间为"三维建模"。切换到"视图"选项卡，在"视图"面板中，单击"视图"按钮，从弹出的列表框中选择"俯视"选项。

4 切换到"视图"选项卡，在"视觉样式"面板中，选择当前的视觉样式为"带边缘着色"。

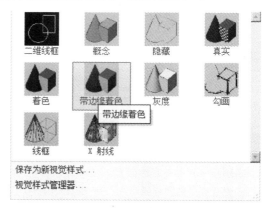

5 绘制泵轴的旋转轮廓。

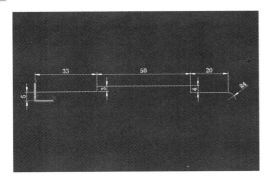

6 切换到"常用"选项卡,在"修改"面板中,单击"编辑多段线"按钮,将各个轮廓线合并为一条多段线。命令行提示如下:

命令: _pedit
选择多段线或 [多条(M)]:
选定的对象不是多段线
是否将其转换为多段线? <Y>
输入选项 [闭合(C)/合并(J)/宽度(W)/编辑顶点(E)/拟合(F)/样条曲线(S)/非曲线化(D)/线型生成(L)/反转(R)/放弃(U)]: j
选择对象: 指定对角点: 找到 7 个
选择对象:
多段线已增加 6 条线段
输入选项 [闭合(C)/合并(J)/宽度(W)/编辑顶点(E)/拟合(F)/样条曲线(S)/非曲线化(D)/线型生成(L)/反转(R)/放弃(U)]:

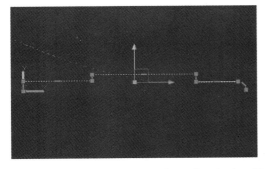

7 切换到"常用"选项卡,在"建模"面板中,单击"旋转"按钮,创建一个旋转体。命令行提示如下:

命令: _revolve
当前线框密度: ISOLINES=4,闭合轮廓创建模式 = 实体
选择要旋转的对象或 [模式(MO)]: _MO 闭合轮廓创建模式 [实体(SO)/曲面(SU)] <实体>: _SO
选择要旋转的对象或 [模式(MO)]: 找到 1 个
选择要旋转的对象或 [模式(MO)]:

指定轴起点或根据以下选项之一定义轴 [对象(O)/X/Y/Z] <对象>: x
指定旋转角度或 [起点角度(ST)/反转(R)/表达式(EX)] <360>: 360

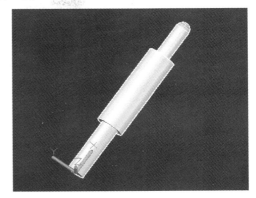

8 将当前坐标系切换到世界坐标系WCS。切换到"常用"选项卡,在"坐标"面板中,单击"UCS"按钮,设置坐标系。命令行提示如下:

命令: _ucs
当前 UCS 名称: *世界*
指定 UCS 的原点或 [面(F)/命名(NA)/对象(OB)/上一个(P)/视图(V)/世界(W)/X/Y/Z/Z 轴(ZA)] <世界>: 6,0,7
指定 X 轴上的点或 <接受>: <正交 开>
指定 XY 平面上的点或 <接受>:

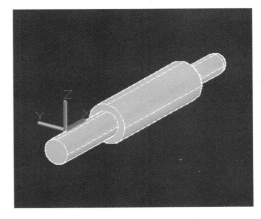

9 切换到"常用"选项卡,在"绘图"面板中,单击"矩形"按钮,绘制一个长为12mm,宽为6mm的矩形。命令行提示如下:

命令: _rectang
指定第一个角点或 [倒角(C)/标高(E)/圆角(F)/厚度(T)/宽度(W)]: 0,3
指定另一个角点或 [面积(A)/尺寸(D)/旋转(R)]: @12,-6

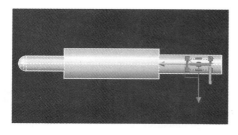

10 切换到"常用"选项卡，在"修改"面板中，单击"分解"按钮，分解步骤9中创建的元素。命令行提示如下：

　　命令：_explode

　　选择对象：找到 1 个

　　选择对象：

　　已删除 3 个约束

　　11.切换到"常用"选项卡，在"绘图"面板中，单击"圆心，起点，端点"按钮，绘制圆弧。命令行提示如下：

　　命令：_arc

　　指定圆弧的起点或 [圆心(C)]：_c 指定圆弧的圆心：

　　指定圆弧的起点： <极轴 开>

　　指定圆弧的端点或 [角度(A)/弦长(L)]：

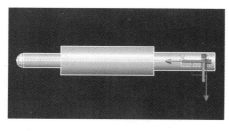

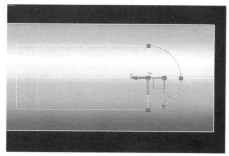

11 切换到"常用"选项卡，在"绘图"面板中，单击"圆心，起点，端点"按钮，绘制圆弧。命令行提示如下：

　　命令：_arc

　　指定圆弧的起点或 [圆心(C)]：_c 指定圆弧的圆心：

　　指定圆弧的起点：

　　指定圆弧的端点或 [角度(A)/弦长(L)]：

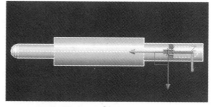

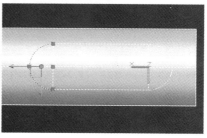

12 切换到"常用"选项卡，在"绘图"面板中，单击"删除"按钮，删除多余边线。命令行提示如下：

　　命令：_erase

　　选择对象：找到 1 个

　　选择对象：找到 1 个，总计 2 个

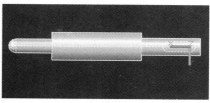

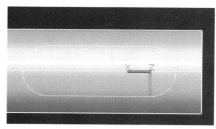

13 切换到"常用"选项卡，在"修改"面板中，单击"编辑多段线"按钮，将各个轮廓线合并为一条多段线。命令行提示如下：

　　命令：_pedit

　　选择多段线或 [多条(M)]：

　　选择多段线或 [多条(M)]：

　　选定的对象不是多段线

　　是否将其转换为多段线？ <Y>

　　输入选项 [闭合(C)/合并(J)/宽度(W)/编辑顶点(E)/拟合(F)/样条曲线(S)/非曲线化(D)/线型生成(L)/反转(R)/放弃(U)]：j

　　选择对象：指定对角点：找到 4 个

选择对象:

多段线已增加 3 条线段

输入选项 [打开(O)/合并(J)/宽度(W)/编辑顶点(E)/拟合(F)/样条曲线(S)/非曲线化(D)/线型生成(L)/反转(R)/放弃(U)]:

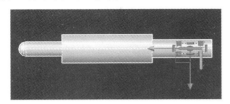

14 切换到"常用"选项卡,在"建模"面板中,单击"按住并拖动"按钮,创建一个实体。命令行提示如下:

命令:_presspull
选择对象或边界区域:
指定拉伸高度或 [多个(M)]:
指定拉伸高度或 [多个(M)]:4.5
已创建 1 个拉伸
选择对象或边界区域:

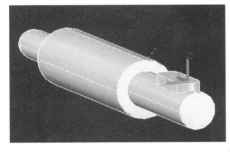

15 切换到"常用"选项卡,在"实体编辑"面板中,单击"差集"按钮,进行布尔运算。命令行提示如下:

命令:_subtract 选择要从中减去的实体、曲面和面域...
选择对象:找到 1 个
选择对象: 选择要减去的实体、曲面和面域...
选择对象:找到 1 个
选择对象:

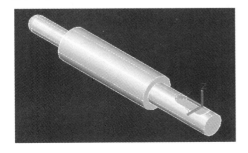

16 切换到"常用"选项卡,在"建模"面板中,单击"圆柱体"按钮,创建一个圆柱体。命令行提示如下:

命令:_cylinder
指定底面的中心点或 [三点(3P)/两点(2P)/切点、切点、半径(T)/椭圆(E)]:90,0
指定底面半径或 [直径(D)] <2.5000>:2.5
指定高度或 [两点(2P)/轴端点(A)] <-10.0000>:20

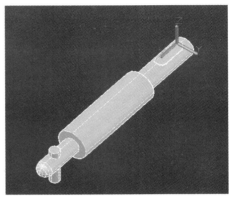

17 切换到"常用"选项卡,在"实体编辑"面板中,单击"差集"按钮,进行布尔运算。命令行提示如下:

命令:_subtract 选择要从中减去的实体、曲面和面域...
选择对象:找到 1 个
选择对象: 选择要减去的实体、曲面和面域...
选择对象:找到 1 个
选择对象:

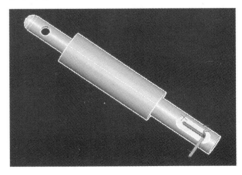

18 切换到"实体"选项卡,在"实体编辑"面板中,单击"倒角边"按钮,对指定边线进行倒直角操作。命令行提示如下:

命令:_CHAMFEREDGE 距离 1 = 2.0000,距离 2 = 3.0000
选择一条边或 [环(L)/距离(D)]:d

指定距离 1 或 [表达式(E)] <2.0000>: 2
指定距离 2 或 [表达式(E)] <3.0000>: 3
选择一条边或 [环(L)/距离(D)]:
选择同一个面上的其他边或 [环(L)/距离(D)]:
按 Enter 键接受倒角或 [距离(D)]:

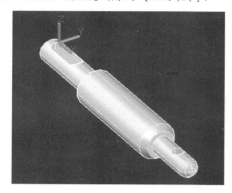

19 切换到"实体"选项卡，在"实体编辑"面板中，单击"倒角边"按钮，对指定边线进行倒直角操作。命令行提示如下：

命令：_CHAMFEREDGE 距离 1 = 2.0000，距离 2 = 3.0000
选择一条边或 [环(L)/距离(D)]: d
指定距离 1 或 [表达式(E)] <2.0000>: 1
指定距离 2 或 [表达式(E)] <3.0000>: 2
选择一条边或 [环(L)/距离(D)]:
选择同一个面上的其他边或 [环(L)/距离(D)]:
按 Enter 键接受倒角或 [距离(D)]:

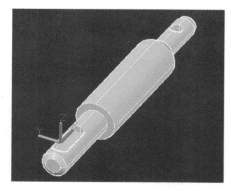

20 切换到"实体"选项卡，在"实体编辑"面板中，单击"圆角边"按钮，对指定边线进行倒圆角操作。命令行提示如下：

命令：_FILLETEDGE
半径 = 1.0000
选择边或 [链(C)/环(L)/半径(R)]: r
输入圆角半径或 [表达式(E)] <1.0000>: 2
选择边或 [链(C)/环(L)/半径(R)]:

选择边或 [链(C)/环(L)/半径(R)]:
已选定 1 个边用于圆角。
按 Enter 键接受圆角或 [半径(R)]:

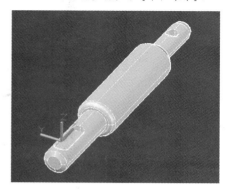

21 切换到"实体"选项卡，在"实体编辑"面板中，单击"圆角边"按钮，对指定边线进行倒圆角操作。命令行提示如下：

命令：_FILLETEDGE
半径 = 2.0000
选择边或 [链(C)/环(L)/半径(R)]: r
输入圆角半径或 [表达式(E)] <2.0000>: 0.3
选择边或 [链(C)/环(L)/半径(R)]:
选择边或 [链(C)/环(L)/半径(R)]:
选择边或 [链(C)/环(L)/半径(R)]:
已选定 2 个边用于圆角。
按 Enter 键接受圆角或 [半径(R)]:

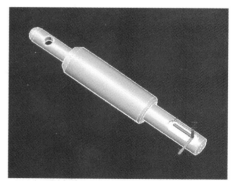

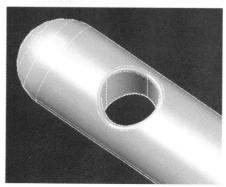

球阀阀体

案例说明: 本例将学习绘制球阀阀体,在绘制本例的过程中可以掌握多种三维建模命令的使用方法。

学习要点: 掌握多种三维建模命令。

光盘文件: 实例文件\实例86.dwg

视频教程: 视频文件\实例86.avi

操作步骤

1 启动AutoCAD 2013中文版,单击"快速访问工具栏"中的"新建"按钮,弹出"选择样板"对话框。

2 在对话框中"名称"列表框中选择"acadiso.dwt"样板文件,然后单击"打开"按钮,新建图形文件。

3 设置当前的工作空间为"三维建模"。切换到"视

图"选项卡,在"视图"面板中,单击"视图"按钮,从弹出的列表框中选择"西南等轴测"命令。

4 切换到"视图"选项卡,在"视觉样式"面板中,选择当前的视觉样式为"带边缘着色"。

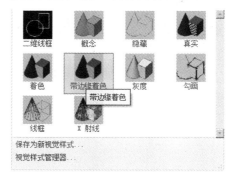

5 切换到"常用"选项卡,在"建模"面板中,单击"长方体"按钮,创建一个长方体。命令行提示如下:

```
命令: _box
指定第一个角点或 [中心(C)]: 0,0
```

指定其他角点或 [立方体(C)/长度(L)]: l
指定长度 <100.0000>: 100
指定宽度 <100.0000>: 100
指定高度或 [两点(2P)] <10.0000>: 10

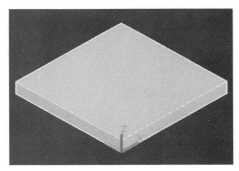

6 切换到"常用"选项卡,在"坐标"面板中,单击"UCS"按钮⊾,设置坐标系。命令行提示如下:

命令: _ucs
当前 UCS 名称: *世界*
指定 UCS 的原点或 [面(F)/命名(NA)/对象(OB)/上一个(P)/视图(V)/世界(W)/X/Y/Z/Z 轴(ZA)] <世界>: 50,50,10
指定 X 轴上的点或 <接受>: <正交 开>
指定 XY 平面上的点或 <接受>:

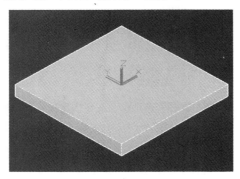

7 切换到"实体"选项卡,在"实体编辑"面板中,单击"圆角边"按钮▣,对指定边线进行倒圆角操作。命令行提示如下:

命令: _FILLETEDGE
半径 = 1.0000
选择边或 [链(C)/环(L)/半径(R)]: r
输入圆角半径或 [表达式(E)] <1.0000>: 15
选择边或 [链(C)/环(L)/半径(R)]:
选择边或 [链(C)/环(L)/半径(R)]:
选择边或 [链(C)/环(L)/半径(R)]:
选择边或 [链(C)/环(L)/半径(R)]:
选择边或 [链(C)/环(L)/半径(R)]:
已选定 4 个边用于圆角。

按 Enter 键接受圆角或 [半径(R)]:

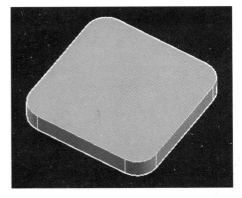

8 切换到"常用"选项卡,在"建模"面板中,单击"圆柱体"按钮▣,创建一个圆柱体。命令行提示如下:

命令: _cylinder
指定底面的中心点或 [三点(3P)/两点(2P)/切点、切点、半径(T)/椭圆(E)]:
指定底面半径或 [直径(D)] <10.0000>: d
指定直径 <20.0000>: 15
指定高度或 [两点(2P)/轴端点(A)] <10.0000>: 15

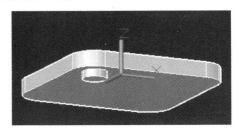

9 切换到"常用"选项卡,在"建模"面板中,单击"圆柱体"按钮▣,创建一个圆柱体。命令行提示如下:

命令: _cylinder
指定底面的中心点或 [三点(3P)/两点(2P)/切点、切点、半径(T)/椭圆(E)]:
指定底面半径或 [直径(D)] <10.0000>: d
指定直径 <20.0000>: 15
指定高度或 [两点(2P)/轴端点(A)] <10.0000>: 15

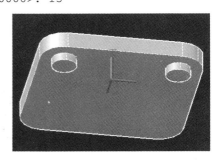

10 切换到"常用"选项卡，在"建模"面板中，单击"圆柱体"按钮，创建一个圆柱体。命令行提示如下：

命令：_cylinder
指定底面的中心点或 [三点(3P)/两点(2P)/切点、切点、半径(T)/椭圆(E)]：
指定底面半径或 [直径(D)] <7.5000>：d
指定直径 <15.0000>：15
指定高度或 [两点(2P)/轴端点(A)]
<-15.0000>：15

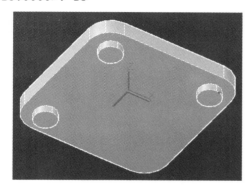

11 切换到"常用"选项卡，在"建模"面板中，单击"圆柱体"按钮，创建一个圆柱体。命令行提示如下：

命令：_cylinder
指定底面的中心点或 [三点(3P)/两点(2P)/切点、切点、半径(T)/椭圆(E)]：
指定底面半径或 [直径(D)] <7.5000>：d
指定直径 <15.0000>：15
指定高度或 [两点(2P)/轴端点(A)]
<-15.0000>：15

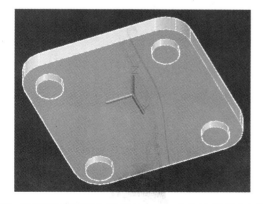

12 切换到"常用"选项卡，在"实体编辑"面板中，单击"差集"按钮，进行布尔运算。命令行提示如下：

命令：_subtract 选择要从中减去的实体、曲面和面域...
选择对象：找到 1 个
选择对象： 选择要减去的实体、曲面和面域...
选择对象：找到 1 个
选择对象：找到 1 个，总计 2 个
选择对象：找到 1 个，总计 3 个
选择对象：找到 1 个，总计 4 个

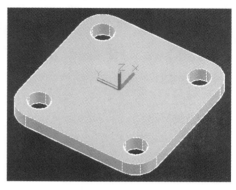

13 切换到"常用"选项卡，在"建模"面板中，单击"圆柱体"按钮，创建一个圆柱体。命令行提示如下：

命令：_cylinder
指定底面的中心点或 [三点(3P)/两点(2P)/切点、切点、半径(T)/椭圆(E)]：0,0
指定底面半径或 [直径(D)] <7.5000>：30
指定高度或 [两点(2P)/轴端点(A)]
<-15.0000>：50

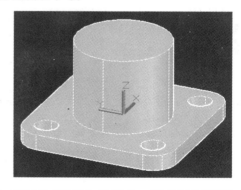

14 切换到"常用"选项卡，在"实体编辑"面板中，单击"并集"按钮，进行布尔运算。命令行提示如下：

命令：_union
选择对象：找到 1 个
选择对象：找到 1 个，总计 2 个

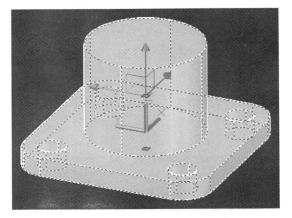

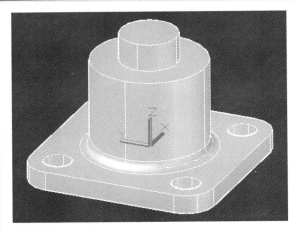

15 切换到"实体"选项卡，在"实体编辑"面板中，单击"圆角边"按钮，对指定边线进行倒圆角操作。命令行提示如下：

```
命令：_FILLETEDGE
半径 = 15.0000
选择边或 [链(C)/环(L)/半径(R)]：
选择边或 [链(C)/环(L)/半径(R)]：r
输入圆角半径或 [表达式(E)] <15.0000>：5
选择边或 [链(C)/环(L)/半径(R)]：
已选定 1 个边用于圆角。
按 Enter 键接受圆角或 [半径(R)]：
```

17 切换到"常用"选项卡，在"实体编辑"面板中，单击"并集"按钮，进行布尔运算。命令行提示如下：

```
命令：_union
选择对象：找到 1 个
选择对象：找到 1 个，总计 2 个
```

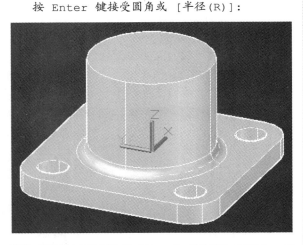

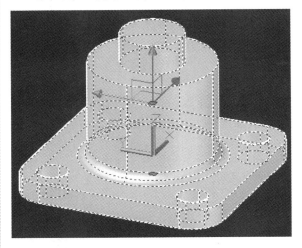

16 切换到"常用"选项卡，在"建模"面板中，单击"圆柱体"按钮，创建一个圆柱体。命令行提示如下：

```
命令：_cylinder
指定底面的中心点或 [三点(3P)/两点(2P)/切
点、切点、半径(T)/椭圆(E)]：
指定底面半径或 [直径(D)] <30.0000>：15
指定高度或 [两点(2P)/轴端点(A)]
<50.0000>：15
```

18 切换到"实体"选项卡，在"实体编辑"面板中，单击"圆角边"按钮，对指定边线进行倒圆角操作。命令行提示如下：

```
命令：_FILLETEDGE
半径 = 5.0000
选择边或 [链(C)/环(L)/半径(R)]：r
输入圆角半径或 [表达式(E)] <5.0000>：10
选择边或 [链(C)/环(L)/半径(R)]：
选择边或 [链(C)/环(L)/半径(R)]：
已选定 1 个边用于圆角。
按 Enter 键接受圆角或 [半径(R)]：
```

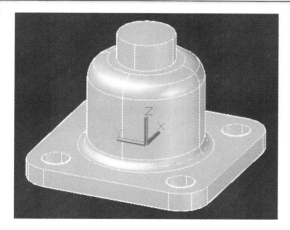

19 切换到"实体"选项卡，在"实体编辑"面板中，单击"圆角边"按钮 ，对指定边线进行倒圆角操作。命令行提示如下：

```
命令：_FILLETEDGE
半径 = 10.0000
选择边或 [链(C)/环(L)/半径(R)]：r
输入圆角半径或 [表达式(E)] <10.0000>：1
选择边或 [链(C)/环(L)/半径(R)]：
选择边或 [链(C)/环(L)/半径(R)]：
已选定 1 个边用于圆角。
按 Enter 键接受圆角或 [半径(R)]：
```

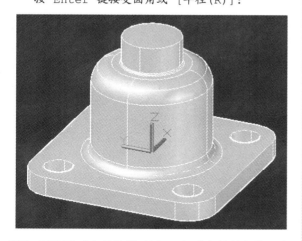

20 切换到"实体"选项卡，在"实体编辑"面板中，单击"圆角边"按钮 ，对指定边线进行倒圆角操作。命令行提示如下：

```
命令：_FILLETEDGE
半径 = 1.0000
选择边或 [链(C)/环(L)/半径(R)]：r
输入圆角半径或 [表达式(E)] <1.0000>：2
选择边或 [链(C)/环(L)/半径(R)]：
选择边或 [链(C)/环(L)/半径(R)]：
```

```
已选定 1 个边用于圆角。
按 Enter 键接受圆角或 [半径(R)]：
```

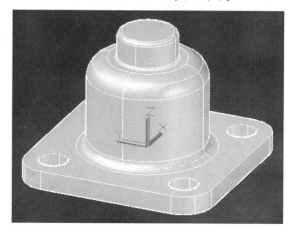

21 切换到"常用"选项卡，在"坐标"面板中，单击"UCS"按钮 ，设置坐标系。命令行提示如下：

```
命令：_ucs
当前 UCS 名称：*没有名称*
指定 UCS 的原点或 [面(F)/命名(NA)/对象
(OB)/上一个(P)/视图(V)/世界(W)/X/Y/Z/Z 轴
(ZA)] <世界>：@70,0,20
指定 X 轴上的点或 <接受>：
指定 XY 平面上的点或 <接受>：
```

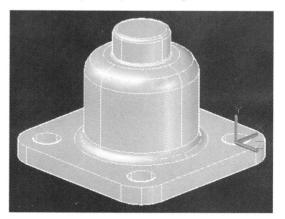

注意

> 在三维图形的绘制过程中，选择适合的坐标系位置和坐标平面是绘图的关键，读者可以根据自己的需要或习惯旋转或选择坐标系XY轴平面或方向。特别是在绘图平面图形和螺旋线的扫描截面时，应将其设置为XY平面，并注意坐标轴的方向。

22 切换到"常用"选项卡，在"建模"面板中，单击"圆柱体"按钮，创建一个圆柱体。命令行提示如下：

命令：_cylinder
指定底面的中心点或 [三点(3P)/两点(2P)/切点、切点、半径(T)/椭圆(E)]：0,0
指定底面半径或 [直径(D)] <15.0000>：15
指定高度或 [两点(2P)/轴端点(A)]
<-30.0000>：60

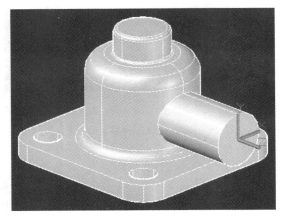

23 切换到"常用"选项卡，在"实体编辑"面板中，单击"并集"按钮，进行布尔运算。命令行提示如下：

命令：_union
选择对象：找到 1 个
选择对象：找到 1 个，总计 2 个

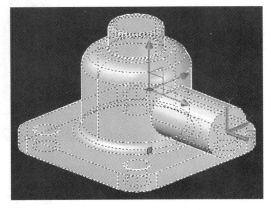

24 切换到"实体"选项卡，在"实体编辑"面板中，单击"圆角边"按钮，对指定边线进行倒圆角操作。命令行提示如下：

命令：_FILLETEDGE
半径 = 2.0000
选择边或 [链(C)/环(L)/半径(R)]：r

输入圆角半径或 [表达式(E)] <2.0000>：2
选择边或 [链(C)/环(L)/半径(R)]：
选择边或 [链(C)/环(L)/半径(R)]：
已选定 1 个边用于圆角。
按 Enter 键接受圆角或 [半径(R)]：

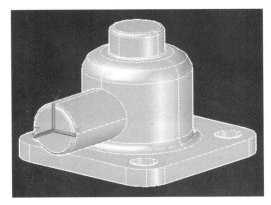

25 切换到"实体"选项卡，在"实体编辑"面板中，单击"圆角边"按钮，对指定边线进行倒圆角操作。命令行提示如下：

命令：_FILLETEDGE
半径 = 2.0000
选择边或 [链(C)/环(L)/半径(R)]：r
输入圆角半径或 [表达式(E)] <2.0000>：1
选择边或 [链(C)/环(L)/半径(R)]：
选择边或 [链(C)/环(L)/半径(R)]：
已选定 1 个边用于圆角。
按 Enter 键接受圆角或 [半径(R)]：

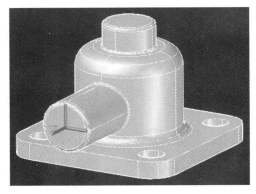

26 切换到"常用"选项卡，在"坐标"面板中，单击"UCS"按钮，设置坐标系。命令行提示如下：

命令：_ucs
当前 UCS 名称：*没有名称*
指定 UCS 的原点或 [面(F)/命名(NA)/对象(OB)/上一个(P)/视图(V)/世界(W)/X/Y/Z/Z 轴(ZA)] <世界>：@0,0,-70

指定 X 轴上的点或 <接受>：

指定 XY 平面上的点或 <接受>：

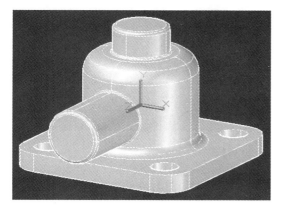

27 切换到"视图"选项卡，在"视图"面板中，单击"视图"按钮 ◈，从弹出的列表框中选择"前视"选项。

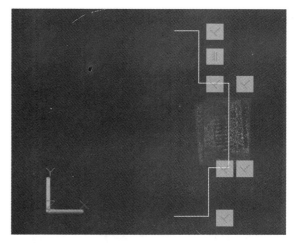

28 单击状态栏中的"隔离对象"按钮 ◈，在弹出的快捷菜单中选择"隐藏对象"命令。命令行提示如下：

命令：_hideobjects

选择对象：找到 1 个

29 切换到"常用"选项卡，在"绘图"面板中，单击"多段线"按钮 ⊃，绘制一条多段线。命令行提示如下：

命令：_pline

指定起点：50,75

当前线宽为 0.0000

指定下一个点或 [圆弧(A)/半宽(H)/长度(L)/放弃(U)/宽度(W)]：10

指定下一点或 [圆弧(A)/闭合(C)/半宽(H)/长度(L)/放弃(U)/宽度(W)]：22

指定下一点或 [圆弧(A)/闭合(C)/半宽(H)/长度(L)/放弃(U)/宽度(W)]：12

指定下一点或 [圆弧(A)/闭合(C)/半宽(H)/长度(L)/放弃(U)/宽度(W)]：35

指定下一点或 [圆弧(A)/闭合(C)/半宽(H)/长度(L)/放弃(U)/宽度(W)]：8

指定下一点或 [圆弧(A)/闭合(C)/半宽(H)/长度(L)/放弃(U)/宽度(W)]：20

指定下一点或 [圆弧(A)/闭合(C)/半宽(H)/长度(L)/放弃(U)/宽度(W)]：14

30 切换到"常用"选项卡，在"建模"面板中，单击"旋转"按钮 ◈，创建一个旋转体。命令行提示如下：

命令：_revolve

当前线框密度： ISOLINES=4，闭合轮廓创建模式 = 实体

选择要旋转的对象或 [模式(MO)]：_MO 闭合轮廓创建模式 [实体(SO)/曲面(SU)] <实体>：_SO

选择要旋转的对象或 [模式(MO)]：找到 1 个

选择要旋转的对象或 [模式(MO)]：

指定轴起点或根据以下选项之一定义轴 [对象(O)/X/Y/Z] <对象>：

指定轴端点：

指定旋转角度或 [起点角度(ST)/反转(R)/表达式(EX)] <360>：360

已删除 7 个约束

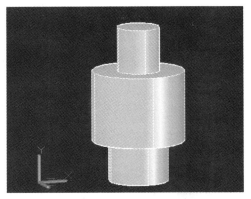

31 切换到"常用"选项卡，在"修改"面板中，单击"三维移动"按钮，移动步骤30中创建的几何体。命令行提示如下：

命令：_3dmove
选择对象：找到 1 个
选择对象：
指定基点或 [位移(D)] <位移>： 0,0,0
指定第二个点或 <使用第一个点作为位移>：
@0,0,-50

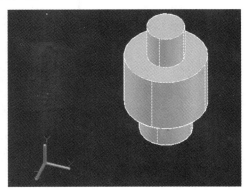

注意

在三维视图中，显示三维移动小控件以帮助在指定方向上按指定距离移动三维对象。

- 在"常用"选项卡的"修改"面板中单击"三维移动"按钮。
- 在命令提示行输入或动态输入-3DMOVE命令并按【Enter】键。

32 单击状态栏中的"取消对象隔离"按钮，在弹出的快捷菜单中选择"结束对象隔离"命令。命令行提示如下：

命令：_unisolateobjects
取消 1 个对象的隔离。

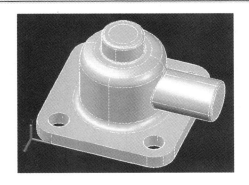

注意

在AutoCAD 2013中绘制三维图形时，为了便于线条或实体的绘制与编辑，需要对一些线条或实体进行隐藏，读者可充分利用图层的设置，在绘图时将其分类管理和编辑，在绘制完成后再统一进行着色、渲染或编辑。

33 切换到"常用"选项卡，在"实体编辑"面板中，单击"差集"按钮，进行布尔运算。命令行提示如下：

命令：_subtract 选择要从中减去的实体、曲面和面域...
选择对象：找到 1 个
选择对象： 选择要减去的实体、曲面和面域...
选择对象：找到 1 个

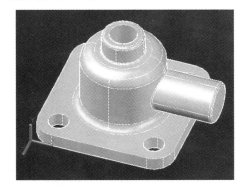

34 切换到"常用"选项卡，在"坐标"面板中，单击"UCS"按钮，设置坐标系。命令行提示如下：

命令：_ucs
当前 UCS 名称：*没有名称*
指定 UCS 的原点或 [面(F)/命名(NA)/对象(OB)/上一个(P)/视图(V)/世界(W)/X/Y/Z/Z 轴(ZA)] <世界>： <正交 开>
指定 X 轴上的点或 <接受>：
指定 XY 平面上的点或 <接受>：

38 切换到"常用"选项卡，在"实体编辑"面板中，单击"差集"按钮，进行布尔运算。命令行提示如下：

命令：_subtract 选择要从中减去的实体、曲面和面域...
选择对象：找到 1 个
选择对象： 选择要减去的实体、曲面和面域...
选择对象：找到 1 个

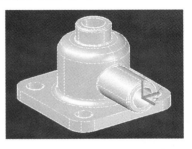

39 切换到"实体"选项卡，在"实体编辑"面板中，单击"圆角边"按钮，对指定边线进行倒圆角操作。命令行提示如下：

命令：_FILLETEDGE
半径 = 1.0000
选择边或 [链(C)/环(L)/半径(R)]：r
输入圆角半径或 [表达式(E)] <1.0000>：1.5
选择边或 [链(C)/环(L)/半径(R)]：
选择边或 [链(C)/环(L)/半径(R)]：
已选定 1 个边用于圆角。
按 Enter 键接受圆角或 [半径(R)]：

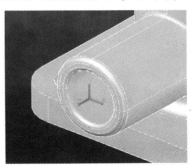

35 单击状态栏中的"隔离对象"按钮，在弹出的快捷菜单中选择"隐藏对象"命令。命令行提示如下：

命令：_hideobjects
选择对象：找到 1 个

36 切换到"常用"选项卡，在"建模"面板中，单击"圆柱体"按钮，创建一个圆柱体。命令行提示如下：

命令：_cylinder
指定底面的中心点或 [三点(3P)/两点(2P)/切点、切点、半径(T)/椭圆(E)]：0,0,0
指定底面半径或 [直径(D)]：10
指定高度或 [两点(2P)/轴端点(A)]：70

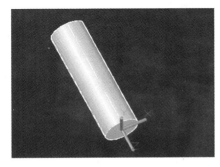

37 单击状态栏中的"取消对象隔离"按钮，在弹出的快捷菜单中选择"结束对象隔离"命令。命令行提示如下：

命令：_unisolateobjects
取消 1 个对象的隔离。

实例87 轴承座

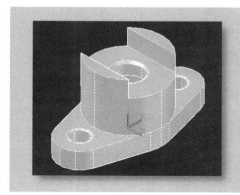

📷 **案例说明：** 本例将学习绘制轴承座，在绘制本例的过程中可以掌握多种三维建模命令的使用方法。

🔄 **学习要点：** 掌握多种三维建模命令。

💿 **光盘文件：** 实例文件\实例87.dwg

📹 **视频教程：** 视频文件\实例87.avi

操作步骤

1 启动AutoCAD 2013中文版，单击"快速访问工具栏"中的"新建"按钮🗋，弹出"选择样板"对话框。

2 在对话框中"名称"列表框中选择"acadiso.dwt"样板文件，然后单击"打开"按钮，新建图形文件。

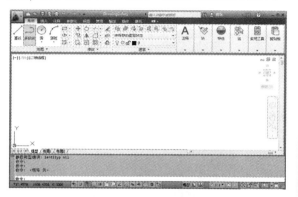

3 设置当前的工作空间为"三维建模"。切换到"视

图"选项卡，在"视图"面板中，单击"视图"按钮🔲，从弹出的列表框中选择"俯视"选项。

4 切换到"视图"选项卡，在"视觉样式"面板中，选择当前的视觉样式为"带边缘着色"。

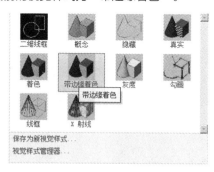

5 切换到"常用"选项卡，在"绘图"面板中，单击"圆心，半径"按钮⊙，绘制一个半径为100mm的圆。命令行提示如下：

命令：_circle

指定圆的圆心或 [三点(3P)/两点(2P)/切点、切点、半径(T)]：0,0

指定圆的半径或 [直径(D)]: 100

6 切换到"常用"选项卡，在"绘图"面板中，单击"圆心，半径"按钮，绘制一个半径为60mm的圆。命令行提示如下：

命令：_circle

指定圆的圆心或 [三点(3P)/两点(2P)/切点、切点、半径(T)]: 145

指定圆的半径或 [直径(D)] <100.0000>: 60

7 切换到"常用"选项卡，在"修改"面板中，单击"镜像"按钮，对步骤6中绘制的圆进行镜像操作。命令行提示如下：

命令：_mirror

选择对象：找到 1 个

选择对象： 指定镜像线的第一点： 指定镜像线的第二点：

要删除源对象吗？[是(Y)/否(N)] <N>:

8 切换到"常用"选项卡，在"绘图"面板中，单击"直线"按钮，绘制切线。命令行提示如下：

命令：_line

指定第一个点：tan 到

指定下一点或 [放弃(U)]: tan 到

指定下一点或 [放弃(U)]:

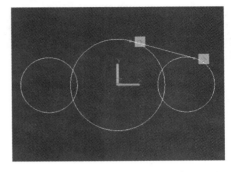

9 切换到"常用"选项卡，在"修改"面板中，单击"镜像"按钮，对步骤8中绘制的切线进行镜像操作。命令行提示如下：

命令：_mirror

选择对象：找到 1 个

选择对象： 指定镜像线的第一点： 指定镜像线的第二点：

要删除源对象吗？[是(Y)/否(N)] <N>:

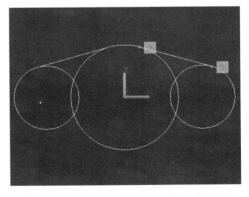

10 切换到"常用"选项卡，在"修改"面板中，单击"镜像"按钮，对步骤8和步骤9中创建的切线进行镜像操作。命令行提示如下：

命令：_mirror

选择对象：找到 1 个

选择对象：找到 1 个，总计 2 个

选择对象： 指定镜像线的第一点： 指定镜像线的第二点：

要删除源对象吗？[是(Y)/否(N)] <N>:

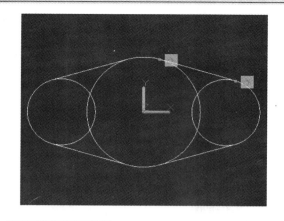

　　有些机械零件的结构是对称的，这时可以用镜像命令来创建相对于某一空间平面的镜像对象，这样可以省去一些重复性的绘制步骤。

　　镜像命令的启动方法如下：
- 下拉菜单：选择"修改"→"镜像"命令。
- 输入命令：在命令提示行输入或动态输入MIRROR命令并按【Enter】键。

11 切换到"常用"选项卡，在"修改"面板中，单击"修剪"按钮，对多余的元素进行修剪操作。命令行提示如下：

　　命令：_trim
　　当前设置:投影=UCS，边=无
　　选择剪切边...
　　选择对象或 <全部选择>：　指定对角点：找到7 个
　　选择对象：
　　选择要修剪的对象，或按住 Shift 键选择要延伸的对象，或
　　[栏选(F)/窗交(C)/投影(P)/边(E)/删除(R)/放弃(U)]：　指定对角点：
　　选择要修剪的对象，或按住 Shift 键选择要延伸的对象，或
　　[栏选(F)/窗交(C)/投影(P)/边(E)/删除(R)/放弃(U)]：
　　选择要修剪的对象，或按住 Shift 键选择要延伸的对象，或
　　[栏选(F)/窗交(C)/投影(P)/边(E)/删除(R)/放弃(U)]：　指定对角点：
　　选择要修剪的对象，或按住 Shift 键选择要延

伸的对象，或
　　[栏选(F)/窗交(C)/投影(P)/边(E)/删除(R)/放弃(U)]：
　　选择要修剪的对象，或按住 Shift 键选择要延伸的对象，或
　　[栏选(F)/窗交(C)/投影(P)/边(E)/删除(R)/放弃(U)]：　指定对角点：
　　窗交窗口中未包括任何对象。
　　选择要修剪的对象，或按住 Shift 键选择要延伸的对象，或
　　[栏选(F)/窗交(C)/投影(P)/边(E)/删除(R)/放弃(U)]：
　　选择要修剪的对象，或按住 Shift 键选择要延伸的对象，或
　　[栏选(F)/窗交(C)/投影(P)/边(E)/删除(R)/放弃(U)]：
　　选择要修剪的对象，或按住 Shift 键选择要延伸的对象，或
　　[栏选(F)/窗交(C)/投影(P)/边(E)/删除(R)/放弃(U)]：
　　选择要修剪的对象，或按住 Shift 键选择要延伸的对象，或
　　[栏选(F)/窗交(C)/投影(P)/边(E)/删除(R)/放弃(U)]：
　　选择要修剪的对象，或按住 Shift 键选择要延伸的对象，或
　　[栏选(F)/窗交(C)/投影(P)/边(E)/删除(R)/放弃(U)]：
　　选择要修剪的对象，或按住 Shift 键选择要延伸的对象，或
　　[栏选(F)/窗交(C)/投影(P)/边(E)/删除(R)/放弃(U)]：
　　选择要修剪的对象，或按住 Shift 键选择要延伸的对象，或
　　[栏选(F)/窗交(C)/投影(P)/边(E)/删除(R)/放弃(U)]：
　　选择要修剪的对象，或按住 Shift 键选择要延伸的对象，或
　　[栏选(F)/窗交(C)/投影(P)/边(E)/删除(R)/放弃(U)]：
　　已删除 4 个约束

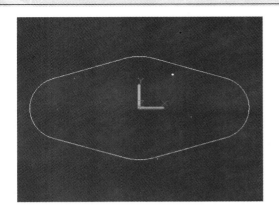

12 设置当前的工作空间为"三维建模"。切换到"视图"选项卡，在"视图"面板中，单击"视图"按钮◎，从弹出的列表框中选择"西南等轴测"选项。

13 切换到"常用"选项卡，在"建模"面板中，单击"按住并拖动"按钮🔲，创建一个实体。命令行提示如下：

命令：_presspull
选择对象或边界区域：
指定拉伸高度或 [多个(M)]：
指定拉伸高度或 [多个(M)]:50
已创建 1 个拉伸
选择对象或边界区域：

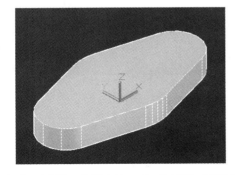

14 切换到"常用"选项卡，在"建模"面板中，单击"圆柱体"按钮🔲，创建一个圆柱体。命令行提示如下：

命令：_cylinder
指定底面的中心点或 [三点(3P)/两点(2P)/切

点、切点、半径(T)/椭圆(E)]：
指定底面半径或 [直径(D)] <25.0000>：25
指定高度或 [两点(2P)/轴端点(A)]
<-80.0000>：80

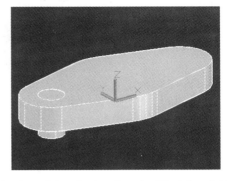

15 切换到"常用"选项卡，在"修改"面板中，单击"三维镜像"按钮❌，对步骤14中创建的圆柱体进行镜像操作。命令行提示如下：

命令：_mirror3d
选择对象：找到 1 个
选择对象：
指定镜像平面 (三点) 的第一个点或
[对象(O)/最近的(L)/Z 轴(Z)/视图(V)/XY 平面(XY)/YZ 平面(YZ)/ZX 平面(ZX)/三点(3)] <三点>：yz
指定 YZ 平面上的点 <0,0,0>：0,0,0
是否删除源对象？[是(Y)/否(N)] <否>：

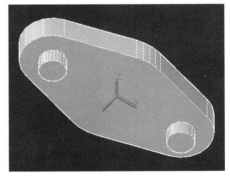

16 切换到"常用"选项卡，在"实体编辑"面板中，单击"差集"按钮◎，进行布尔运算。命令行提示如下：

命令：_subtract 选择要从中减去的实体、曲面和面域...
选择对象：找到 1 个
选择对象： 选择要减去的实体、曲面和面域...
选择对象：找到 1 个
选择对象：找到 1 个，总计 2 个

选择对象：

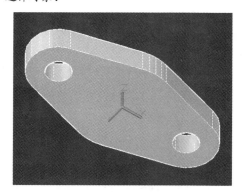

知识要点

有些机械零件的结构是对称的，这时可以用三维镜像命令来创建相对于某一空间平面的镜像对象，这样可以省去一些重复性的绘制步骤。

三维镜像命令的启动方法如下：

- 下拉菜单：选择"修改"→"三位操作"→"三维镜像"命令。
- 输入命令：在命令行中输入或动态输入MIRROR3D并按【Enter】键。
- 各选项的含义如下：
- "对象"选项：使用选定平面对象的平面作为镜像平面。
- "最近的"选项：以最后定义的镜像平面作为当前的镜像平面。
- "Z"轴选项：根据平面上一点和平面法线上的一点定义镜像平面。
- "视图"选项：将镜像平面与当前视口中通过指定点的视图平面对齐。
- "XY平面/YZ平面/ZX平面"选项：指定一个点且与XY平面/YZ平面ZX平面平行的平面作为镜像平面。
- "三点"选项：通过指定三个点来定义镜像平面。

17 切换到"常用"选项卡，在"绘图"面板中，单击"圆心，半径"按钮⊙，绘制一个半径为100mm的圆。命令行提示如下：

命令：_circle

指定圆的圆心或 [三点(3P)/两点(2P)/切点、切点、半径(T)]：
指定圆的半径或 [直径(D)] <60.0000>：100

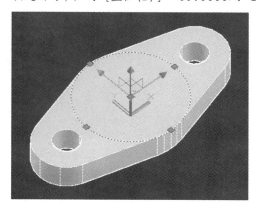

18 切换到"常用"选项卡，在"建模"面板中，单击"按住并拖动"按钮，创建一个实体。命令行提示如下：

命令：_presspull
选择对象或边界区域：
指定拉伸高度或 [多个(M)]：
指定拉伸高度或 [多个(M)]：150
已创建 1 个拉伸
选择对象或边界区域：

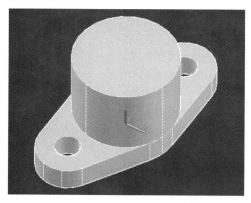

19 切换到"常用"选项卡，在"坐标"面板中，单击"UCS"按钮，设置坐标系。命令行提示如下：

命令：_ucs
当前 UCS 名称：*没有名称*
指定 UCS 的原点或 [面(F)/命名(NA)/对象(OB)/上一个(P)/视图(V)/世界(W)/X/Y/Z/Z 轴(ZA)] <世界>：120,0,0
指定 X 轴上的点或 <接受>： <正交 开>
指定 XY 平面上的点或 <接受>：

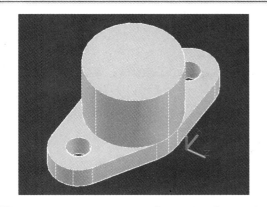

20 设置当前的工作空间为"三维建模"。切换到"视图"选项卡，在"视图"面板中，单击"视图"按钮◎，从弹出的列表框中选择"前视"选项。

21 切换到"常用"选项卡，在"绘图"面板中，单击"矩形"按钮□，绘制一个长为140mm，宽为50mm的矩形。命令行提示如下：

命令：_rectang
指定第一个角点或 [倒角(C)/标高(E)/圆角(F)/厚度(T)/宽度(W)]：-70,220
指定另一个角点或 [面积(A)/尺寸(D)/旋转(R)]：@140,-70

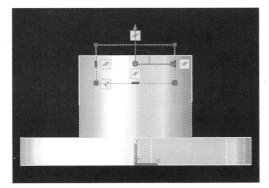

22 设置当前的工作空间为"三维建模"。切换到"视图"选项卡，在"视图"面板中，单击"视图"按钮◎，从弹出的列表框中选择"西南等轴测"选项。

23 切换到"常用"选项卡，在"建模"面板中，单击"按住并拖动"按钮，创建一个实体。命令行提示如下：

命令：_presspull
选择对象或边界区域：
指定拉伸高度或 [多个(M)]：
指定拉伸高度或 [多个(M)]：240
已创建 1 个拉伸
选择对象或边界区域：

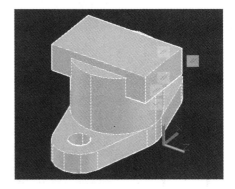

24 切换到"常用"选项卡，在"实体编辑"面板中，单击"差集"按钮，进行布尔运算。命令行提示如下：

命令：_subtract 选择要从中减去的实体、曲面和面域...
选择对象：找到 1 个
选择对象： 选择要减去的实体、曲面和面域...
选择对象：找到 1 个
选择对象：

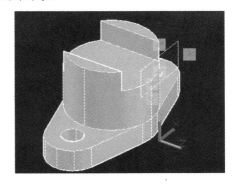

25 单击状态栏中的"隔离对象"按钮 🔓，在弹出的快捷菜单中选择"隐藏对象"命令。命令行提示如下：

命令：_hideobjects
选择对象：找到 1 个
选择对象：找到 1 个，总计 2 个

26 单击状态栏中的"隔离对象"按钮 🔓，在弹出的快捷菜单中选择"隐藏对象"命令。命令行提示如下：

命令：_hideobjects
选择对象：指定对角点：找到 9 个

27 将当前坐标系切换到世界坐标系WCS。切换到"常用"选项卡，在"坐标"面板中，单击"UCS"按钮 L，设置坐标系。命令行提示如下：

命令：_ucs
当前 UCS 名称：*世界*
指定 UCS 的原点或 [面(F)/命名(NA)/对象(OB)/上一个(P)/视图(V)/世界(W)/X/Y/Z/Z 轴(ZA)] <世界>：x
指定绕 X 轴的旋转角度 <90>：

28.切换到"常用"选项卡，在"绘图"面板中，单击"多段线"按钮 ⌐，绘制一条多段线。命令行提示如下：

命令：_pline
指定起点：0,160

当前线宽为 0.0000
指定下一个点或 [圆弧(A)/半宽(H)/长度(L)/放弃(U)/宽度(W)]：40
指定下一点或 [圆弧(A)/闭合(C)/半宽(H)/长度(L)/放弃(U)/宽度(W)]：45
指定下一点或 [圆弧(A)/闭合(C)/半宽(H)/长度(L)/放弃(U)/宽度(W)]：45
指定下一点或 [圆弧(A)/闭合(C)/半宽(H)/长度(L)/放弃(U)/宽度(W)]：75
指定下一点或 [圆弧(A)/闭合(C)/半宽(H)/长度(L)/放弃(U)/宽度(W)]：15
指定下一点或 [圆弧(A)/闭合(C)/半宽(H)/长度(L)/放弃(U)/宽度(W)]：40
指定下一点或 [圆弧(A)/闭合(C)/半宽(H)/长度(L)/放弃(U)/宽度(W)]：
>>输入 ORTHOMODE 的新值 <0>：
正在恢复执行 PLINE 命令。
指定下一点或 [圆弧(A)/闭合(C)/半宽(H)/长度(L)/放弃(U)/宽度(W)]：0,0

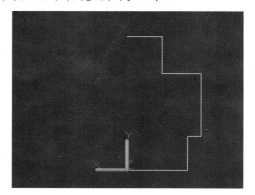

28 切换到"常用"选项卡，在"建模"面板中，单击"旋转"按钮 🔄，创建一个旋转体。命令行提示如下：

命令：_revolve
当前线框密度： ISOLINES=4，闭合轮廓创建模式 = 实体
选择要旋转的对象或 [模式(MO)]：_MO 闭合轮廓创建模式 [实体(SO)/曲面(SU)] <实体>：_SO
选择要旋转的对象或 [模式(MO)]：找到 1 个
选择要旋转的对象或 [模式(MO)]：
指定轴起点或根据以下选项之一定义轴 [对象(O)/X/Y/Z] <对象>：y
指定旋转角度或 [起点角度(ST)/反转(R)/表达式(EX)] <360>：360
已删除 7 个约束

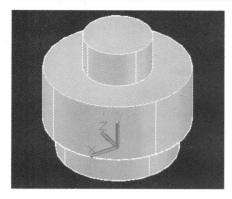

29 单击状态栏中的"取消对象隔离"按钮 ，在弹出的快捷菜单中选择"结束对象隔离"命令。命令行提示如下：

命令：_unisolateobjects
取消 11 个对象的隔离。

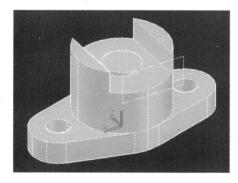

30 切换到"常用"选项卡，在"实体编辑"面板中，单击"差集"按钮 ，进行布尔运算。命令行提示如下：

命令：_subtract 选择要从中减去的实体、曲面和面域...
选择对象：找到 1 个
选择对象： 选择要减去的实体、曲面和面域...
选择对象：找到 1 个
选择对象：

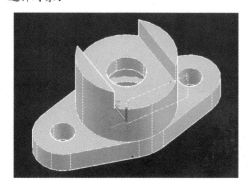

31 切换到"实体"选项卡，在"实体编辑"面板中，单击"倒角边"按钮 ，对指定边线进行倒直角操作。命令行提示如下：

命令：_CHAMFEREDGE 距离 1 = 1.0000，距离 2 = 1.0000
选择一条边或 [环(L)/距离(D)]：d
指定距离 1 或 [表达式(E)] <1.0000>：4
指定距离 2 或 [表达式(E)] <1.0000>：6
选择一条边或 [环(L)/距离(D)]：
选择同一个面上的其他边或 [环(L)/距离(D)]：
按 Enter 键接受倒角或 [距离(D)]：

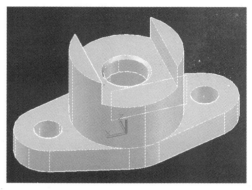

32 切换到"实体"选项卡，在"实体编辑"面板中，单击"圆角边"按钮 ，对指定边线进行倒圆角操作。命令行提示如下：

命令：_FILLETEDGE
半径 = 1.0000
选择边或 [链(C)/环(L)/半径(R)]：r
输入圆角半径或 [表达式(E)] <1.0000>：4
选择边或 [链(C)/环(L)/半径(R)]：
选择边或 [链(C)/环(L)/半径(R)]：
选择边或 [链(C)/环(L)/半径(R)]：
已选定 2 个边用于圆角。
按 Enter 键接受圆角或 [半径(R)]：

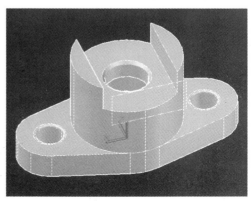

实例88 轴承盖

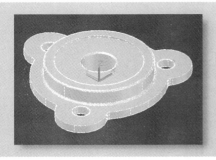

🎬 **案例说明**：本例将学习绘制轴承盖，在绘制本例的过程中可以掌握多种三维建模命令的使用方法。

💿 **学习要点**：掌握多种三维建模命令。

💿 **光盘文件**：实例文件\实例88.dwg

📹 **视频教程**：视频文件\实例88.avi

操作步骤

1 启动AutoCAD 2013中文版，单击"快速访问工具栏"中的"新建"按钮🗋，弹出"选择样板"对话框。

2 在对话框中"名称"列表框中选择"acadiso.dwt"样板文件，然后单击"打开"按钮，新建图形文件。

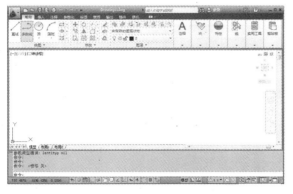

3 设置当前的工作空间为"三维建模"。切换到"视图"选项卡，在"视图"面板中，单击"视图"按钮

◇，从弹出的列表框中选择"俯视"选项。

4 切换到"视图"选项卡，在"视觉样式"面板中，选择当前的视觉样式为"带边缘着色"。

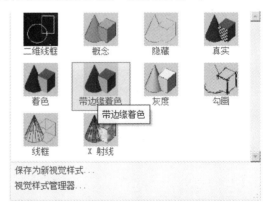

5 切换到"常用"选项卡，在"绘图"面板中，单击"圆心，半径"按钮⊙，绘制一个半径为200mm的圆。命令行提示如下：

　　命令：_circle

　　指定圆的圆心或 [三点(3P)/两点(2P)/切点、

切点、半径(T)]: 0,0

指定圆的半径或 [直径(D)]: 200

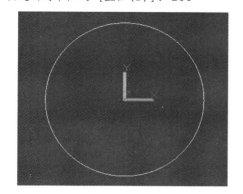

6 切换到"常用"选项卡，在"绘图"面板中，单击"圆心，半径"按钮，绘制一个半径为75mm的圆。命令行提示如下：

命令: _circle

指定圆的圆心或 [三点(3P)/两点(2P)/切点、切点、半径(T)]: 0,200

指定圆的半径或 [直径(D)] <200.0000>: 75

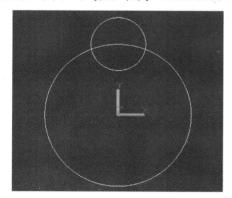

7 切换到"常用"选项卡，在"修改"面板中，单击"环形阵列"按钮，对步骤6中创建的圆进行阵列操作。命令行提示如下：

命令: _arraypolar

选择对象: 找到 1 个

选择对象:

类型 = 极轴 关联 = 是

指定阵列的中心点或 [基点(B)/旋转轴(A)]:

选择夹点以编辑阵列或 [关联(AS)/基点(B)/项目(I)/项目间角度(A)/填充角度(F)/行(ROW)/层(L)/旋转项目(ROT)/退出(X)] <退出>: i

输入阵列中的项目数或 [表达式(E)] <6>: 3

选择夹点以编辑阵列或 [关联(AS)/基点(B)/项目(I)/项目间角度(A)/填充角度(F)/行(ROW)/层(L)/旋转项目(ROT)/退出(X)] <退出>:

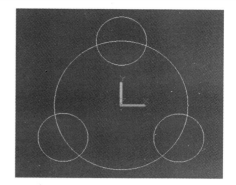

8 切换到"常用"选项卡，在"修改"面板中，单击"分解"按钮，将步骤7中创建的阵列分解为单个实体。命令行提示如下：

命令: _explode

选择对象: 找到 1 个

选择对象:

已删除 1 个约束

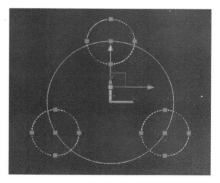

9 切换到"常用"选项卡，在"修改"面板中，单击"修剪"按钮，对多余的元素进行修剪操作。命令行提示如下：

命令: _trim

当前设置:投影=UCS，边=无

选择剪切边...

选择对象或 <全部选择>: 指定对角点: 找到 4 个

选择对象:

选择要修剪的对象，或按住 Shift 键选择要延伸的对象，或

[栏选(F)/窗交(C)/投影(P)/边(E)/删除(R)/放弃(U)]:

选择要修剪的对象，或按住 Shift 键选择要延伸的对象，或

[栏选(F)/窗交(C)/投影(P)/边(E)/删除(R)/放弃(U)]:

选择要修剪的对象，或按住 Shift 键选择要延伸的对象，或

[栏选(F)/窗交(C)/投影(P)/边(E)/删除(R)/放弃(U)]：

选择要修剪的对象，或按住 Shift 键选择要延伸的对象，或

[栏选(F)/窗交(C)/投影(P)/边(E)/删除(R)/放弃(U)]：

选择要修剪的对象，或按住 Shift 键选择要延伸的对象，或

[栏选(F)/窗交(C)/投影(P)/边(E)/删除(R)/放弃(U)]：

选择要修剪的对象，或按住 Shift 键选择要延伸的对象，或

[栏选(F)/窗交(C)/投影(P)/边(E)/删除(R)/放弃(U)]：

选择要修剪的对象，或按住 Shift 键选择要延伸的对象，或

[栏选(F)/窗交(C)/投影(P)/边(E)/删除(R)/放弃(U)]：

10 切换到"常用"选项卡，在"建模"面板中，单击"按住并拖动"按钮🔲，创建一个实体。命令行提示如下：

命令：_presspull
选择对象或边界区域：
指定拉伸高度或 [多个(M)]：
指定拉伸高度或 [多个(M)]:25
已创建 1 个拉伸
选择对象或边界区域：

11 切换到"实体"选项卡，在"实体编辑"面板中，单击"圆角边"按钮🔲，对指定边线进行倒圆角

操作。命令行提示如下：

命令：_FILLETEDGE
半径 = 1.0000
选择边或 [链(C)/环(L)/半径(R)]：r
输入圆角半径或 [表达式(E)] <1.0000>：10
选择边或 [链(C)/环(L)/半径(R)]：
选择边或 [链(C)/环(L)/半径(R)]：
选择边或 [链(C)/环(L)/半径(R)]：
选择边或 [链(C)/环(L)/半径(R)]：
选择边或 [链(C)/环(L)/半径(R)]：
选择边或 [链(C)/环(L)/半径(R)]：
选择边或 [链(C)/环(L)/半径(R)]：
已选定 6 个边用于圆角。
按 Enter 键接受圆角或 [半径(R)]：

12 切换到"常用"选项卡，在"建模"面板中，单击"圆柱体"按钮🔲，创建一个圆柱体。命令行提示如下：

命令：_cylinder
指定底面的中心点或 [三点(3P)/两点(2P)/切点、切点、半径(T)/椭圆(E)]：
指定底面半径或 [直径(D)] <25.0000>：25
指定高度或 [两点(2P)/轴端点(A)] <-50.0000>：70

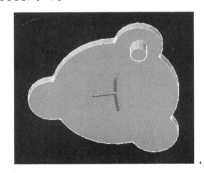

13 切换到"常用"选项卡，在"修改"面板中，单击"环形阵列"按钮🔲，对步骤12中创建的圆柱体进行阵列操作。命令行提示如下：

命令：_arraypolar

选择对象：找到 1 个
选择对象：
类型 = 极轴 关联 = 是
指定阵列的中心点或 [基点(B)/旋转轴(A)]：
0,0,0
选择夹点以编辑阵列或 [关联(AS)/基点(B)/项
目(I)/项目间角度(A)/填充角度(F)/行(ROW)/层
(L)/旋转项目(ROT)/退出(X)] <退出>：i
输入阵列中的项目数或 [表达式(E)] <6>：3
选择夹点以编辑阵列或 [关联(AS)/基点(B)/项
目(I)/项目间角度(A)/填充角度(F)/行(ROW)/层
(L)/旋转项目(ROT)/退出(X)] <退出>：

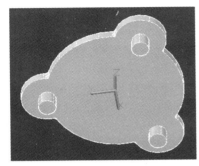

14 切换到"常用"选项卡，在"修改"面板中，单
击"分解"按钮，将步骤13中创建的阵列分解为单
个实体。命令行提示如下：
命令：_explode
选择对象：找到 1 个

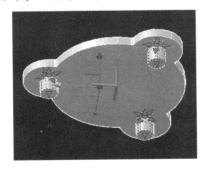

15 切换到"常用"选项卡，在"实体编辑"面板
中，单击"差集"按钮，进行布尔运算。命令行提
示如下：
命令：_subtract 选择要从中减去的实体、曲
面和面域...
选择对象：找到 1 个
选择对象： 选择要减去的实体、曲面和面域...
选择对象：找到 1 个
选择对象：找到 1 个，总计 2 个

选择对象：找到 1 个，总计 3 个
选择对象：

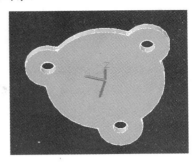

16 切换到"常用"选项卡，在"建模"面板中，单
击"圆柱体"按钮，创建一个圆柱体。命令行提示
如下：
命令：_cylinder
指定底面的中心点或 [三点(3P)/两点(2P)/切
点、切点、半径(T)/椭圆(E)]：
指定底面半径或 [直径(D)] <140.0000>：
160
指定高度或 [两点(2P)/轴端点(A)]
<20.0000>：50

17 切换到"常用"选项卡，在"实体编辑"面板
中，单击"并集"按钮，进行布尔运算。命令行提
示如下：
命令：_union
选择对象：找到 1 个
选择对象：找到 1 个，总计 2 个

18 切换到"实体"选项卡，在"实体编辑"面板中，单击"圆角边"按钮，对指定边线进行倒圆角操作。命令行提示如下：

```
命令：_FILLETEDGE
半径 = 10.0000
选择边或 [链(C)/环(L)/半径(R)]：r
输入圆角半径或 [表达式(E)] <10.0000>：5
选择边或 [链(C)/环(L)/半径(R)]：
选择边或 [链(C)/环(L)/半径(R)]：
已选定 1 个边用于圆角。
按 Enter 键接受圆角或 [半径(R)]：
```

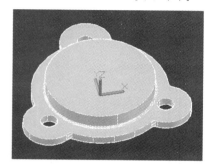

19 切换到"常用"选项卡，在"建模"面板中，单击"圆柱体"按钮，创建一个圆柱体。命令行提示如下：

```
命令：_cylinder
指定底面的中心点或 [三点(3P)/两点(2P)/切
点、切点、半径(T)/椭圆(E)]：
指定底面半径或 [直径(D)] <160.0000>：
130
指定高度或 [两点(2P)/轴端点(A)]
<50.0000>：5
```

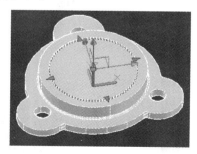

20 切换到"常用"选项卡，在"实体编辑"面板中，单击"差集"按钮，进行布尔运算。命令行提示如下：

```
命令：_subtract 选择要从中减去的实体、曲
面和面域...
选择对象：找到 1 个
```

```
选择对象： 选择要减去的实体、曲面和面域...
选择对象：找到 1 个
选择对象：
```

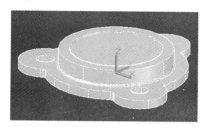

21 切换到"常用"选项卡，在"建模"面板中，单击"圆柱体"按钮，创建一个圆柱体。命令行提示如下：

```
命令：_cylinder
指定底面的中心点或 [三点(3P)/两点(2P)/切
点、切点、半径(T)/椭圆(E)]：
指定底面半径或 [直径(D)] <130.0000>：50
指定高度或 [两点(2P)/轴端点(A)]
<-5.0000>：70
```

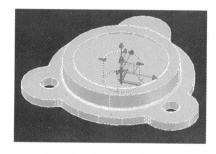

22 切换到"常用"选项卡，在"实体编辑"面板中，单击"差集"按钮，进行布尔运算。命令行提示如下：

```
命令：_subtract 选择要从中减去的实体、曲
面和面域...
选择对象：找到 1 个
选择对象： 选择要减去的实体、曲面和面域...
选择对象：找到 1 个
选择对象：
```

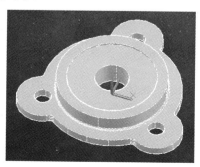

23 切换到"实体"选项卡，在"实体编辑"面板中，单击"倒角边"按钮，对指定边线进行倒直角操作。命令行提示如下：

命令：_CHAMFEREDGE 距离 1 = 1.0000，距离 2 = 1.0000
选择一条边或 [环(L)/距离(D)]：d
指定距离 1 或 [表达式(E)] <1.0000>：3
指定距离 2 或 [表达式(E)] <1.0000>：4
选择一条边或 [环(L)/距离(D)]：
选择同一个面上的其他边或 [环(L)/距离(D)]：
按 Enter 键接受倒角或 [距离(D)]：

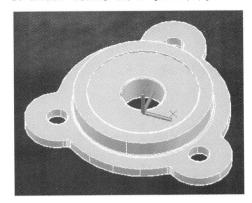

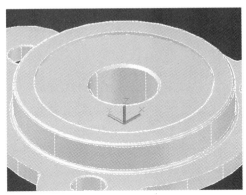

24 切换到"实体"选项卡，在"实体编辑"面板中，单击"圆角边"按钮，对指定边线进行倒圆角操作。命令行提示如下：

命令：_FILLETEDGE
半径 = 5.0000
选择边或 [链(C)/环(L)/半径(R)]：r
输入圆角半径或 [表达式(E)] <5.0000>：2
选择边或 [链(C)/环(L)/半径(R)]：
选择边或 [链(C)/环(L)/半径(R)]：
选择边或 [链(C)/环(L)/半径(R)]：
选择边或 [链(C)/环(L)/半径(R)]：
已选定 3 个边用于圆角。

按 Enter 键接受圆角或 [半径(R)]：

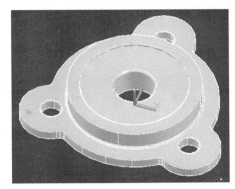

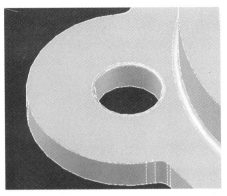

25 切换到"实体"选项卡，在"实体编辑"面板中，单击"圆角边"按钮，对指定边线进行倒圆角操作。命令行提示如下：

命令：_FILLETEDGE
半径 = 2.0000
选择边或 [链(C)/环(L)/半径(R)]：r
输入圆角半径或 [表达式(E)] <2.0000>：4
选择边或 [链(C)/环(L)/半径(R)]：
选择边或 [链(C)/环(L)/半径(R)]：
已选定 1 个边用于圆角。
按 Enter 键接受圆角或 [半径(R)]：

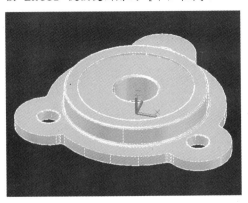

实例89 烟灰缸

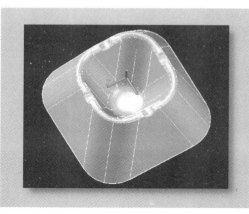

案例说明：本例将学习绘制烟灰缸，在绘制本例的过程中可以掌握多种三维建模命令的使用方法。

学习要点：掌握多种三维建模命令。

光盘文件：实例文件\实例89.dwg

视频教程：视频文件\实例89.avi

操作步骤

1 启动AutoCAD 2013中文版，单击"快速访问工具栏"中的"新建"按钮，弹出"选择样板"对话框。

2 在对话框中"名称"列表框中选择"acadiso.dwt"样板文件，然后单击"打开"按钮，新建图形文件。

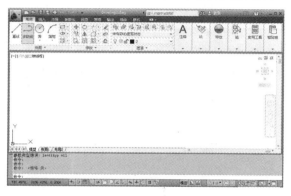

3 设置当前的工作空间为"三维建模"。切换到"视

图"选项卡，在"视图"面板中，单击"视图"按钮，从弹出的列表框中选择"俯视"选项。

4 切换到"视图"选项卡，在"视觉样式"面板中，选择当前的视觉样式为"带边缘着色"。

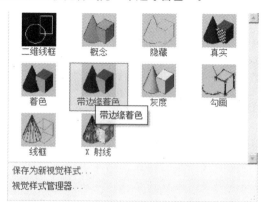

5 切换到"常用"选项卡，在"建模"面板中，单击"长方体"按钮，绘制一个长为60mm，宽为

60mm，高为40mm的长方体。命令行提示如下：

命令：_box

指定第一个角点或 [中心(C)]：0,0

指定其他角点或 [立方体(C)/长度(L)]：1

指定长度：60

指定宽度：60

指定高度或 [两点(2P)]：40

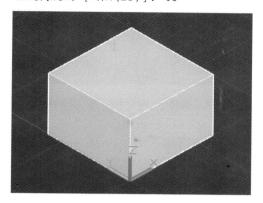

6 切换到"实体"选项卡，在"实体编辑"面板中，单击"倾斜面"按钮，对步骤5中创建的长方体上的指定面进行倾斜操作。命令行提示如下：

命令：_solidedit

实体编辑自动检查：SOLIDCHECK=1

输入实体编辑选项 [面(F)/边(E)/体(B)/放弃(U)/退出(X)] <退出>：_face

输入面编辑选项

[拉伸(E)/移动(M)/旋转(R)/偏移(O)/倾斜(T)/删除(D)/复制(C)/颜色(L)/材质(A)/放弃(U)/退出(X)] <退出>：_taper

选择面或 [放弃(U)/删除(R)]：找到一个面。

选择面或 [放弃(U)/删除(R)/全部(ALL)]：找到一个面。

选择面或 [放弃(U)/删除(R)/全部(ALL)]：找到一个面。

选择面或 [放弃(U)/删除(R)/全部(ALL)]：

指定基点：

指定沿倾斜轴的另一个点：

指定倾斜角度：15

已开始实体校验。

已完成实体校验。

输入面编辑选项

[拉伸(E)/移动(M)/旋转(R)/偏移(O)/倾斜(T)/删除(D)/复制(C)/颜色(L)/材质(A)/放弃

(U)/退出(X)] <退出>：

实体编辑自动检查：SOLIDCHECK=1

输入实体编辑选项 [面(F)/边(E)/体(B)/放弃(U)/退出(X)] <退出>：

7 切换到"常用"选项卡，在"建模"面板中，单击"长方体"按钮，绘制一个长为30mm，宽为30mm，高为70mm的长方体。命令行提示如下：

命令：_box

指定第一个角点或 [中心(C)]：c

指定中心：

指定角点或 [立方体(C)/长度(L)]：1

指定长度 <60.0000>：15

指定宽度 <60.0000>：15

指定高度或 [两点(2P)] <40.0000>：70

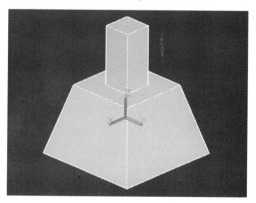

8 切换到"常用"选项卡，在"实体编辑"面板中，单击"差集"按钮，进行布尔运算。命令行提示如下：

命令：_subtract 选择要从中减去的实体、曲面和面域...

选择对象：找到 1 个

选择对象： 选择要减去的实体、曲面和面域...

选择对象：找到 1 个

选择对象：

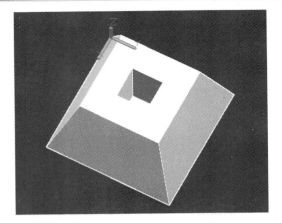

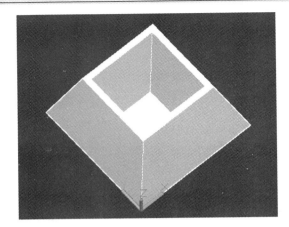

9 切换到"实体"选项卡,在"实体编辑"面板中,单击"倾斜面"按钮,对实体中的指定面进行倾斜操作。命令行提示如下:

命令: _solidedit

实体编辑自动检查: SOLIDCHECK=1

输入实体编辑选项 [面(F)/边(E)/体(B)/放弃(U)/退出(X)] <退出>: _face

输入面编辑选项

[拉伸(E)/移动(M)/旋转(R)/偏移(O)/倾斜(T)/删除(D)/复制(C)/颜色(L)/材质(A)/放弃(U)/退出(X)] <退出>: _taper

选择面或 [放弃(U)/删除(R)]: 找到一个面。

选择面或 [放弃(U)/删除(R)/全部(ALL)]: 找到一个面。

选择面或 [放弃(U)/删除(R)/全部(ALL)]:

正在恢复执行 SOLIDEDIT 命令。

选择面或 [放弃(U)/删除(R)/全部(ALL)]: 找到一个面。

选择面或 [放弃(U)/删除(R)/全部(ALL)]: 找到一个面。

选择面或 [放弃(U)/删除(R)/全部(ALL)]:

指定基点:

指定沿倾斜轴的另一个点:

指定倾斜角度: 15

已开始实体校验。

已完成实体校验。

输入面编辑选项

[拉伸(E)/移动(M)/旋转(R)/偏移(O)/倾斜(T)/删除(D)/复制(C)/颜色(L)/材质(A)/放弃(U)/退出(X)] <退出>:

实体编辑自动检查: SOLIDCHECK=1

输入实体编辑选项 [面(F)/边(E)/体(B)/放弃(U)/退出(X)] <退出>:

10 切换到"实体"选项卡,在"实体编辑"面板中,单击"圆角边"按钮,对指定边线进行倒圆角操作。命令行提示如下:

命令: _FILLETEDGE

半径 = 1.0000

选择边或 [链(C)/环(L)/半径(R)]: r

输入圆角半径或 [表达式(E)] <1.0000>: 10

选择边或 [链(C)/环(L)/半径(R)]:

选择边或 [链(C)/环(L)/半径(R)]:

选择边或 [链(C)/环(L)/半径(R)]:

选择边或 [链(C)/环(L)/半径(R)]:

选择边或 [链(C)/环(L)/半径(R)]:

已选定 4 个边用于圆角。

按 Enter 键接受圆角或 [半径(R)]:

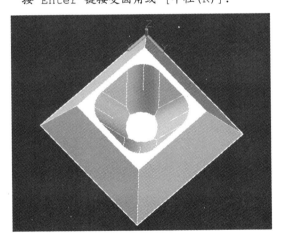

11 切换到"实体"选项卡,在"实体编辑"面板中,单击"圆角边"按钮,对指定边线进行倒圆角操作。命令行提示如下:

命令: _FILLETEDGE

半径 = 10.0000

选择边或 [链(C)/环(L)/半径(R)]: r

输入圆角半径或 [表达式(E)] <10.0000>: 5
选择边或 [链(C)/环(L)/半径(R)]:
选择边或 [链(C)/环(L)/半径(R)]:
选择边或 [链(C)/环(L)/半径(R)]:
选择边或 [链(C)/环(L)/半径(R)]:
选择边或 [链(C)/环(L)/半径(R)]:
已选定 4 个边用于圆角。
按 Enter 键接受圆角或 [半径(R)]:

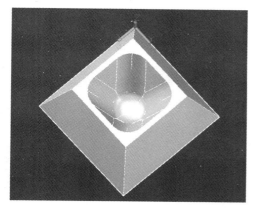

12 切换到"实体"选项卡，在"实体编辑"面板中，单击"圆角边"按钮，对指定边线进行倒圆角操作。命令行提示如下：

命令: _FILLETEDGE
半径 = 5.0000
选择边或 [链(C)/环(L)/半径(R)]: r
输入圆角半径或 [表达式(E)] <5.0000>: 15
选择边或 [链(C)/环(L)/半径(R)]:
选择边或 [链(C)/环(L)/半径(R)]:
选择边或 [链(C)/环(L)/半径(R)]:
选择边或 [链(C)/环(L)/半径(R)]:
选择边或 [链(C)/环(L)/半径(R)]:
已选定 4 个边用于圆角。
按 Enter 键接受圆角或 [半径(R)]:

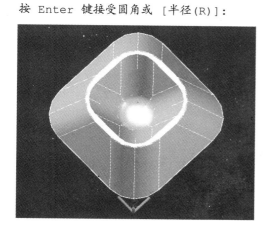

13 切换到"常用"选项卡，在"坐标"面板中，单击"UCS"按钮，设置坐标系。命令行提示如下：

命令: _ucs
当前 UCS 名称: *世界*
指定 UCS 的原点或 [面(F)/命名(NA)/对象(OB)/上一个(P)/视图(V)/世界(W)/X/Y/Z/Z 轴(ZA)] <世界>: @30,30,40
指定 X 轴上的点或 <接受>:
指定 XY 平面上的点或 <接受>:

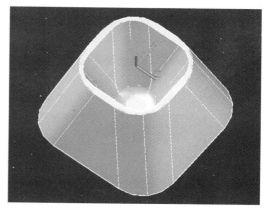

14 切换到"常用"选项卡，在"建模"面板中，单击"圆柱体"按钮，创建一个圆柱体。命令行提示如下：

命令: _cylinder
指定底面的中心点或 [三点(3P)/两点(2P)/切点、切点、半径(T)/椭圆(E)]: 0,0
指定底面半径或 [直径(D)]: 2.5
指定高度或 [两点(2P)/轴端点(A)] <70.0000>: 30

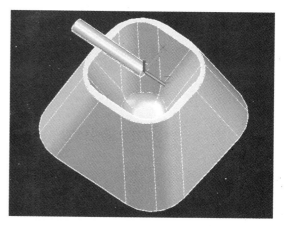

15 切换到"常用"选项卡，在"修改"面板中，单击"环形阵列"按钮，对步骤14中创建的圆柱体进行阵列操作。命令行提示如下：

命令: _arraypolar
选择对象: 找到 1 个
选择对象:
类型 = 极轴 关联 = 是
指定阵列的中心点或 [基点(B)/旋转轴(A)]: a
指定旋转轴上的第一个点:
正在检查 630 个交点...
指定旋转轴上的第二个点:
选择夹点以编辑阵列或 [关联(AS)/基点(B)/项目(I)/项目间角度(A)/填充角度(F)/行(ROW)/层(L)/旋转项目(ROT)/退出(X)] <退出>: i
输入阵列中的项目数或 [表达式(E)] <6>: 4
选择夹点以编辑阵列或 [关联(AS)/基点(B)/项目(I)/项目间角度(A)/填充角度(F)/行(ROW)/层(L)/旋转项目(ROT)/退出(X)] <退出>:

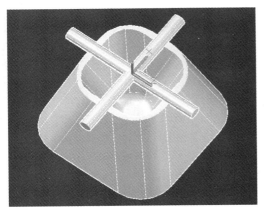

16 切换到"常用"选项卡,在"修改"面板中,单击"分解"按钮,将步骤15中创建的阵列分解为单个实体。命令行提示如下:

命令: _explode
选择对象: 找到 1 个

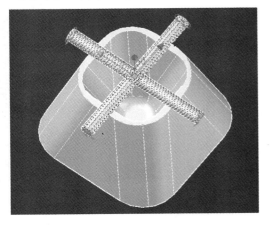

17 切换到"常用"选项卡,在"实体编辑"面板

中,单击"差集"按钮,进行布尔运算。命令行提示如下:

命令: _subtract 选择要从中减去的实体、曲面和面域...
选择对象: 找到 1 个
选择对象: 选择要减去的实体、曲面和面域...
选择对象: 找到 1 个
选择对象: 找到 1 个,总计 2 个
选择对象: 找到 1 个,总计 3 个
选择对象: 找到 1 个,总计 4 个
选择对象:

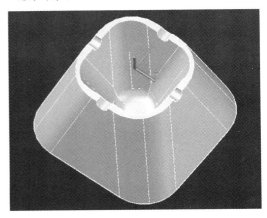

18 切换到"实体"选项卡,在"实体编辑"面板中,单击"圆角边"按钮,对指定边线进行倒圆角操作。命令行提示如下:

命令: _FILLETEDGE
半径 = 15.0000
选择边或 [链(C)/环(L)/半径(R)]: r
输入圆角半径或 [表达式(E)] <15.0000>: 2.5
选择边或 [链(C)/环(L)/半径(R)]:
选择边或 [链(C)/环(L)/半径(R)]:
选择边或 [链(C)/环(L)/半径(R)]:
选择边或 [链(C)/环(L)/半径(R)]:
选择边或 [链(C)/环(L)/半径(R)]:
选择边或 [链(C)/环(L)/半径(R)]:
选择边或 [链(C)/环(L)/半径(R)]:
选择边或 [链(C)/环(L)/半径(R)]:
选择边或 [链(C)/环(L)/半径(R)]:
选择边或 [链(C)/环(L)/半径(R)]:
选择边或 [链(C)/环(L)/半径(R)]:
选择边或 [链(C)/环(L)/半径(R)]:
选择边或 [链(C)/环(L)/半径(R)]:
选择边或 [链(C)/环(L)/半径(R)]:
已选定 12 个边用于圆角。

按 Enter 键接受圆角或 [半径(R)]:

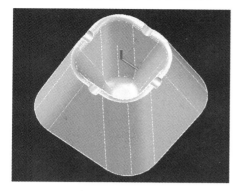

19 切换到"实体"选项卡，在"实体编辑"面板中，单击"圆角边"按钮 ，对指定边线进行倒圆角操作。命令行提示如下：

命令：_FILLETEDGE
半径 = 2.5000
选择边或 [链(C)/环(L)/半径(R)]: r
输入圆角半径或 [表达式(E)] <2.5000>: 1
选择边或 [链(C)/环(L)/半径(R)]:
选择边或 [链(C)/环(L)/半径(R)]:
选择边或 [链(C)/环(L)/半径(R)]:
该边无法进行光顺。
选择边或 [链(C)/环(L)/半径(R)]:
选择边或 [链(C)/环(L)/半径(R)]:
选择边或 [链(C)/环(L)/半径(R)]:
选择边或 [链(C)/环(L)/半径(R)]:
选择边或 [链(C)/环(L)/半径(R)]:
选择边或 [链(C)/环(L)/半径(R)]:
选择边或 [链(C)/环(L)/半径(R)]:
选择边或 [链(C)/环(L)/半径(R)]:
该边无法进行光顺。
选择边或 [链(C)/环(L)/半径(R)]:
该边无法进行光顺。
选择边或 [链(C)/环(L)/半径(R)]:
该边无法进行光顺。
选择边或 [链(C)/环(L)/半径(R)]:
该边无法进行光顺。
选择边或 [链(C)/环(L)/半径(R)]:
该边无法进行光顺。
选择边或 [链(C)/环(L)/半径(R)]:
选择边或 [链(C)/环(L)/半径(R)]:
该边无法进行光顺。

选择边或 [链(C)/环(L)/半径(R)]:
选择边或 [链(C)/环(L)/半径(R)]:
该边无法进行光顺。
选择边或 [链(C)/环(L)/半径(R)]:
该边无法进行光顺。
选择边或 [链(C)/环(L)/半径(R)]:
该边无法进行光顺。
选择边或 [链(C)/环(L)/半径(R)]:
选择边或 [链(C)/环(L)/半径(R)]:
选择边或 [链(C)/环(L)/半径(R)]:
选择边或 [链(C)/环(L)/半径(R)]:
该边无法进行光顺。
选择边或 [链(C)/环(L)/半径(R)]:
该边无法进行光顺。
正在恢复执行 FILLETEDGE 命令。
选择边或 [链(C)/环(L)/半径(R)]:
选择边或 [链(C)/环(L)/半径(R)]:
正在恢复执行 FILLETEDGE 命令。
选择边或 [链(C)/环(L)/半径(R)]:
正在恢复执行 FILLETEDGE 命令。
正在恢复执行 FILLETEDGE 命令。
选择边或 [链(C)/环(L)/半径(R)]:
已选定 20 个边用于圆角。
按 Enter 键接受圆角或 [半径(R)]:

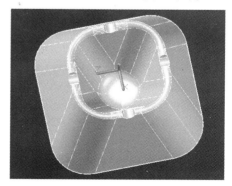

20 切换到"实体"选项卡，在"实体编辑"面板中，单击"圆角边"按钮 ，对指定边线进行倒圆角操作。命令行提示如下：

命令：_FILLETEDGE
半径 = 1.0000
选择边或 [链(C)/环(L)/半径(R)]: r
输入圆角半径或 [表达式(E)] <1.0000>:
0.5

选择边或 [链(C)/环(L)/半径(R)]:
选择边或 [链(C)/环(L)/半径(R)]:
选择边或 [链(C)/环(L)/半径(R)]:
已拾取到边。
正在恢复执行 FILLETEDGE 命令。
选择边或 [链(C)/环(L)/半径(R)]:
选择边或 [链(C)/环(L)/半径(R)]:
选择边或 [链(C)/环(L)/半径(R)]:
正在恢复执行 FILLETEDGE 命令。
选择边或 [链(C)/环(L)/半径(R)]:
正在恢复执行 FILLETEDGE 命令。
选择边或 [链(C)/环(L)/半径(R)]:
选择边或 [链(C)/环(L)/半径(R)]:
选择边或 [链(C)/环(L)/半径(R)]:
选择边或 [链(C)/环(L)/半径(R)]:
选择边或 [链(C)/环(L)/半径(R)]:
正在恢复执行 FILLETEDGE 命令。
选择边或 [链(C)/环(L)/半径(R)]:
选择边或 [链(C)/环(L)/半径(R)]:
选择边或 [链(C)/环(L)/半径(R)]:
选择边或 [链(C)/环(L)/半径(R)]:
该边无法进行光顺。
选择边或 [链(C)/环(L)/半径(R)]:
选择边或 [链(C)/环(L)/半径(R)]:
选择边或 [链(C)/环(L)/半径(R)]:
正在恢复执行 FILLETEDGE 命令。
选择边或 [链(C)/环(L)/半径(R)]:
选择边或 [链(C)/环(L)/半径(R)]:
选择边或 [链(C)/环(L)/半径(R)]:
选择边或 [链(C)/环(L)/半径(R)]:
选择边或 [链(C)/环(L)/半径(R)]:
选择边或 [链(C)/环(L)/半径(R)]:
已选定 24 个边用于圆角。
按 Enter 键接受圆角或 [半径(R)]:

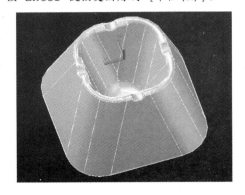

21 切换到"实体"选项卡,在"实体编辑"面板中,单击"抽壳"按钮,对实体进行抽壳操作。命令行提示如下:

命令: _solidedit
实体编辑自动检查: SOLIDCHECK=1
输入实体编辑选项 [面(F)/边(E)/体(B)/放弃(U)/退出(X)] <退出>: _body
输入体编辑选项
[压印(I)/分割实体(P)/抽壳(S)/清除(L)/检查(C)/放弃(U)/退出(X)] <退出>: _shell
选择三维实体:
删除面或 [放弃(U)/添加(A)/全部(ALL)]:
找到一个面,已删除 1 个。
删除面或 [放弃(U)/添加(A)/全部(ALL)]:
输入抽壳偏移距离: 1
已开始实体校验。
已完成实体校验。
输入体编辑选项
[压印(I)/分割实体(P)/抽壳(S)/清除(L)/检查(C)/放弃(U)/退出(X)] <退出>:
实体编辑自动检查: SOLIDCHECK=1
输入实体编辑选项 [面(F)/边(E)/体(B)/放弃(U)/退出(X)] <退出>:

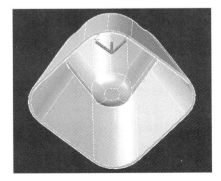

知识要点

"抽壳"就是一指定的厚度在实体对象上创建空的薄壁零件操作。抽壳的启动方法如下:
- 下拉菜单:选择"修改"→"实体编辑"→"抽壳"命令。
- 工具栏:在"实体编辑"工具栏上单击"抽壳"按钮。
- 在输入抽壳偏移距离时,若为正直,则实体表面向内偏移形成壳体;若为负值,则向外偏移形成壳体。

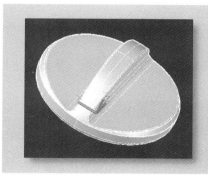

实例 90 开关旋钮

🎬 **案例说明：** 本例将学习绘制开关旋钮，在绘制本例的过程中可以掌握多种三维建模命令的使用方法。

⚙️ **学习要点：** 掌握多种三维建模命令。

💿 **光盘文件：** 实例文件\实例90.dwg

🎞 **视频教程：** 视频文件\实例90.avi

操作步骤

1 启动AutoCAD 2013中文版，单击"快速访问工具栏"中的"新建"按钮▢，弹出"选择样板"对话框。

2 在对话框中"名称"列表框中选择"acadiso.dwt"样板文件，然后单击"打开"按钮，新建图形文件。

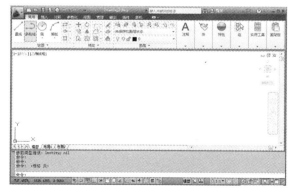

3 设置当前的工作空间为"三维建模"。切换到"视图"选项卡，在"视图"面板中，单击"视图"按钮

，从弹出的列表框中选择"俯视"选项。

4 切换到"视图"选项卡，在"视觉样式"面板中，选择当前的视觉样式为"带边缘着色"。

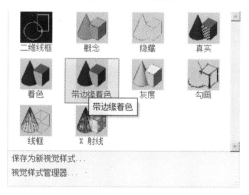

5 切换到"常用"选项卡，在"绘图"面板中，单击"圆心，半径"按钮⊙，绘制一个半径为60mm的圆。命令行提示如下：

　　命令：_circle

　　指定圆的圆心或 [三点(3P)/两点(2P)/切点、切点、半径(T)]：0,0

指定圆的半径或 [直径(D)]: 60

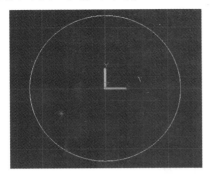

6 切换到"常用"选项卡,在"绘图"面板中,单击"构造线"按钮 ∠,绘制一条水平的构造线。命令行提示如下:

命令: _xline
指定点或 [水平(H)/垂直(V)/角度(A)/二等分(B)/偏移(O)]: h
指定通过点: 0,28

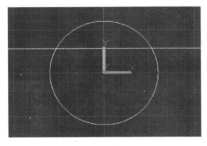

7 切换到"常用"选项卡,在"绘图"面板中,单击"构造线"按钮 ∠,绘制一条垂直的构造线。命令行提示如下:

命令: _xline
指定点或 [水平(H)/垂直(V)/角度(A)/二等分(B)/偏移(O)]: v
指定通过点: 0,0

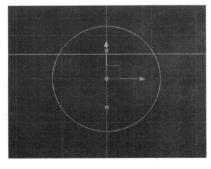

8 切换到"常用"选项卡,在"绘图"面板中,单击"多段线"按钮 ⇄,绘制一条多段线。命令行提示如下:

命令: _pline
指定起点:
当前线宽为 0.0000
指定下一个点或 [圆弧(A)/半宽(H)/长度(L)/放弃(U)/宽度(W)]: 10
指定下一点或 [圆弧(A)/闭合(C)/半宽(H)/长度(L)/放弃(U)/宽度(W)]:
指定下一点或 [圆弧(A)/闭合(C)/半宽(H)/长度(L)/放弃(U)/宽度(W)]:

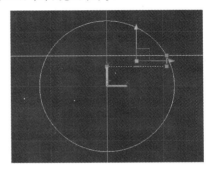

9 切换到"常用"选项卡,在"修改"面板中,单击"修剪"按钮 ∠,修剪多余的元素。命令行提示如下:

命令: _trim
当前设置:投影=UCS, 边=无
选择剪切边...
选择对象或 <全部选择>: select
无效选择
需要点或窗口(W)/上一个(L)/窗交(C)/框(BOX)/全部(ALL)/栏选(F)/圈围(WP)/圈交(CP)/编组(G)/添加(A)/删除(R)/多个(M)/前一个(P)/放弃(U)/自动(AU)/单个(SI)
选择对象或 <全部选择>: c
指定第一个角点:指定对角点:找到 5 个
选择对象:
选择要修剪的对象,或按住 Shift 键选择要延伸的对象,或
[栏选(F)/窗交(C)/投影(P)/边(E)/删除(R)/放弃(U)]:
选择要修剪的对象,或按住 Shift 键选择要延伸的对象,或
[栏选(F)/窗交(C)/投影(P)/边(E)/删除(R)/放弃(U)]:
选择要修剪的对象,或按住 Shift 键选择要延伸的对象,或
[栏选(F)/窗交(C)/投影(P)/边(E)/删除(R)/放弃(U)]:
选择要修剪的对象,或按住 Shift 键选择要延

伸的对象，或

[栏选(F)/窗交(C)/投影(P)/边(E)/删除(R)/放弃(U)]：

选择要修剪的对象，或按住 Shift 键选择要延伸的对象，或

[栏选(F)/窗交(C)/投影(P)/边(E)/删除(R)/放弃(U)]：

选择要修剪的对象，或按住 Shift 键选择要延伸的对象，或

[栏选(F)/窗交(C)/投影(P)/边(E)/删除(R)/放弃(U)]：

选择要修剪的对象，或按住 Shift 键选择要延伸的对象，或

[栏选(F)/窗交(C)/投影(P)/边(E)/删除(R)/放弃(U)]：

选择要修剪的对象，或按住 Shift 键选择要延伸的对象，或

[栏选(F)/窗交(C)/投影(P)/边(E)/删除(R)/放弃(U)]：

选择要修剪的对象，或按住 Shift 键选择要延伸的对象，或

[栏选(F)/窗交(C)/投影(P)/边(E)/删除(R)/放弃(U)]：

选择要修剪的对象，或按住 Shift 键选择要延伸的对象，或

[栏选(F)/窗交(C)/投影(P)/边(E)/删除(R)/放弃(U)]：

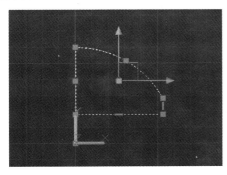

10 切换到"常用"选项卡，在"修改"面板中，单击"编辑多段线"按钮✍，将指定边线合并成一条多段线。命令行提示如下：

命令：_pedit

选择多段线或 [多条(M)]：

选定的对象不是多段线

是否将其转换为多段线？ <Y>

输入选项 [闭合(C)/合并(J)/宽度(W)/编辑顶点(E)/拟合(F)/样条曲线(S)/非曲线化(D)/线型生成(L)/反转(R)/放弃(U)]：j

选择对象：指定对角点：找到 4 个

选择对象：

多段线已增加 3 条线段

输入选项 [打开(O)/合并(J)/宽度(W)/编辑顶点(E)/拟合(F)/样条曲线(S)/非曲线化(D)/线型生成(L)/反转(R)/放弃(U)]：

已删除 2 个约束

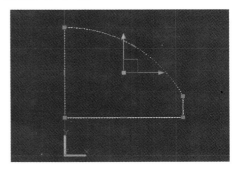

11 切换到"常用"选项卡，在"建模"面板中，单击"旋转"按钮，创建一个旋转体。命令行提示如下：

命令：_revolve

当前线框密度： ISOLINES=4，闭合轮廓创建模式 = 实体

选择要旋转的对象或 [模式(MO)]：_MO 闭合轮廓创建模式 [实体(SO)/曲面(SU)] <实体>：_SO

选择要旋转的对象或 [模式(MO)]：找到 1 个

选择要旋转的对象或 [模式(MO)]：

指定轴起点或根据以下选项之一定义轴 [对象(O)/X/Y/Z] <对象>：y

指定旋转角度或 [起点角度(ST)/反转(R)/表达式(EX)] <360>：360

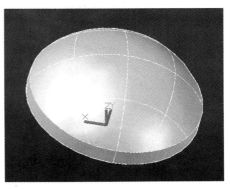

12 切换到"常用"选项卡，在"绘图"面板中，单击"圆心，半径"按钮，绘制一个半径为70mm的圆。命令行提示如下：

命令：_circle

指定圆的圆心或 [三点(3P)/两点(2P)/切点、切点、半径(T)]：5,28

指定圆的半径或 [直径(D)] <60.0000>：70

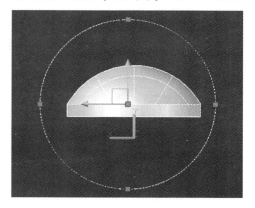

13 切换到"常用"选项卡，在"绘图"面板中，单击"构造线"按钮，绘制一条垂直的构造线。命令行提示如下：

命令：_xline

指定点或 [水平(H)/垂直(V)/角度(A)/二等分(B)/偏移(O)]：v

指定通过点：5,28

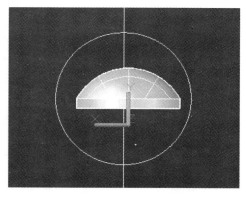

14 切换到"常用"选项卡，在"绘图"面板中，单击"构造线"按钮，绘制一条构造线。命令行提示如下：

命令：_xline

指定点或 [水平(H)/垂直(V)/角度(A)/二等分(B)/偏移(O)]：a

输入构造线的角度 (0) 或 [参照(R)]：6

指定通过点：5,28

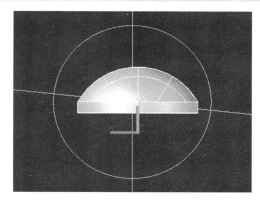

15 切换到"常用"选项卡，在"修改"面板中，单击"修剪"按钮，修剪多余的线条。命令行提示如下：

命令：_trim

视图与 UCS 不平行。命令的结果可能不明显。

当前设置：投影=UCS，边=无

选择剪切边...

选择对象或 <全部选择>： select

无效选择

需要点或窗口(W)/上一个(L)/窗交(C)/框(BOX)/全部(ALL)/栏选(F)/圈围(WP)/圈交(CP)/编组(G)/添加(A)/删除(R)/多个(M)/前一个(P)/放弃(U)/自动(AU)/单个(SI)

选择对象或 <全部选择>： c

指定第一个角点：指定对角点：找到 5 个

1 个不是有效的边或选择方法。

选择对象：

选择要修剪的对象，或按住 Shift 键选择要延伸的对象，或

[栏选(F)/窗交(C)/投影(P)/边(E)/删除(R)/放弃(U)]：

选择要修剪的对象，或按住 Shift 键选择要延伸的对象，或

[栏选(F)/窗交(C)/投影(P)/边(E)/删除(R)/放弃(U)]：

选择要修剪的对象，或按住 Shift 键选择要延伸的对象，或

[栏选(F)/窗交(C)/投影(P)/边(E)/删除(R)/放弃(U)]：

选择要修剪的对象，或按住 Shift 键选择要延伸的对象，或

[栏选(F)/窗交(C)/投影(P)/边(E)/删除(R)/放弃(U)]：

选择要修剪的对象，或按住 Shift 键选择要延伸的对象，或

[栏选(F)/窗交(C)/投影(P)/边(E)/删除(R)/放弃(U)]:

　　选择要修剪的对象，或按住 Shift 键选择要延伸的对象，或

[栏选(F)/窗交(C)/投影(P)/边(E)/删除(R)/放弃(U)]:

　　选择要修剪的对象，或按住 Shift 键选择要延伸的对象，或

[栏选(F)/窗交(C)/投影(P)/边(E)/删除(R)/放弃(U)]:

　　选择要修剪的对象，或按住 Shift 键选择要延伸的对象，或

[栏选(F)/窗交(C)/投影(P)/边(E)/删除(R)/放弃(U)]:

　　选择要修剪的对象，或按住 Shift 键选择要延伸的对象，或

[栏选(F)/窗交(C)/投影(P)/边(E)/删除(R)/放弃(U)]:

　　选择要修剪的对象，或按住 Shift 键选择要延伸的对象，或

[栏选(F)/窗交(C)/投影(P)/边(E)/删除(R)/放弃(U)]:

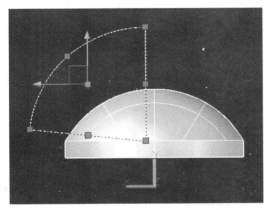

🔲16 切换到"常用"选项卡，在"修改"面板中，单击"编辑多段线"按钮，将指定边线合并成一条多段线。命令行提示如下：

　　命令：_pedit

　　选择多段线或 [多条(M)]:

　　选定的对象不是多段线

　　是否将其转换为多段线？<Y>

　　输入选项 [闭合(C)/合并(J)/宽度(W)/编辑顶点(E)/拟合(F)/样条曲线(S)/非曲线化(D)/线型生成(L)/反转(R)/放弃(U)]: j

　　选择对象：找到 1 个

　　选择对象：找到 1 个，总计 2 个

　　选择对象：找到 1 个，总计 3 个

　　选择对象：

　　多段线已增加 2 条线段

　　输入选项 [打开(O)/合并(J)/宽度(W)/编辑顶点(E)/拟合(F)/样条曲线(S)/非曲线化(D)/线型生成(L)/反转(R)/放弃(U)]:

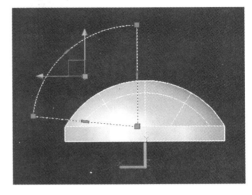

🔲17 切换到"常用"选项卡，在"修改"面板中，单击"镜像"按钮，对图中元素进行镜像操作。命令行提示如下：

　　命令：_mirror

　　选择对象：找到 1 个

　　选择对象： 指定镜像线的第一点： 指定镜像线的第二点：

　　要删除源对象吗？[是(Y)/否(N)] <N>:

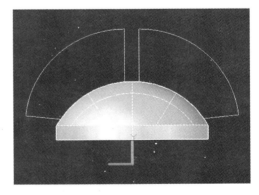

🔲18 切换到"常用"选项卡，在"建模"面板中，单击"按住并拖动"按钮，创建一个实体。命令行提示如下：

　　命令：_presspull

　　选择对象或边界区域：

　　指定拉伸高度或 [多个(M)]:

　　指定拉伸高度或 [多个(M)]:80

　　已创建 1 个拉伸

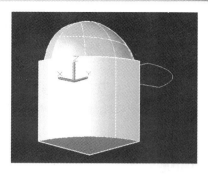

19 切换到"常用"选项卡，在"建模"面板中，单击"按住并拖动"按钮，创建一个实体。命令行提示如下：

命令：_presspull
选择对象或边界区域：
指定拉伸高度或 [多个(M)]：
指定拉伸高度或 [多个(M)]：80
已创建 1 个拉伸

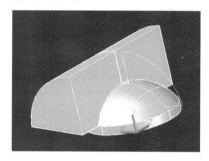

20 切换到"常用"选项卡，在"建模"面板中，单击"按住并拖动"按钮，创建一个实体。命令行提示如下：

命令：_presspull
选择对象或边界区域：
指定拉伸高度或 [多个(M)]：
指定拉伸高度或 [多个(M)]：80
已创建 1 个拉伸

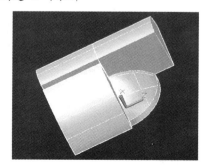

21 切换到"常用"选项卡，在"建模"面板中，单击"按住并拖动"按钮，创建一个实体。命令行提

示如下：

命令：_presspull
选择对象或边界区域：
指定拉伸高度或 [多个(M)]：
指定拉伸高度或 [多个(M)]：80
已创建 1 个拉伸

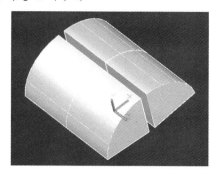

22 切换到"常用"选项卡，在"实体编辑"面板中，单击"差集"按钮，进行布尔运算。命令行提示如下：

命令：_subtract 选择要从中减去的实体、曲面和面域...
选择对象：找到 1 个
选择对象： 选择要减去的实体、曲面和面域...
选择对象：找到 1 个
选择对象：找到 1 个，总计 2 个
选择对象：

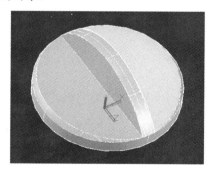

23 切换到"实体"选项卡，在"实体编辑"面板中，单击"倾斜面"按钮，对实体中的指定面进行倾斜操作。命令行提示如下：

命令：_solidedit
实体编辑自动检查：SOLIDCHECK=1
输入实体编辑选项 [面(F)/边(E)/体(B)/放弃(U)/退出(X)] <退出>：_face
输入面编辑选项
[拉伸(E)/移动(M)/旋转(R)/偏移(O)/倾斜(T)/删除(D)/复制(C)/颜色(L)/材质(A)/放弃(U)/退出(X)] <退出>：_taper

选择面或 [放弃(U)/删除(R)]：找到一个面。
选择面或 [放弃(U)/删除(R)/全部(ALL)]：
指定基点：
指定沿倾斜轴的另一个点：
指定倾斜角度：-5
已开始实体校验。
已完成实体校验。
输入面编辑选项
[拉伸(E)/移动(M)/旋转(R)/偏移(O)/倾斜
(T)/删除(D)/复制(C)/颜色(L)/材质(A)/放弃
(U)/退出(X)] <退出>：
实体编辑自动检查： SOLIDCHECK=1
输入实体编辑选项 [面(F)/边(E)/体(B)/放弃
(U)/退出(X)] <退出>：

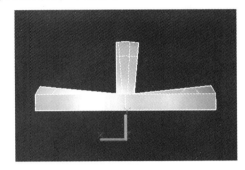

24 切换到"实体"选项卡，在"实体编辑"面板
中，单击"倾斜面"按钮，对实体中的指定面进行
倾斜操作。命令行提示如下：

命令：_solidedit
实体编辑自动检查： SOLIDCHECK=1
输入实体编辑选项 [面(F)/边(E)/体(B)/放弃
(U)/退出(X)] <退出>：_face
输入面编辑选项
[拉伸(E)/移动(M)/旋转(R)/偏移(O)/倾斜
(T)/删除(D)/复制(C)/颜色(L)/材质(A)/放弃
(U)/退出(X)] <退出>：_taper
选择面或 [放弃(U)/删除(R)]：找到一个面。
选择面或 [放弃(U)/删除(R)/全部(ALL)]：
指定基点：
指定沿倾斜轴的另一个点：
正在检查 780 个交点...
指定倾斜角度：-5
已开始实体校验。
已完成实体校验。
输入面编辑选项
[拉伸(E)/移动(M)/旋转(R)/偏移(O)/倾斜
(T)/删除(D)/复制(C)/颜色(L)/放弃

(U)/退出(X)] <退出>：
实体编辑自动检查： SOLIDCHECK=1
输入实体编辑选项 [面(F)/边(E)/体(B)/放弃
(U)/退出(X)] <退出>：

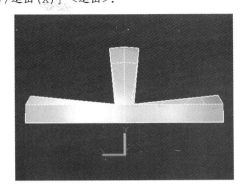

25 切换到"实体"选项卡，在"实体编辑"面板
中，单击"圆角边"按钮，对指定边线进行倒圆角
操作。命令行提示如下：

命令：_FILLETEDGE
半径 = 1.0000
选择边或 [链(C)/环(L)/半径(R)]：r
输入圆角半径或 [表达式(E)] <1.0000>：5
选择边或 [链(C)/环(L)/半径(R)]：
选择边或 [链(C)/环(L)/半径(R)]：
选择边或 [链(C)/环(L)/半径(R)]：
选择边或 [链(C)/环(L)/半径(R)]：
选择边或 [链(C)/环(L)/半径(R)]：
选择边或 [链(C)/环(L)/半径(R)]：
已选定 2 个边用于圆角。
按 Enter 键接受圆角或 [半径(R)]：

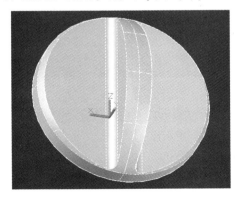

26 切换到"实体"选项卡，在"实体编辑"面板
中，单击"圆角边"按钮，对指定边线进行倒圆角
操作。命令行提示如下：

命令：_FILLETEDGE
半径 = 5.0000

选择边或 [链(C)/环(L)/半径(R)]：r
输入圆角半径或 [表达式(E)] <5.0000>：1
选择边或 [链(C)/环(L)/半径(R)]：
选择边或 [链(C)/环(L)/半径(R)]：
选择边或 [链(C)/环(L)/半径(R)]：
选择边或 [链(C)/环(L)/半径(R)]：
选择边或 [链(C)/环(L)/半径(R)]：
选择边或 [链(C)/环(L)/半径(R)]：
正在恢复执行 FILLETEDGE 命令。
选择边或 [链(C)/环(L)/半径(R)]：
选择边或 [链(C)/环(L)/半径(R)]：
选择边或 [链(C)/环(L)/半径(R)]：
已选定 8 个边用于圆角。
按 Enter 键接受圆角或 [半径(R)]：

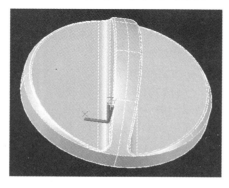

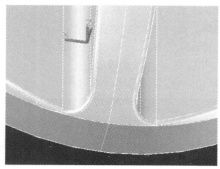

27 切换到"实体"选项卡，在"实体编辑"面板中，单击"圆角边"按钮，对指定边线进行倒圆角操作。命令行提示如下：

命令：_FILLETEDGE
半径 = 1.0000
选择边或 [链(C)/环(L)/半径(R)]：r
输入圆角半径或 [表达式(E)] <1.0000>：0.5
选择边或 [链(C)/环(L)/半径(R)]：
选择边或 [链(C)/环(L)/半径(R)]：
已选定 1 个边用于圆角。

按 Enter 键接受圆角或 [半径(R)]：

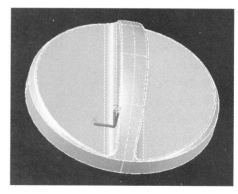

27 切换到"实体"选项卡，在"实体编辑"面板中，单击"圆角边"按钮，对指定边线进行倒圆角操作。命令行提示如下：

命令：_FILLETEDGE
半径 = 0.5000
选择边或 [链(C)/环(L)/半径(R)]：r
输入圆角半径或 [表达式(E)] <0.5000>：3
选择边或 [链(C)/环(L)/半径(R)]：
选择边或 [链(C)/环(L)/半径(R)]：
已选定 1 个边用于圆角。
按 Enter 键接受圆角或 [半径(R)]：

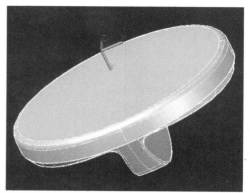

反侵权盗版声明

电子工业出版社依法对本作品享有专有出版权。任何未经权利人书面许可，复制、销售或通过信息网络传播本作品的行为；歪曲、篡改、剽窃本作品的行为，均违反《中华人民共和国著作权法》，其行为人应承担相应的民事责任和行政责任，构成犯罪的，将被依法追究刑事责任。

为了维护市场秩序，保护权利人的合法权益，我社将依法查处和打击侵权盗版的单位和个人。欢迎社会各界人士积极举报侵权盗版行为，本社将奖励举报有功人员，并保证举报人的信息不被泄露。

举报电话：(010) 88254396；(010) 88258888

传　　真：(010) 88254397

E-mail：dbqq@phei.com.cn

通信地址：北京市万寿路 173 信箱

　　　　　电子工业出版社总编办公室

邮　　编：100036